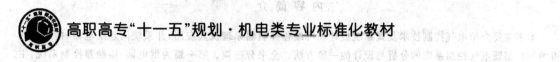

电气控制与 PLC 应用

主编 戴明宏 张君霞

北京航空航天大学出版社

内 容 简 介

本书主要介绍电气控制技术及其系统设计和可编程控制器原理及其应用,并系统阐述继电器-接触器和可编程控制器电气控制系统的分析与设计的一般方法。全书分三篇。第一篇为继电器-接触器控制系统,主要包括常用低压电器、电气控制线路的基本环节、典型机械设备电气控制系统分析和电气控制线路设计基础。第二篇为可编程控制器,主要包括可编程控制器的构成及工作原理、松下电工 FP0 系列 PLC、FP0 的特殊功能及高级模块、PLC 的编程及应用。第三篇为实验与实训。

本书可作为高职高专机电一体化、数控技术、自动化、电气技术、电机与电器及相关专业的教材,也可供电气工程技术人员参考。

图书在版编目(CIP)数据

电气控制与 PLC 应用/戴明宏,张君霞主编.— 北京:
北京航空航天大学出版社,2007.7
ISBN 978-7-81124-046-7

Ⅰ.电… Ⅱ.①戴…②张… Ⅲ.①电气设备—自动控制—高等学校—教材②可编程序控制器—高等学校—教材
Ⅳ.TM762 TP332.3

中国版本图书馆 CIP 数据核字(2007)第 063305 号

电气控制与 PLC 应用
主编 戴明宏 张君霞
责任编辑:胡 敏

*

北京航空航天大学出版社出版发行
北京市海淀区学院路 37 号(100083) 发行部电话:010-82317024 传真:010-82328026
http://www.buaapress.com.cn E-mail:bhpress@263.net
北京市松源印刷有限公司印装 各地书店经销

*

开本:787×1 092 1/16 印张:18.75 字数:480 千字
2007 年 7 月第 1 版 2011 年 1 月第 3 次印刷 印数:6 001~8 000 册
ISBN 978-7-81124-046-7 定价:27.00 元

前　言

根据教育部《关于全面提高高等职业教育教学质量的若干意见》的精神,为满足高职高专机电类相关专业教学建设的需要,经过广泛调研和讨论,精心组织编写了本教材,供机电类及相关专业使用。

本教材立足高职高专教育人才培养目标,遵循主动适应社会发展需要、突出应用性和针对性、加强实践能力培养的原则。在内容安排上,简明扼要,难易适中,力求突出针对性、实用性和先进性。既注重必需的理论知识的学习和掌握,又有实验实训环节。在结构上,基本采用层层深入的方法,循序渐进,深入浅出:首先介绍常用低压电器元件的结构、工作原理和使用方法,再介绍电动机的基本控制电路,然后是典型控制设备综合控制系统的组成及分析方法,最后是PLC(日本松下电工FP0系列机)及其控制系统的设计和应用等。

本书由郑州铁路职业技术学院戴明宏、张君霞任主编,负责全书的统稿。其中戴明宏编写绪论、第1章和第3章的第3.4节,张君霞编写第6章,郑州铁路职业技术学院刘燕明编写第2章,郑州铁路职业技术学院张永革编写第3章的第3.1、3.2、3.3节和第4章,郑州铁路职业技术学院时蕾编写第5章和第7章,郑州铁路职业技术学院王丽红编写第8章,河南工业大学化学工业职业学院仵征编写第9章和第10章。

在编写本书的过程中,参考了部分兄弟院校的教材、相关厂家的资料和设计手册。在此一并表示衷心感谢。

由于编者水平所限和编写时间比较仓促,书中疏漏和不妥之处,敬请读者批评指正。

编　者
2007年4月

目 录

绪 论 ··· 1

第一篇 继电器-接触器控制系统

第1章 常用低压电器 ·· 3
1.1 开关电器 ··· 4
1.2 熔断器 ·· 8
1.3 主令电器 ··· 10
1.4 接触器 ·· 15
1.5 继电器 ·· 18
思考题与习题 ·· 27

第2章 电气控制线路的基本环节 ·································· 28
2.1 电气控制线路的绘制 ··· 28
2.2 三相异步电动机启动控制线路 ····························· 38
2.3 三相异步电动机正反转控制线路 ························· 48
2.4 三相异步电动机制动控制线路 ····························· 51
2.5 异步电动机调速控制线路 ·································· 53
2.6 异步电动机的其他基本控制线路 ························· 59
思考题与习题 ·· 67

第3章 典型机械设备电气控制系统分析 ························· 69
3.1 车床电气控制线路 ··· 69
3.2 钻床电气控制线路 ··· 73
3.3 铣床电气控制线路 ··· 77
3.4 桥式起重机的电气控制电路 ······························· 83
思考题与习题 ·· 89

第4章 电气控制线路设计基础 ······································ 90
4.1 电气设计的基本内容和一般原则 ························· 90
4.2 电气控制线路的设计方法和步骤 ························· 92
4.3 电气控制线路设计中的元器件选择 ······················ 97
4.4 电气控制电路设计举例 ······································ 102
思考题与习题 ·· 104

第二篇　可编程控制器

第5章　可编程控制器的组成及工作原理 ························· 105
5.1　可编程控制器概述 ··· 105
5.2　可编程控制器的基本结构及工作原理 ···························· 110
5.3　可编程控制器的技术性能及分类 ·································· 116
5.4　可编程控制器的编程语言 ·· 118
思考题与习题 ··· 120

第6章　松下电工FP0系列PLC ··· 121
6.1　FP0系列的产品类型及性能简介 ··································· 122
6.2　FP0的内部寄存器及I/O配置 ······································· 126
6.3　FP0指令系统概述 ·· 134
6.4　FP0的基本指令 ··· 135
6.5　FP0的高级指令 ··· 157
思考题与习题 ··· 184

第7章　FP0的特殊功能及高级模块 ····································· 186
7.1　FP0的特殊功能简介 ··· 186
7.2　FP0的特殊指令 ··· 192
7.3　FP0的功能模块 ··· 199
7.4　FP0的通信 ··· 205
思考题与习题 ··· 207

第8章　PLC的编程及应用 ··· 208
8.1　梯形图编程方法及特点 ·· 208
8.2　PLC基本应用程序 ·· 212
8.3　PLC编程方法及技巧 ··· 217
8.4　应用程序举例 ·· 223
8.5　PLC的控制应用系统 ··· 231
8.6　松下电工FPWIN-GR编程软件简介 ······························ 235
思考题与习题 ··· 243

第三篇　实验与实训

第9章　实验 ·· 245
9.1　基本顺序指令练习 ·· 245
9.2　定时指令的应用 ··· 248
9.3　计数指令的应用 ··· 250

9.4 顺序控制程序 …………………………………………………………………… 253
9.5 移位指令的应用 …………………………………………………………………… 255
9.6 控制指令的应用 …………………………………………………………………… 256
9.7 数据传送、运算指令练习 ………………………………………………………… 258
9.8 A/D、D/A 指令练习 ……………………………………………………………… 260
9.9 灯光控制程序 ……………………………………………………………………… 262
9.10 八段码显示程序 …………………………………………………………………… 265
9.11 电动机控制 ………………………………………………………………………… 267
9.12 液体自动混合装置的控制 ………………………………………………………… 271
9.13 交通灯控制 ………………………………………………………………………… 274

第10章 实 训 …………………………………………………………………………… 278
10.1 机械手控制实训 …………………………………………………………………… 278
10.2 材料分拣控制实训 ………………………………………………………………… 280
10.3 四层电梯控制实训 ………………………………………………………………… 284
10.4 立体仓库控制实训 ………………………………………………………………… 287

参考文献 ……………………………………………………………………………………… 292

绪 论

电气控制技术是由以生产机械的驱动装置——电动机为控制对象、以微电子装置为核心、以电力电子装置为执行机构而组成的电气控制系统。该系统按照既定规律调节电动机的转速，使之满足生产工艺的最佳要求，同时又达到提高效率、降低能耗、提高产品质量、降低劳动强度的最佳效果。

1. 电气控制技术的发展概况

19 世纪末，直流发电机、交流发电机和直流电动机、异步电动机相继问世，揭开了电气控制技术的序幕。20 世纪初，电动机逐步取代蒸汽机用来驱动生产机械，拖动方式由集中拖动发展为单独拖动；为了简化机械传动系统，出现了一台机器的几个运动部件由几台电动机分别拖动，这种方式称为多电机拖动。在这种情况下，机器的电气控制系统不但可对各台电动机的启动、制动、反转和停车等进行控制，还具有对各台电动机之间实行协调、联锁、顺序切换和显示工作状态的功能。对生产过程比较复杂的系统还要求对影响产品质量的各种工艺参数，如温度、压力、流量、速度和时间等能够自动测量和自动调节，这样就构成了功能相当完善的电气自动化系统。到 20 世纪 30 年代，电气控制技术的发展推动了电器产品的进步，继电器、接触器、按钮和开关等元器件形成了功能齐全的多种系列，基本控制已形成规范，并可以实现远距离控制。这种主要用于控制交流电动机的系统通常称为继电接触器控制系统。

继电接触器控制具有使用的单一性，即一台控制装置只能针对某一种固定程序的设备。随着产品机型的更新换代，生产线承担的加工对象发生了改变，这就需要控制程序也随之改变，从而使生产线的机械设备按新的工艺过程运行。然而，大型自动生产线控制系统大量使用的继电器很难适应这个要求，因为它采用的是带有触点的固定接法，工作频率较低，在频繁动作情况下寿命较短，容易造成系统故障，从而使生产线的运行可靠性降低。为了解决这个问题，20 世纪 60 年代初期利用电子技术研制出矩阵式顺序控制器和晶体管逻辑控制系统来代替继电接触器控制系统，对复杂的自动控制系统则采用电子计算机控制。由于通用汽车(GM)公司为适应汽车型号不断更新，提出把计算机的完备功能以及灵活性、通用性好等优点与继电接触器控制系统的简单易懂、操作方便、价格便宜等优点结合起来，做成一种能适应工业环境的通用控制装置，同时，依据现场电气操作维护人员和工程技术人员的技能和习惯，把编程方法和程序输入方式加以简化，使得不熟悉计算机的人员也能很快掌握它的使用技术。根据这一设想，美国数字设备公司(DEC)于 1969 年率先研制出第一台可编程序控制器(简称 PLC)，在通用汽车公司的自动装配线上试用获得成功。从此以后，许多国家的著名厂商竞相研制，各自形成系列，而且品种更新很快，功能不断增强，从最初的以逻辑控制为主发展到能进行模拟量控制，具有数据运算、数据处理和通信联网等多种功能。PLC 的另一个突出优点是可靠性很高，平均无故障运行时间可达 10 万小时以上，可以大大减少设备维修费用和因停产造成的经济损失。当前 PLC 已经成为电气自动控制系统中应用最为广泛的核心装置。

20 世纪 70 年代出现了计算机群控系统、计算机辅助设计(CAD)、计算机辅助制造

(CAM)和智能机器人等多项高新技术,形成了从产品设计到制造的智能化生产的完整体系,将自动制造技术和电气控制技术推进到更高的水平。

2. 本课程的性质与任务

本课程是一门实用性很强的专业课。电气控制技术在生产过程、科学研究和其他各个领域中的应用十分广泛。该课程的主要内容是以电动机或其他执行电器为控制对象,介绍和讲解继电器-接触器控制系统和可编程序控制器控制系统的工作原理、设计方法和实际应用。其中以可编程序控制器为重点,但不意味着继电器-接触器控制系统就不重要。这是因为:首先,继电器-接触器控制系统在小型电气系统中还普遍使用,而且是组成电气控制系统的基础;其次,尽管可编程序控制器取代了继电器,但它所取代的主要是逻辑控制部分,而电气控制系统中的信号采集和驱动输出部分仍然要由电气元器件及控制电路来完成。所以对继电器-接触器控制系统的学习是非常必要的。该课程的目标是让学生掌握一门非常实用的工业控制技术,并且着力培养和提高学生的实际应用和动手能力。

电气控制技术是机电类专业学生所必须掌握的最基础的实际应用课程之一,具体要求如下:

① 熟悉常用控制电器的工作原理和用途,达到能正确使用和选用的目的,并了解一些新型元器件的用途。

② 熟练掌握电气控制线路的基本环节,并具备阅读和分析电气控制线路的能力,从而能设计简单的电气控制线路,较好地掌握电气控制线路的简单设计方法。

③ 了解电气控制线路分析的步骤,熟悉典型生产设备的电气控制系统的工作原理。

④ 了解电气控制线路设计的基础,能够根据要求设计一般的电气控制线路。

⑤ 掌握PLC的基本原理及编程方法,能够根据工艺过程和控制要求进行系统设计和编制应用程序。

⑥ 具有设计和改进一般机械设备电气控制线路的基本能力。

⑦ 具有调试和维护PLC控制系统的基本能力。

第一篇　继电器-接触器控制系统

第1章　常用低压电器

电器就是接通、断开电路或调节、控制和保护电路与设备的电工器具和装置。它的用途广泛,功能多样,构造各异,种类繁多。

1. 按工作电压等级分类

按工作电压等级,电器可分为低压电器和高压电器。低压电器指工作于交流 50 Hz 或 60 Hz,额定电压 1 200 V 以下,或直流额定电压 1 500 V 以下电路中的电器;高压电器指工作于交流 50 Hz 或 60 Hz,额定电压 1 200 V 以上,或直流额定电压 1 500 V 以上电路中的电器。

2. 按动作方式分类

按动作方式,电器可分为手动电器和自动电器。手动电器指需要人工直接操作才能完成指令任务的电器;自动电器指不需要人工操作,而是按照电的或非电的信号自动完成指令任务的电器。

3. 按用途分类

按用途,电器可分为控制电器、主令电器、保护电器、配电电器和执行电器。控制电器是用于各种控制电路和控制系统的电器;主令电器是用于自动控制系统中发送控制指令的电器;保护电器是用于保护电路及用电设备的电器;配电电器是用于电能的输送和分配的电器;执行电器是用于完成某种动作或传动功能的电器。

4. 按工作原理分类

按工作原理,电器可分为电磁式电器和非电量控制电器。电磁式电器是依据电磁感应原理来工作的电器;非电量控制电器是靠外力或某种非电物理量的变化而动作的电器等。

本章主要介绍几种常用低压电器,并通过对它们的结构、工作原理、型号、有关技术数据、图形符号和文字符号、选用原则及使用注意事项等内容的介绍,为以后正确选择、合理使用电器打下基础。

1.1 开关电器

开关电器常用来不频繁地接通或分断控制线路或直接控制小容量电动机,这类电器也可以用来隔离电源或自动切断电源而起到保护作用。这类电器包括刀开关、转换开关、低压断路器等。

1.1.1 刀开关

刀开关俗称闸刀开关,可分为不带熔断器式和带熔断器式两大类。它们用于隔离电源和无负载情况下的电路转换,其中后者还具有短路保护功能。常用的有以下两种。

1. 开启式负荷开关

开启式负荷开关又称瓷底胶盖闸刀开关,常用的有 HK_1 和 HK_2 系列。它由刀开关和熔断器组合而成。瓷底板上装有进线座、静触点、熔丝、出线座和带瓷质手柄的闸刀。其结构图与图形符号如图 1-1 所示。

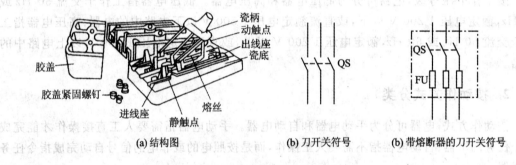

(a) 结构图　　　　(b) 刀开关符号　　　(b) 带熔断器的刀开关符号

图 1-1　HK 系列瓷底胶盖闸刀开关

这种系列的刀开关因其内部设有熔丝,故可对电路进行短路保护,常用做照明电路的电源开关或用于 5.5 kW 以下三相异步电动机不频繁启动和停止的控制开关。

在选用时,额定电压应大于或等于负载额定电压。对于一般的电路,如照明电路,其额定电流应大于或等于最大工作电流;而对于电动机电路,其额定电流应大于或等于电动机额定电流的 3 倍。

在安装开启式负荷开关时应注意:

① 闸刀在合闸状态时,手柄应朝上,不准倒装或平装,以防误操作。

② 电源进线应接在静触点一边的进线端(进线座在上方),而用电设备应接在动触点一边的出线端(出线座在下方),即"上进下出",不准颠倒,以方便更换熔丝及确保用电安全。

2. 封闭式负荷开关

封闭式负荷开关又称铁壳开关,图 1-2 所示为常用的 HH 系列封闭式负荷开关的结构与外形。

这种负荷开关由刀开关、熔断器、灭弧装置、操作手柄、速动弹簧、操作机构和外壳构成。三把闸刀固定在一根绝缘转轴上,由操作手柄操纵;操作机构设有机械联锁,当盖子打开时,手柄不能合闸,手柄合闸时,盖子不能打开,保证了操作安全。在手柄转轴与底座间还装有速动弹簧,使刀开关的接通和断开速度与手柄动作速度无关,抑制了电弧过大。

当封闭式负荷开关用于控制照明电路时,其额定电流可按电路的额定电流来选择,而当用于控制不频繁操作的小功率电动机时,其额定电流可按大于电动机额定电流的1.5倍来选择。但不宜用于电流超过60 A以上负载的控制,以保证可靠灭弧及用电安全。

在安装封闭式负荷开关时,应保证外壳可靠接地,以防漏电而发生意外。接线时,电源线接在静触座的接线端,负载则接在熔断器一端,不得反,以确保操作安全。

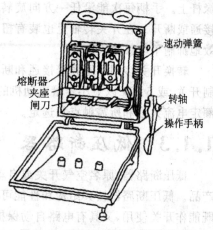

图1-2 HH系列封闭式负荷开关

1.1.2 组合开关

组合开关又称为转换开关,是一种变形刀开关,在结构上是用动触片代替了闸刀,以左右旋转代替了刀开关的上下分合动作,有单极、双极和多极之分。常用的型号有HZ等系列。图1-3(a)、(b)所示的是HZ—10/3型转换开关的外形与结构,其图形符号和文字符号如图1-3(c)所示。

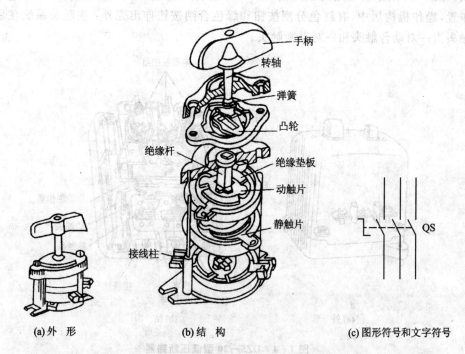

(a) 外形　　(b) 结构　　(c) 图形符号和文字符号

图1-3 HZ—10/3型转换开关

转换开关共有三副静触片,每副静触片的一边固定在绝缘垫板上,另一边伸出盒外并附有接线柱供电源和用电设备接线。三个动触片装在另外的绝缘垫板上,垫板套在附有手柄的绝缘杆上。手柄每次能沿任一方向旋转90°,并带动三个动触片分别与对应的三副静触片保持接通或断开。在开关转轴上也装有扭簧储能装置,使开关的分合速度与手柄动作速度无关,有效地抑制了电弧过大。

转换开关多用于不频繁接通和断开的电路,或无电切换电路。如用做机床照明电路的控制开关,或5 kW以下小容量电动机的启动、停止和正反转控制。在选用时,可根据电压等级、额定电流大小和所需触点数选定。

1.1.3 低压断路器

低压断路器,原名空气开关或自动开关,现与IEC等同,国家统一命名为低压断路器系列产品。低压断路器按其结构和性能可分为框架式、塑料外壳式和漏电保护式三类。它是一种既能作开关使用,又具有电路自动保护功能的低压电器,用于电动机或其他用电设备的不频繁通断操作的线路转换;当电路发生过载、短路、欠电压等非正常情况时,能自动切断与它串联的电路,有效地保护故障电路中的用电设备。漏电保护断路器除具备一般断路器的功能外,还可以在电路出现漏电(如人触电)时自动切断电路进行保护。由于低压断路器具有操作安全、动作电流可调整、分断能力较强等优点,因而在各种电气控制系统中得到了广泛的应用。

1. 低压断路器的结构和工作原理

低压断路器主要由触头系统、灭弧装置、操作机构、保护装置(各种脱扣器)及外壳等几部分组成。图1-4所示为常用的塑壳式DZ5—20型低压断路器的外形与结构图。该结构图为立体布置,操作机构居中,有红色分闸按钮和绿色合闸按钮伸出壳外;主触头系统在后部,其辅助触头为一对动合触头和一对动断触头。

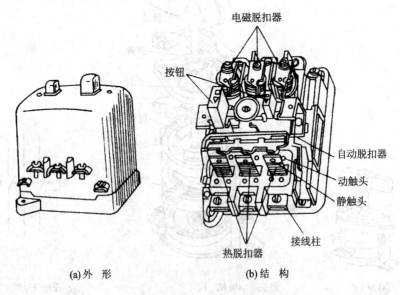

(a) 外形　　　　(b) 结构

图1-4　DZ5—20型低压断路器

图1-5所示为低压断路器的工作原理及图形符号。其中,图1-5中的2是低压断路器的三对主触头,与被保护的三相主电路串联,当手动闭合电路后,其主触头由锁链3钩住搭钩4,克服弹簧1的拉力,保持闭合状态。搭钩4可绕轴5转动。当被保护的主电路正常工作时,

电磁脱扣器 6 中线圈所产生的电磁吸合力不足以将衔铁 8 吸合;而当被保护的主电路发生短路或产生较大电流时,电磁脱扣器 6 中线圈所产生的电磁吸合力随之增大,直至将衔铁 8 吸合,并推动杠杆 7,把搭钩 4 顶离。在弹簧 1 的作用下主触头断开,切断主电路,起到保护作用。当电路电压严重下降或消失时,欠电压脱扣器 11 中的吸力减少或失去吸力,衔铁 10 被弹簧 9 拉开,推动杠杆 7,将搭钩 4 顶开,断开主触头。当电路发生过载时,过载电流流过发热元件 13,使双金属片 12 向上弯曲,将杠杆 7 推动,断开主触头,从而起到保护作用。

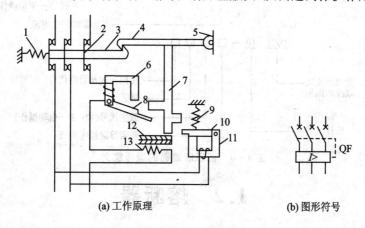

(a) 工作原理　　　　(b) 图形符号

图 1-5　低压断路器

2. 低压断路器的类型及其主要参数

低压断路器从 20 世纪 50 年代以来经历了全面仿苏、自行设计、更新换代和技术引进以及合资生产等几个阶段,其国产制造的大容量额定电流可以生产到 4 000 A;引进产品可供应到 6 300 A,极限分断能力可达 120～150 kA。国内已形成系列生产低压断路器的行业。

我国"六·五"、"七·五"开发设计的框架式低压断路器有 DW15 和 DW16 系列;"七·五"后对塑壳式低压断路器 DZ20 系列在 Y 和 J 型基础上又开发了高分断能力的 G 型;"八·五"期间继续开发了经济型 C 型和无飞弧系列 DZ20W 型产品,以及奇胜电器(惠州)工业公司生产的 D 系列和 TM30 系列(16 A～2 000 A)塑壳式断路器等。

引进技术生产的有大容量 DW914 系列、ME 系列、M(Master Pact)系列、F 系列、AE(1 000 A、1 600 A、2 500 A、3 200 A)系列等框架式低压断路器;S 系列、Com Pact 系列等塑壳式低压断路器等。

在中国市场销售的有三菱(MITSUBISHI)AE 系列框架式低压断路器,NF 系列塑壳式低压断路器;西门子的 3WN1(630 A～6 300 A)、3WN6 系列框架式低压断路器,3VF3～3VF8 系列限流塑壳式低压断路器等。

低压断路器的型号意义如图 1-6 所示。

低压断路器的主要参数有额定电压、额定电流、极数、脱扣类型及其额定电流、整定范围、电磁脱扣器整定范围、主触点的分断能力等。

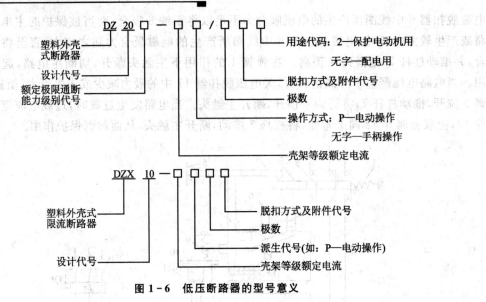

图 1-6 低压断路器的型号意义

1.2 熔断器

熔断器俗称保险丝,它是一种最简单有效的保护电器。在使用时,熔断器串接在保护的电路中,作为电路及用电设备的短路和严重过载保护,其主要作用是短路保护。

1.2.1 熔断器的结构及类型

1. 熔断器的结构

熔断器主要由熔体和安装熔体的熔壳两部分组成。它们的外形结构和符号如图 1-7 所示。其中图 1-7(a)为瓷插式熔断器,图 1-7(b)为螺旋式熔断器,图 1-7(c)为熔断器的图形符号和文字符号。

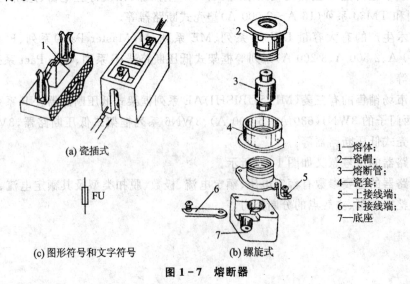

1—熔体;
2—瓷帽;
3—熔断管;
4—瓷套;
5—上接线端;
6—下接线端;
7—底座

图 1-7 熔断器

熔体由易熔金属材料铅、锡、锌、银、铜及其合金制成，通常制成丝状或片状。熔壳是装熔体的外壳，由陶瓷、绝缘钢纸或玻璃纤维制成，在熔体熔断时兼有灭弧作用。

熔断器的熔体与被保护的电路串联，当电路正常工作时，熔体允许通过一定大小的电流而不熔断。当电路发生短路或严重过载时，熔体中流过很大的故障电流，当电流产生的热量达到熔体的熔点时，熔体熔断切断电路，从而达到保护目的。通过熔体的电流越大，熔体熔断的时间越短，这一特性称为熔断器的保护特性（或安秒特性），如图1-8所示。熔断器的保护特性数值关系如表1-1所列。

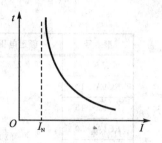

图1-8 熔断器的保护特性

表1-1 熔断器的保护特性数值关系

熔断电流	$(1.25\sim 1.3)I_N$	$1.6I_N$	$2.0I_N$	$2.5I_N$	$3I_N$	$4I_N$
熔断时间	∞	1 h	40 s	8 s	4.5 s	2.5 s

注：表中 I_N 为电路中的额定电流。

2. 熔断器的类型

常见的熔断器有瓷插式和螺旋式两种。RC1A系列瓷插式熔断器的额定电压为380 V，主要用做低压分支电路的短路保护。熔壳的额定电流等级有5 A、10 A、15 A、30 A、60 A、100 A、200 A七个等级。RL1系列螺旋式熔断器的额定电压为500 V，多用于机床电路中作短路保护。熔体的额定电流等级有2 A、4 A、6 A、10 A等。熔体的额定电流、熔断电流与其线径大小有关。

1.2.2 熔断器的技术参数

在选配熔断器时，经常需要考虑以下几个主要技术参数：

① 额定电压：指熔断器（熔壳）长期工作时以及分断后能够承受的电压值，其值一般大于或等于电气设备的额定电压。

② 熔体的额定电流：指熔断器（熔壳）长期通过的、不超过允许温升的最大工作电流值。

③ 熔体的额定电流：指长期通过熔体而不使其熔断的最大电流值。

④ 熔体的熔断电流：指通过熔体并使其熔化的最小电流值。

⑤ 极限分断能力：指熔断器在故障条件下，能够可靠地分断电路的最大短路电流值。

RC1A系列和RL1系列熔断器的主要技术参数分别如表1-2和表1-3所列。熔断器的型号意义如图1-9所示。

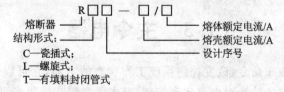

图1-9 熔断器的型号意义

表1-2　RG1A系列熔断器的主要技术参数

型号	额定电压/V	额定电流/A	额定电流等级/A	极限分断能力/kA
RC1A—5	~380 ~220	5	2、5	0.25
RC1A—10		10	2、4、6、10	0.5
RC1A—15		15	6、10、15	0.5
RC1A—30		30	20、25、30	1.5
RC1A—60		60	40、50、60	3
RC1A—100		100	80、100	3
RC1A—200		200	120、150、200	3

表1-3　RL1系列熔断器的主要技术参数

型号	额定电压/V	额定电流/A	额定电流等级/A	极限分断能力/kA
RL1—15	~500 ~380 ~220	15	2、4、6、10、15	2
RL1-60		60	20、25、30、35、40、50、60	3.5~5
RL1-100		100	60、80、100	20
RL1-200		200	100、125、150、200	50

1.2.3　熔断器的选择

熔断器的选择主要是根据熔断器的种类、额定电压、额定电流、熔体额定电流以及线路负载性质而定。具体可按如下原则选择：

① 熔断器的额定电压应大于或等于电路工作电压。

② 电路上、下两级都设熔断器保护时，其上、下两级熔体电流大小的比值不小于1.6∶1。

③ 对于电阻性负载（如电炉和照明电路），熔断器可作过载和短路保护，熔体的额定电流应大于或等于负载的额定电流。

④ 对于电感性负载的电动机电路，只作短路保护而不宜作过载保护。

⑤ 对于单台电动机的保护，熔体的额定电流 I_{RN} 应不小于电动机额定电流的1.5~2.5倍，即 $I_{RN} \geqslant (1.5 \sim 2.5)I_N$。轻载启动或启动时间较短时系数可取在1.5附近；带负载启动、启动时间较长或启动较频繁时，系数可取2.5。

⑥ 对于多台电动机的保护，熔体的额定电流 I_{RN} 应不小于最大一台电动机额定电流 I_{Nmax} 的1.5~2.5倍，再加上其余同时使用电动机的额定电流之和（$\sum I_N$），即

$$I_{RN} \geqslant (1.5 \sim 2.5)I_{Nmax} + \sum I_N$$

1.3　主令电器

主令电器是用来发布命令、改变控制系统工作状态的电器，它可以直接作用于控制电路，也可以通过电磁式电器的转换对电路实现控制，其主要类型有控制按钮、行程开关、接近开关、万能转换开关和凸轮控制器等。

1.3.1 控制按钮

控制按钮是一种典型的主令电器,其作用通常是用来短时间地接通或断开小电流的控制电路,从而控制电动机或其他电器设备的运行。

1. 控制按钮的结构与符号

控制按钮的典型结构如图1-10所示。它既有常开触头,也有常闭触头。常态时在复位弹簧的作用下,由桥式动触头将静触头1、2闭合,静触头3、4断开;当按下按钮时,桥式动触头将1、2分断,3、4闭合。1、2被称为常闭触头或动断触头,3、4被称为常开触头或动合触头。

控制按钮的图形符号和文字符号如图1-11所示。

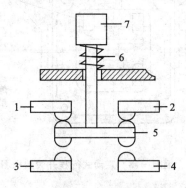

1、2—常闭触头;3、4—常开触头;
5—桥式触头;6—复位弹簧;7—按钮帽

图1-10 典型控制按钮的结构示意图

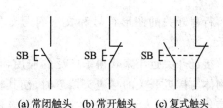

(a) 常闭触头　(b) 常开触头　(c) 复式触头

图1-11 控制按钮的图形符号和文字符号

2. 控制按钮的型号及含义

常用的按钮型号有LA2、LA18、LA19、LA20及新型号LA25等系列。引进生产的有瑞士EAO系列和德国LAZ系列等。其中LA2系列有一对常开和一对常闭触头,具有结构简单、动作可靠、坚固耐用的优点。LA18系列按钮采用积木式结构,触头数量可按需要进行拼装。LA19系列为按钮开关与信号灯的组合,按钮兼作信号灯灯罩,用透明塑料制成。

LA25系列按钮的型号意义如图1-12所示。

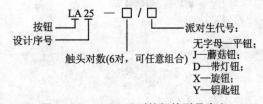

图1-12 LA25系列按钮的型号意义

为标明按钮的作用,避免误操作,通常将按钮帽做成红、绿、黑、黄、蓝、白、灰等色。国标GB 5226—85对按钮颜色作了如下规定:

① "停止"和"急停"按钮必须是红色。当按下红色按钮时,必须使设备断电,停止工作。
② "启动"按钮的颜色是绿色。
③ "启动"与"停止"交替动作的按钮必须是黑色、白色或灰色,不得用红色和绿色。

④ "点动"按钮必须是黑色。

⑤ "复位"按钮（如保护继电器的复位按钮）必须是蓝色。当复位按钮还有停止的作用时，则必须是红色。

1.3.2 行程开关与接近开关

行程开关主要由三部分组成：操作机构、触头系统和外壳。行程开关种类很多，按其结构可分为直动式、滚轮式和微动式三种。直动式行程开关的动作原理与按钮相同。但它的缺点是触头分合速度取决于生产机械的移动速度，当移动速度低于 0.4 m/min 时，触头分断太慢，易受电弧烧损。为此，应采用有弹簧机构瞬时动作的滚轮式行程开关。滚轮式行程开关和微动式行程开关的结构与工作原理这里不再介绍。图 1-13 所示为直动式行程开关的结构。

LXK3 系列行程开关型号意义如图 1-14 所示。

行程开关的图形符号和文字符号如图 1-15 所示。

接近开关近年来获得了广泛的应用，它是靠移动物体与接近开关的感应头接近时，使其输出一个电信号，故又称为无触头开关。在继电接触器控制系统中应用时，接近开关输出电路要驱动一个中间继电器，由其触头对继电接触器电路进行控制。

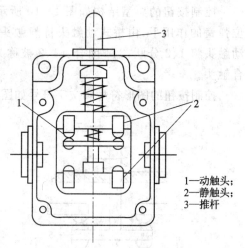

图 1-13 直动式行程开关结构图
1—动触头；2—静触头；3—推杆

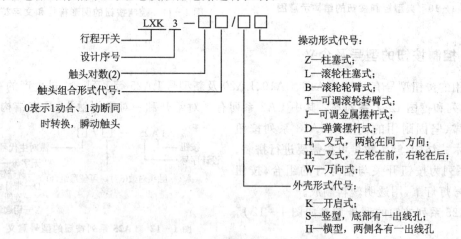

图 1-14 LXK3 系列行程开关型号意义

接近开关分为电容式和电感式两种，电感式的感应头是一个具有铁氧体磁心的电感线圈，故只能检测金属物体的接近。常用的型号有 LJ1、LJ2 等系列。图 1-16 所示为 LJ2 系列晶体管接近开关电路原理图，由图可知，电路由三极管 VT_1、振荡线圈 L 及电容器 C_1、C_2、C_3 组成电容三点式高频振荡器，其输出经由 VT_2 级放大，经 VD_3、VD_4 整流成直流信号，加到三极管

VT$_5$的基极,晶体管 VT$_6$、VT$_7$构成施密特电路,VT$_8$级为接近开关的输出电路。

当开关附近没有金属物体时,高频振荡器谐振,其输出经由 VT$_2$ 放大并整流成直流,使 VT$_2$ 导通,施密特电路 VT$_6$ 截止,VT$_7$ 饱和导通,输出级 VT$_8$ 截止,接近开关无输出。

当金属物体接近振荡线圈工时,振荡减弱,直到停止,这时 VT$_5$ 截止,施密特电路翻转,VT$_7$ 截止,VT$_8$ 饱和导通,亦有输出。其输出端可带继电器或其他负载。

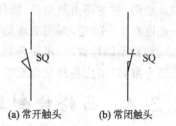

图 1-15 行程开关的图形符号和文字符号

接近开关是采用非接触型感应输入和晶体管作无触头输出及放大开关构成的开关,其线路具有可靠性高、寿命长、操作频率高等优点。

电容式接近开关的感应头只是一个圆形平板电极,这个电极与振荡电路的地线形成一个分布电容,当有导体或介质接近感应头时,电容量增大而使振荡器停振,输出电路发出电信号。由于电容式接近开关既能检测金属,又能检测非金属及液体,因而在国外应用得十分广泛,国内也有 LX115 系列和 TC 系列等产品。

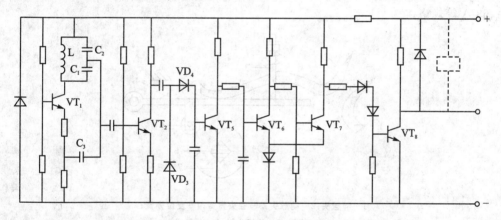

图 1-16 LJ2 系列晶体管接近开关电路原理图

1.3.3 万能转换开关

万能转换开关是一种多挡位、多段式、控制多回路的主令电器,当操作手柄转动时,带动开关内部的凸轮转动,从而使触头按规定顺序闭合或断开。万能转换开关一般用于交流 500 V、直流 440 V、约定发热电流 20 A 以下的电路中,作为电气控制线路的转换和配电设备的远距离控制、电气测量仪表转换,也可用于小容量异步电动机、伺服电动机、微电动机的直接控制。

常用的万通转换开关有 LW5、LW6 系列。

图 1-17 为 LW6 系列万能转换开关单层的结

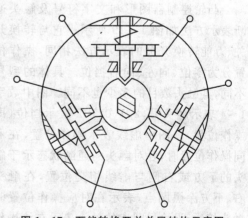

图 1-17 万能转换开关单层结构示意图

构示意图,它主要由触头座、操作定位机构、凸轮、手柄等部分组成,其操作位置有0~12个,触头底座有1~10层,每层底座均可装三对触头。每层凸轮均可做成不同形状,当操作手柄带动凸轮转到不同位置时,可使各对触头按设置的规律接通和分断,因而这种开关可以组成数百种线路方案,以适应各种复杂要求,故被称之为"万能"转换开关。

1.3.4 凸轮控制器

凸轮控制器是一种大型的手动控制电器,也是多挡次、多触头,利用手动操作,转动凸轮去接通和分断允许通过大电流的触头转换开关。主要用于起重设备,直接控制中、小型绕线转子异步电动机的启动、制动、调速和换向。

凸轮控制器主要由触头、手柄、转轴、凸轮、灭弧罩及定位机构等组成,其结构原理如图1-18所示。当手柄转动时,在绝缘方轴上的凸轮随之转动,从而使触头组按顺序接通、分断电路,改变绕线转子异步电动机定子电路的接法和转子电路的电阻值,直接控制电动机的启动、调速、换向及制动。凸轮控制器与万能转换开关虽然都是用凸轮来控制触头的动作,但两者的用途则完全不同。

国内生产的凸轮控制器系列有KT10、KT14及KT15系列,其额定电流有25 A、60 A及32 A、63 A等规格。

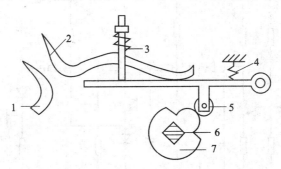

1—静触头;2—动触头;3—触头弹簧;4—复位弹簧;
5—滚子;6—绝缘方轴;7—凸轮

图1-18 凸轮控制器结构原理图

凸轮控制器图形和文字符号及触头通断表示方法如图1-19所示。它与转换开关、万能转换开关的表示方法相同,操作位置分为零位、向左、向右挡位。具体的型号不同,其触头数目的多少也不同。图中数字1~4表示触头号,2、1、0、1、2表示挡位(即操作位置)。图中虚线表示操作位置,在不同操作位置时,各对触头的通断状态示于触头的下方或右侧与虚线相交位置,在触头右、下方涂黑圆点,表示在对应操作位置时触头接通,没涂黑圆点的触头表示在该操作

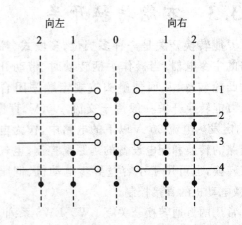

图1-19 凸轮控制器的图形和文字符号

位置不接通。

1.3.5 主令控制器

主令控制器是用以频繁切换复杂的多回路控制电路的主令电器。主要用做起重机、轧钢机及其他生产机械磁力控制盘的主令控制。

主令控制器的结构与工作原理基本上与凸轮控制器相同,也是利用凸轮来控制触点的断合。在方形转轴上安装一串不同形状的凸轮块,就可获得按一定顺序动作的触点。即使在同一层,采用不同角度及形状的凸块,也能获得当手柄在不同位置时,同一触点接通或断开的效果。再由这些触点去控制接触器,就可获得按一定要求动作的电路了。由于控制电路的容量都不大,所以主令控制器的触头也是按小电流设计的。

目前生产和使用的主令控制器主要有 LK14、LK15 和 LK16 型。其主要技术性能为:额定电压为交流 50 Hz、380 V 以下及直流 220 V 以下;额定操作频率为 1 200 次/小时。

主令控制器的图形符号和文字符号与凸轮控制器相同。

1.4 接触器

当电动机功率稍大或启动频繁时,使用手动开关控制既不安全又不方便,更无法实现远距离操作和自动控制,此时就需要用自动电器来替代普通的手动开关。

接触器是一种用来频繁地接通或分断交、直流主电路及大容量控制电路的自动切换电器,主要用于控制电动机、电热设备、电焊机和电容器组等。它是电力拖动自动控制系统中使用最广泛的电器元件之一。

接触器按其主触头通过电流的种类不同,可分为交流接触器和直流接触器。由于它们的结构大致相同,因此下面仅以交流接触器为例,分析接触器的组成部分和作用。

1.4.1 交流接触器的结构及工作原理

交流接触器的结构示意图如图 1-20 所示,其图形符号和文字符号如图 1-21 所示。

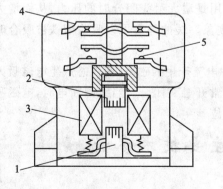

1—铁芯;2—衔铁;3—线圈;4—常闭触点;5—常开触点

图 1-20 交流接触器的结构示意图

(a) 线圈　(b) 常开触头　(c) 常闭触头

图 1-21 交流接触器的图形符号和文字符号

交流接触器主要由以下四个部分组成。

1. 电磁机构

电磁机构由线圈、衔铁和铁芯等组成。它能产生电磁吸力,驱使触头动作。在铁芯头部平面上都装有短路环,如图1-22所示。安装短路环的目的是消除交流电磁铁在吸合时可能产生的衔铁振动和噪声。当交变电流过零时,电磁铁的吸力为零,衔铁被释放,当交变电流过了零值后,衔铁又被吸合,这样一放一吸,使衔铁发生振动。当装上短路环后,在其中产生感应电流,能阻止交变电流过零时磁场的消失,使衔铁与铁芯之间始终保持一定的吸力,因此消除了振动现象。

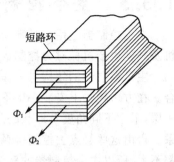

图1-22 短路环

2. 触头系统

包括主触头和辅助触头。主触头用于接通和分断主电路,通常为三对常开触头。辅助触头用于控制电路,起电气联锁作用,故又称联锁触头,一般有常开、常闭触头各两对。在线圈未通电时(即平常状态下),处于相互断开状态的触头叫常开触头,又叫动合触头;处于相互接触状态的触头叫常闭触头,又叫动断触头。接触器中的常开和常闭触头是联动的,当线圈通电时,所有的常闭触头先行分断,然后所有的常开触头跟着闭合;当线圈断电时,在反力弹簧的作用下,所有触头都恢复原来的平常状态。

3. 灭弧罩

额定电流在20 A以上的交流接触器,通常都设有陶瓷灭弧罩。它的作用是能迅速切断触头在分断时所产生的电弧,以避免发生触头烧毛或熔焊。

4. 其他部分

包括反力弹簧、触头压力簧片、缓冲弹簧、短路环、底座和接线柱等。反力弹簧的作用是当线圈断电时使衔铁和触头复位。触头压力簧片的作用是增大触头闭合时的压力,从而增大触头接触面积,避免因接触电阻增大而产生触头烧毛现象。缓冲弹簧可以吸收衔铁被吸合时产生的冲击力,起保护底座的作用。

交流接触器的工作原理:当线圈通电后,线圈中电流产生的磁场,使铁芯产生电磁吸力将衔铁吸合。衔铁带动动触头动作,使常闭触头断开,常开触头闭合。当线圈断电时,电磁吸力消失,衔铁在反力弹簧的作用下释放,各触头随之复位。

1.4.2 交流接触器的型号与主要技术参数

交流接触器的型号意义如图1-23所示。

第1章 常用低压电器

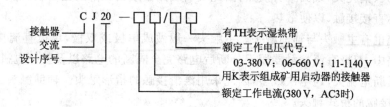

图1-23 交流接触器的型号意义

交流接触器的主要技术参数：

1. 额定电压

接触器铭牌上的额定电压是指主触头的额定电压。交流电压的等级有 127 V、220 V、380 V 和 500 V。

2. 额定电流

接触器铭牌上的额定电流是指主触头的额定电流。交流电流的等级有 5 A、10 A、20 A、40 A、60 A、100 A、150 A、250 A、400 A 和 600 A。

3. 吸引线圈的额定电压

交流电压的等级有 36 V、110 V、127 V、220 V 和 380 V。

CJ20 系列交流接触器的技术参数如表 1-4 所列。

表1-4 CJ20系列交流接触器的技术参数

型 号	频率/Hz	辅助触头额定电流/A	吸引线圈电压/V	主触头额定电流/A	额定电压/V	可控制电动机最大功率/kW
CJ20—10				10	380/220	4/2.2
CJ20-16				16	380/220	7.5/4.5
CJ20-25				25	380/20	11/5.5
CJ20-40				40	380/220	22/11
CJ20-63	50	5	~36、~127、~220、~380	63	380/220	30/18
CJ20-100				100	380/20	50/28
CJ20-160				160	380/220	85/48
CJ20-250				250	380/220	132/80
CJ20-400				400	380/220	220/115

1.4.3 直流接触器

直流接触器主要用于额定电压至 440 V、额定电流至 1 600 A 的直流电力线路中，作为远距离接通和分断电路，用以控制直流电动机的频繁启动、停止和反向。

直流电磁机构通以直流电，铁芯中无磁滞和涡流损耗，因而铁芯不会发热。而吸引线圈的匝数多，电阻大，铜耗大，线圈本身发热，因此吸引线圈做成长而薄的圆筒状，且不设线圈骨架，使线圈与铁芯直接接触，以便散热。

触头系统也有主触头与辅助触头。主触头一般做成单极或双极，单极直流接触器用于一般的直流回路中，双极直流接触器用于分断后电路完全隔断的电路以及控制电机的正、反转电路中。由于通断电流大，通电次数多，因此采用滚滑接触的指形触头。辅助触头由于通断电流小，常采用点接触的桥式触头。

直流接触器一般采用磁吹灭弧装置。直流接触器的图形符号和文字符号同交流接触器。

国内常用的直流接触器有 CZ18、CZ21 和 CZ22 等系列。

1.5 继电器

继电器是一种根据外界输入的一定信号（电的或非电的）来控制电路中电流通断的自动切换电器。它具有输入电路（又称感应元件）和输出电路（又称执行元件）。当感应元件中的输入量（如电流、电压、温度和压力等）变化到某一定值时继电器动作，执行元件便接通或断开控制电路。其触点通常接在控制电路中。

电磁式继电器的结构和工作原理与接触器相似，结构上也是由电磁机构和触头系统组成。但是，继电器控制的是小功率信号系统，流过触头的电流很弱，所以不需要灭弧装置，另外，继电器可以对各种输入量作出反应，而接触器只有在一定的电压信号下才能动作。

继电器种类繁多，常用的有电流继电器、电压继电器、中间继电器、时间继电器、热继电器以及温度、压力、计数和频率继电器等。

电子元器件的发展应用，推动了各种电子式的小型继电器的出现，这类继电器比传统的继电器灵敏度更高，寿命更长，动作更快，体积更小，一般都采用密封式或封闭式结构，用插座与外电路连接，便于迅速替换，且能与电子线路配合使用。下面对几种经常使用的继电器作简单介绍。

1.5.1 电流、电压继电器

根据输入电流大小而动作的继电器称为电流继电器。电流继电器的线圈串接在被测量的电路中，以反映电流的变化，其触点接在控制电路中，用于控制接触器线圈或信号指示灯的通/断。为了不影响被测电路的正常工作，电流继电器线圈阻抗应比被测电路的等效阻抗小得多。因此，电流继电器的线圈匝数少、导线粗。

电流继电器按用途还可分为过电流继电器和欠电流继电器。过电流继电器的任务是当电路发生短路及过流时立即将电路切断，继电器线圈电流小于整定电流时继电器不动作，只有超过整定电流时才动作。过电流继电器的动作电流整定范围：交流过流继电器为$(110\%\sim350\%)I_N$，直流过流继电器为$(70\%\sim300\%)I_N$。欠电流继电器的任务是当电路电流过低时立即将电路切断，继电器线圈通过的电流大于或等于整定电流时，继电器吸合，只有电流低于整定电流时，继电器才释放。欠电流继电器动作电流整定范围：吸合电流为$(30\%\sim50\%)I_N$，释放电流为$(10\%\sim20\%)I_N$，欠电流继电器一般是自动复位的。

与此类似，电压继电器是根据输入电压大小而动作的继电器，其结构与电流继电器相似，不同的是电压继电器的线圈与被测电路并联，以反映电压的变化，因此，它的吸引线圈匝数多、导线细、电阻大。电压继电器按用途也可分为过电压继电器和欠电压继电器。过电压继电器动作电压整定范围为$(105\% \sim 120\%)U_N$;欠电压继电器吸合电压调整范围为$(30\% \sim 50\%)U_N$,释放电压调整范围为$(7\% \sim 20\%)U_N$。

下面以 JL18 系列电流继电器为例,介绍其规格表示方法,并在表 1-5 中列出了其主要技术参数。

表 1-5 JL18 系列电流继电器技术参数

型号	线圈额定值		结构特征
	工作电压/V	工作电流/A	
JL18—1.0		1.0	
JL18—1.6		1.6	
JL18—2.5		2.5	
JL18—4.0		4.0	
JL18—6.3		6.3	
JL18—10		10	
JL18—16		16	触头工作电压～380 V
JL18—25	～380 —220	25	—220 V
JL18—40		40	发热电流 10 A 可自动及手动复位
JL18—63		63	
JL18—100		100	
JL18—160		160	
JL18—250		250	
JL18—400		400	
JL18—630		630	

电流继电器的型号意义如图 1-24 所示。

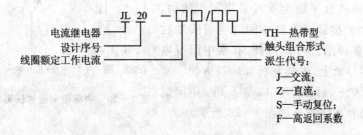

图 1-24 电流继电器的型号意义

整定电流调节范围:交流吸合$(110\% \sim 350\%)I_N$;直流吸合$(70\% \sim 300\%)I_N$。电流、电压继电器的图形符号和文字符号如图 1-25 所示。

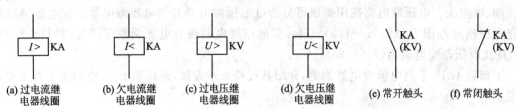

图 1-25 电流、电压继电器的图形符号和文字符号

1.5.2 中间继电器

中间继电器的作用是将一个输入信号变成多个输出信号或将信号放大(即增大触头容量)的继电器。其实质为电压继电器,但它的触头数量较多(可达 8 对),触头容量较大(5~10 A),动作灵敏。

中间继电器按电压分为两类:一类是用于交直流电路中的 JZ 系列,另一类是只用于直流操作的各种继电保护线路中的 DZ 系列。

常用的中间继电器有 JZ7 系列,以 JZ7—62 为例,JZ 为中间继电器的代号,7 为设计序号,有 6 对常开触头,2 对常闭触头。表 1-6 为 JZ7 系列的主要技术数据。

表 1-6 JZ7 系列中间继电器技术数据

型号	触点额定电压 /V	触点额定电流 /A	触点对数		吸引线圈电压 /V	额定操作频率 /(次·小时$^{-1}$)
			常开	常闭		
JZ7—44			4	4	交流 50 Hz 时	
JZ7—62	500	5	6	2	12、36、127、	1 200
JZ7—80			8	0	220、380	

新型中间继电器触头闭合过程中动、静触头间有一段滑擦、滚压过程,可以有效地清除触头表面的各种生成膜及尘埃,减小了接触电阻,提高了接触可靠性,有的还装了防尘罩或采用密封结构,也是提高可靠性的措施。有些中间继电器安装在插座上,插座有多种形式可供选择,有些中间继电器可直接安装在导轨上,安装和拆卸均很方便。常用的有 JZ18、MA、K、HH5、RT11 等系列。中间继电器的图形符号和文字符号如图 1-26 所示。

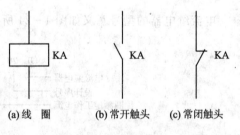

图 1-26 中间继电器的图形符号和文字符号

1.5.3 时间继电器

感受部分在感受外界信号后,经过一段时间才能使执行部分动作的继电器,叫做时间继电器。即当吸引线圈通电或断电以后,其触头经过一定延时才动作,以控制电路的接通或分断;时间继电器的种类很多,主要有直流电磁式、空气阻尼式、电动式和电子式等几大类。延时方式有通电延时和断电延时两种。

1. 直流电磁式时间继电器

该类继电器用阻尼的方法来延缓磁通变化的速度,以达到延时的目的。其结构简单,运行可靠,寿命长,允许通电次数多,但仅适用于直流电路,延时时间较短。一般通电延时仅为 0.1~0.5 s,而断电延时可达 0.2~10 s。因此,直流电磁式时间继电器主要用于断电延时。

2. 空气式时间继电器

该类继电器由电磁机构、工作触头及气室三部分组成,它的延时是靠空气的阻尼作用来实现的。常见的型号有 JS7—A 系列,按其控制原理有通电延时和断电延时两种类型。

图 1-27 所示为 JS7—A 空气阻尼式时间继电器的工作原理图。

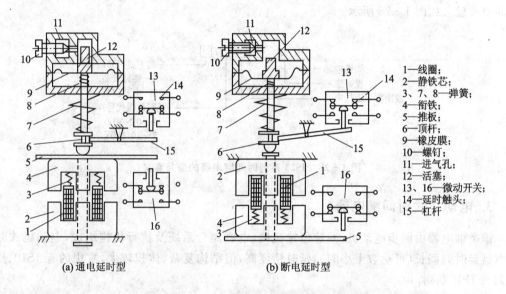

图 1-27 JS7—A 系列时间继电器工作原理图

当通电延时型时间继电器电磁铁线圈 1 通电后,将衔铁 4 吸下,于是顶杆 6 与衔铁间出现一个空隙,当与顶杆相连的活塞 12 在弹簧 7 作用下由上向下移动时,在橡皮膜 9 上面形成空气稀薄的空间(气室),空气由进气孔 11 逐渐进入气室,活塞因受到空气的阻力,不能迅速下降,在降到一定位置时,杠杆 15 使延时触头 14 动作(常开触点闭合,常闭触点断开)。线圈断电时,弹簧使衔铁和活塞等复位,空气经橡皮膜与顶杆之间推开的气隙迅速排出,触点瞬时复位。

断电延时型时间继电器与通电延时型时间继电器的原理和结构均相同,只是将其电磁机构翻转 180°后再安装。

空气阻尼式时间继电器延时时间有 0.4~180 s 和 0.4~60 s 两种规格,具有延时范围较宽、结构简单、工作可靠、价格低廉、寿命长等优点,是机床交流控制线路中常用的时间继电器。它的缺点是延时精度较低。

表 1-7 列出了 JS7—A 型空气阻尼式时间继电器技术数据,其中 JS7—2A 型和 JS7—4A 型既带有延时动作触头,又带有瞬时动作触头。

表 1-7　JS7—A型空气阻尼式时间继电器技术数据

型号	触点额定容量		延时触点对数				瞬时动作触点数量		线圈电压/V	延时范围/s
	电压/V	电流/A	线圈通电延时		线圈断电延时					
			常开	常闭	常开	常闭	常开	常闭		
JS7—1A	380	5	1	1					交流36、127、220、380	0.4～60 及 0.4～80
JS7—2A			1	1			1	1		
JS7—3A					1	1				
JS7—4A					1	1	1	1		

国内生产的新产品 JS23 系列,可取代 JS7—A、B 及 JS16 等老产品。JS23 系列时间继电器的型号意义如图 1-28 所示。

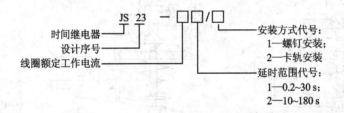

图 1-28　JS23 系列时间继电器的型号意义

3. 电动机式时间继电器

该类继电器由同步电动机、减速齿轮机构、电磁离合系统及执行机构组成,电动机式时间继电器延时时间长(可达数十小时),延时精度高,但结构复杂,体积较大,常用的有 JS10、JS11 系列和 7PR 系列。

4. 电子式时间继电器

该类继电器的早期产品多是阻容式,近期开发的产品多为数字式,又称计数式,它是由脉冲发生器、计数器、数字显示器、放大器及执行机构组成的,具有延时时间长、调节方便、精度高的优点,有的还带有数字显示,应用很广,可取代阻容式、空气式和电动机式等时间继电器。该类时间继电器只有通电延时型,延时触头均为 2NO、2NC,无瞬时动作触头。国内生产的产品有 JSS1 系列,其型号意义如图 1-29 所示。

JSS1 系列电子式时间继电器型号中数显形式代码的含义如表 1-8 所列。

表 1-8　JSS1 系列数显形式代码含义

代码	无	A	B	C	D	E	F
意义	不带数显	2位数显递增	2位数显递增	3位数显递减	3位数显递减	4位数显递增	4位数显递减

时间继电器的图形符号和文字符号如图 1-30 所示。

第1章 常用低压电器

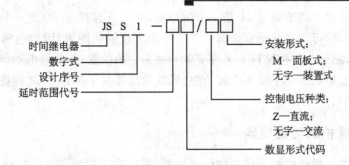

图1-29 JSS1时间继电器的型号意义

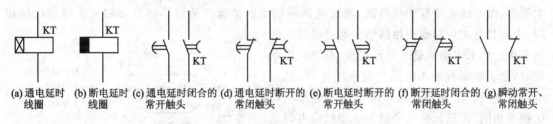

图1-30 时间继电器的图形符号和文字符号

1.5.4 热继电器

电动机在实际运行中常遇到过载情况，若电动机过载不大，时间较短，只要电动机绕组不超过允许温升，这种过载是允许的。但是长时间过载，绕组超过允许温升时，将会加剧绕组绝缘的老化，缩短电动机的使用年限，严重时会将电动机烧毁。因此，应采用热继电器作电动机的过载保护。

1. 热继电器的结构及工作原理

热继电器是利用电流通过元件所产生的热效应原理而反时限动作的继电器，专门用来对连续运行的电动机进行过载及断相保护，以防止电动机过热而烧毁。它主要由加热元件、双金属片和触头组成。双金属片是它的测量元件，由两种具有不同线膨胀系数的金属通过机械碾压而制成，线膨胀系数大的称为主动层，小的称为被动层。加热双金属片的方式有四种：直接加热、热元件间接加热、复合式加热和电流互感器加热。

图1-31所示是热继电器的结构原理图。热元件3串接在电动机定子绕组中，电动机绕组电流即为流过热元件的电流。当电动机正常运行时，热元件产生的热量虽能使双金属片2弯曲，但还不足以使继电器动作；当电动机过载时，热元件产生的热量增大，使双金属片弯曲位移增大，经过一定时间后，双金属片弯曲到推动导板4，并通过补偿双金属片5与推杆14将触头9和6分开。触头9和6为热继电器串于接触器线圈回路的常闭触头，断开后使接触器失电，接触器的常开触头断开电动机

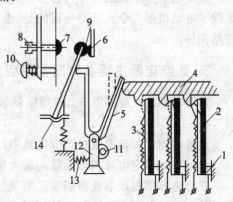

图1-31 热继电器的结构原理图

的电源以保护电动机。调节旋钮 11 是一个偏心轮,它与支撑件 12 构成一个杠杆。转动偏心轮,改变它的半径,即可改变补偿双金属片 5 与导板 4 接触的距离,因而达到调节整定动作电流的目的。此外,靠调节复位螺钉 8 来改变常开触头 7 的位置,使热继电器能工作在手动复位和自动复位两种工作状态。手动复位时,在故障排除后要按下按钮 10 才能使触头恢复与静触头 6 相接触的位置。

2. 带断相保护的热继电器

三相电动机的一根接线松开或一相熔丝熔断,是造成三相异步电动机烧坏的主要原因之一。如果热继电器所保护的电动机是星形接法,那么当线路发生一相断电时,另外两相电流增大很多,由于线电流等于相电流,流过电动机绕组的电流和流过热继电器的电流增加比例相同,因此普通的两相或三相热继电器可以对此作出保护。如果电动机是三角形接法,则当发生断相时,由于电动机的相电流与线电流不等,流过电动机绕组的电流和流过热继电器的电流增加比例不相同,而热元件又串接在电动机的电源进线中,按电动机的额定电流即线电流来整定,整定值较大,因而当故障线电流达到额定电流时,在电动机绕组内部,电流较大的那一相绕组的故障电流将超过额定相电流,便有过热烧毁的危险。所以三角形接法必须采用带断相保护的热继电器。带断相保护的热继电器是在普通热继电器的基础上增加一个差动机构,对三个电流进行比较,其结构如图 1-32 所示。

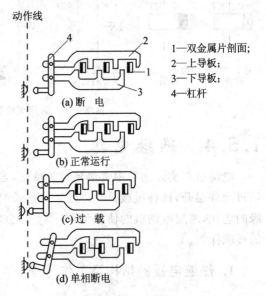

图 1-32 带断相保护的热继电器结构图

当一相(设 A 相)断路时,A 相(右侧)热元件温度由原正常热状态下降,双金属片由弯曲状态伸直,推动导板右移;同时由于 B、C 相电流较大,推动导板向左移,使杠杆扭转,继电器动作,起到断相保护作用。

热继电器采用发热元件,其反时限动作特性能比较准确地模拟电动机的发热过程与温升,确保了电动机的安全。值得一提的是,由于热继电器具有热惯性,不能瞬时动作,故不能用做短路保护。

3. 热继电器主要参数及常用型号

热继电器的主要参数有:热继电器额定电流和相数、热元件额定电流、整定电流及调节范围等。

热继电器的额定电流指热继电器中,可以安装的热元件的最大整定电流值。

热元件的额定电流指热元件的最大整定电流值。

热继电器的整定电流指能够长期通过热元件而不致引起热继电器动作的最大电流值,通常是按电动机的额定电流整定的。对于某一热元件的热继电器,可手动调节整定电流旋钮,通过偏心轮机构,调整双金属片与导板的距离,达到在一定范围内调节其电流的整定值,使热继电器更好地保护电动机。

JR16 和 JR20 系列是目前广泛应用的热继电器,其型号意义如图 1-33 所示。

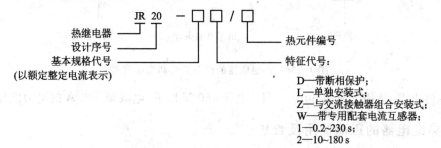

图 1-33 JR20 系列热继电器的型号意义

表 1-9 列出了 JR16 系列热继电器的主要参数。

表 1-9 JR16 系列热继电器的主要规格参数

型　号	额定电流/A	热元件规格	
		额定电流/A	电流调节范围/A
JR16—20/3 JR16—20/3D	20	0.35	0.25~0.35
		0.5	0.32~0.5
		0.72	0.45~0.72
		1.1	0.68~1.1
		1.6	1.0~1.6
		2.4	1.5~2.4
		3.5	2.2~3.5
		5.0	3.2~5.0
		7.2	4.5~7.2
		11.0	6.8~11
		16.0	10.0~16
		22	14~22
JR60—60/3 JR60—60/3D	60	22	14~22
		32	20~32
		45	28~45
		63	45~63
JR16—150/3 JR16—150/3D	150	63	40~63
		85	53~85
		120	75~120
		160	100~160

热继电器的图形符号和文字符号如图 1-34 所示。

目前,新型热继电器也在不断推广使用。3UA5 和 3UA6 系列热继电器是引进德国西门子公司技术生产的,适用于交流电压至 660 V、电流 0.1~630 A 的电路中,而且热元件的整定电流各型号之间重复交叉,便于选用。其中 3UA5 系列热继电器可安装在 3TB 系列接触器上组成电磁启动器。

LR_1—D 系列热继电器是引进法国专有技术生产的,具有体积小、寿命长等特点,适用于交流 50 Hz 或 60 Hz、电压至 660 V、电流至 80 A 的电路中。引进德国 BBC 公司技术生产的

电气控制与PLC应用

图 1-34 热继电器的图形符号和文字符号

T 系列热继电器,适用于交流 50~60 Hz、电压 660 V 以下、电流至 500 A 的电力线路中。

4. 热继电器的正确使用及维护

在热继电器的使用与维护中应注意以下几点:

① 热继电器的额定电流等级不多,但其发热元件编号很多,每一种编号都有一定的电流整定范围。在使用时应使发热元件的电流整定范围中间值与保护电动机的额定电流值相等,再根据电动机运行情况通过调节旋钮去调节整定值。

② 对于重要设备,一旦热继电器动作后,必须待故障排除后方可重新启动电动机,应采用手动复位方式;若电气控制柜距操作地点较远,且从工艺上又易于看清过载情况,则可采用自动复位方式。

③ 热继电器和被保护电动机的周围介质温度尽量相同,否则会破坏已调整好的配合情况。

④ 热继电器必须按照产品说明书中规定的方式安装。当与其他电器装在一起时,应将热继电器置于其他电器下方,以免其动作特性受其他电器发热的影响。

⑤ 使用中应定期去除尘埃和污垢并定期通电校验其动作特性。

1.5.5 速度继电器

速度继电器又称为反接制动继电器。它的主要作用是与接触器配合,实现对电动机的制动。也就是说,在三相交流异步电动机反接制动转速过零时,自动切除反相序电源。图 1-35 所示为其结构原理图。

速度继电器主要由转子、圆环(笼型空心绕组)和触点三部分组成。转子由一块永久磁铁制成,与电动机同轴相连,用以接收转动信号。当转子(磁铁)旋转时,笼型绕组切割转子磁场产生感应电动势,形成环内电流。转子转速越高,这一电流就越大。此电流与磁铁磁场相作用,产生电磁转矩,圆环在此力矩作用下带动摆杆,克服弹簧力而顺着转子转动的方向摆动,并拨动触点改变其通断状态(在摆杆左右各设一组切换触点,分别在速度继电器正转和反转时发生作用)。当调节弹簧弹性力时,可使速度继

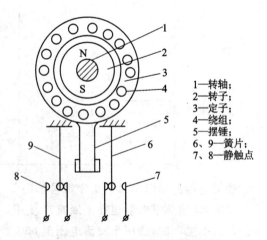

图 1-35 速度继电器结构原理图

1—转轴;
2—转子;
3—定子;
4—绕组;
5—摆锤;
6、9—簧片;
7、8—静触点

电器在不同转速时切换触点,改变通/断状态。

速度继电器的动作速度一般不低于 120 r/min,复位转速约在 100 r/min 以下,该数值可以调整。工作时,允许的转速高达 1 000～3 600 r/min。由速度继电器的正转和反转切换触点的动作,来反映电动机转向和速度的变化。常用的型号有 JY1 和 JFZ0。

速度继电器的图形符号和文字符号如图 1-36 所示。

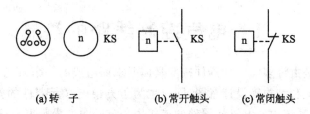

图 1-36 速度继电器的图形符号和文字符号

思考题与习题

1-1 常用的低压刀开关有几种?分别用在什么场合?

1-2 常用熔断器的种类有哪些?如何选择熔断器?

1-3 两台电动机不同时启动,一台电动机额定电流为 14.8 A,另一台电动机额定电流为 6.47 A,试选择用做短路保护熔断器的额定电流及熔体的额定电流。

1-4 常用主令电器有哪些?在电路中各起什么作用?

1-5 写出下列电器的作用、图形符号和文字符号:

熔断器　组合开关　按钮开关　低压断路器　交流接触器　热继电器　时间继电器

1-6 简述交流接触器在电路中的作用、结构和工作原理。

1-7 中间继电器与交流接触器有什么差异?在什么条件下中间继电器也可以用来启动电动机?

1-8 时间继电器 JS7 的原理是什么?如何调整延时时间?画出图形符号并解释各触点的动作特点。

1-9 在电动机的控制线路中,熔断器和热继电器能否相互代替?为什么?

1-10 电动机的启动电流大,启动时热继电器应不应该动作?为什么?

第 2 章 电气控制线路的基本环节

2.1 电气控制线路的绘制

电气控制线路是由许多电气元器件按照具体要求而组成的一个系统。为了表达生产机械电气控制系统的原理和结构等设计意图,同时也为了方便电气元器件的安装、调整、使用和维修,必须将电气控制系统中各电气元器件的连接用一定的图形表示出来,这种图就是电气控制系统图。为了便于设计、阅读分析、安装和使用控制线路,电气控制系统图必须采用统一规定的符号、文字和标准的画法。

电气控制系统图包括电气原理图、电气安装图、电器布置图、互连图和框图等。各种图的图纸尺寸一般选用 297 mm×210 mm、297 mm×420 mm、297 mm×630 mm 和 297 mm×840 mm 四种幅面,特殊需要可按《机械制图》国家标准选用其他尺寸。本书主要介绍电气原理图、电气安装图和电器布置图。

2.1.1 常用电气控制系统的图示符号

目前我国已经加入 WTO,电气工程技术也要与国际接轨,为了与 WTO 中的各国进行电气工程技术交流,就必须使用通用的电气工程语言,因此,国家标准局参照国际电工委员会(IEC)颁布的有关文件,制定了我国电气设备的有关国家标准,如 GB/T 4728.1~13—1996—2000《电气简图用图形符号》、GB 4728—85《电气图常用图形符号》和 GB7159—87《电气技术中的文字符号制定通则》等。

1. 图形符号

图形符号通常用于图样或其他文件,表示一个设备或概念,包括符号要素、一般符号和限定符号。

1) 符号要素

符号要素是一种具有确定意义的简单图形,必须同其他图形组合使用才能构成一个设备或概念的完整符号。例如,接触器常开主触点的符号就是由接触器触点功能符号和常开触点符号组合而成。

2) 一般符号

一般符号用以表示一类产品或此类产品特征的一种简单的符号。例如,电动机的一般符号为"⊛",其中"*"号为 M 时表示电动机,为 G 时表示发电机。

3) 限定符号

限定符号是用于提供附加信息的一种加在其他符号上的符号。限定符号一般不能单独使用,但可以使图形符号更具多样性。例如,在电阻器一般符号的基础上分别加上不同的限定符号,就可以得到可变电阻器和压敏电阻器和热敏电阻器等。

2. 文字符号

文字符号适用于电气技术领域中技术文件的编制,用以标明电气设备、装置和元器件的名称及电路的功能、状态和特征。文字符号分为基本文字符号和辅助文字符号。

1) 基本文字符号

基本文字符号有单字母符号和双字母符号两种。单字母符号是按拉丁字母顺序将各种电气设备、装置和元器件划分为 23 个大类,每一类用一个专用单字母符号表示,如"C"表示电容器类,"R"表示电阻器类。

双字母符号是由一个表示种类的单字母符号与另一字母组成,组合形式按单字母符号在前,另一个字母在后的次序列出。如"F"表示保护器件类,"FU"则表示熔断器。

2) 辅助文字符号

辅助文字符号用以表示电气设备、装置和元器件的名称以及电路的功能、状态和特征,例如"L"表示限制,"RD"表示红色等。辅助文字符号也可以放在表示种类的单字母符号后边组成双字母符号,如"SP"表示压力传感器,"YB"表示电磁制动器等。为简化文字符号,当辅助文字符号由两个以上字母组成时,允许只采用其第一位字母进行组合,如"MS"表示同步电动机。辅助文字符号还可以单独使用,例如"ON"表示接通,"M"表示中间线等。

3) 补充文字符号的原则

当基本文字符号和辅助文字符号不能满足使用要求时,可按国家标准中文字符号组成原则予以补充。

① 在不违背国家标准文字符号编制原则的条件下,可采用国际标准中规定的电气技术文字符号。

② 在优先采用基本文字符号和辅助文字符号的前提下,可补充国家标准中未列出的双字母符号和辅助文字符号。

③ 使用文字符号时,应按有关电气名词术语国家标准或专业技术标准中规定的英文术语缩写而成。基本文字符号不得超过两个字母,辅助文字符号一般不能超过三个字母。例如,表示"启动",采用"START"的前两位字母"ST"作为辅助文字符号;而表示"停止(STOP)"的辅助文字符号必须再加一个字母,为"STP"。因拉丁字母"I"和"O"容易同阿拉伯数字"1"和"0"混淆,所以不允许单独作为文字符号使用。

常用的电气图形和文字符号如表 2 - 1 所列。

3. 接线端子标记

三相交流电源引入线采用 L_1、L_2、L_3 标记,中性线为 N。

电源开关之后的三相交流电源主电路分别按 U、V、W 顺序进行标记,接地端为 PE。

电动机分支电路各接点标记采用三相文字代号后面加数字来表示,数字中的个位数表示电动机代号,十位数表示该支路接点的代号,从上到下按数值大小顺序标记。如 U_{11} 表示 M_1 电动机的第一相的第一个接点代号,U_{21} 为第一相的第二个接点代号,以此类推。

电动机绕组首端分别用 U_1、V_1、W_1 标记,尾端分别用 U_2、V_2、W_2 标记,双绕组的中点则用 U_3、V_3、W_3 标记。也可以用 U、V、W 标记电动机绕组首端,用 U'、V'、W' 标记绕组尾端,用 U"、V"、W" 标记双绕组的中点。

表2-1 常用电气图形和文字符号新旧对照表

名称		新标准		旧标准		名称		新标准		旧标准	
		图形符号	文字符号	图形符号	文字符号			图形符号	文字符号	图形符号	文字符号
一般三相电源开关			QS		K	按钮	复合		SB		AN
低压继电器			QF		UZ	接触器	线圈				
位置开关	常开触点		SQ		XK		主触点		KM		C
	常闭触点						常开辅助触点				
	复合触点						常闭辅助触点				
熔断器			FU		RD	速度继电器	常开触点		KS		SDJ
按钮	启动		SB		QA		常闭触点				
	停止				TA	制动电磁铁			YB		DT

续表 2-1

名称		新标准		旧标准		名称		新标准		旧标准	
		图形符号	文字符号	图形符号	文字符号			图形符号	文字符号	图形符号	文字符号
时间继电器	线圈		KT		SJ	继电器	欠电压继电器线圈				QYJ
	常开延时闭合触点						过电流继电器线圈	$I>$	KA		GLJ
	常闭延时打开触点						欠电流继电器线圈	$I<$		$I<$	QLJ
	常闭延时闭合触点						常开触点		相应继电器符号		相应继电器符号
	常开延时打开触点						常闭触点				
热继电器	热元件		FR		RJ	转换开关			SA		HK
	常闭触点					电磁离合器			YC		CH
继电器	中间继电器线圈		KA		ZJ	电位器			RP		W

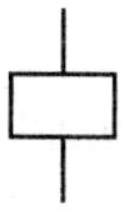

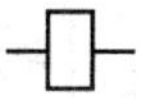

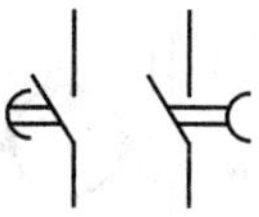

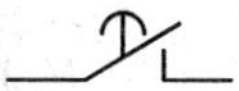

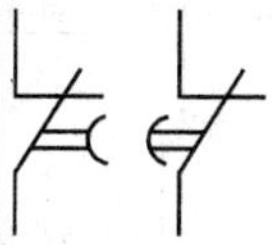

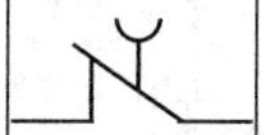

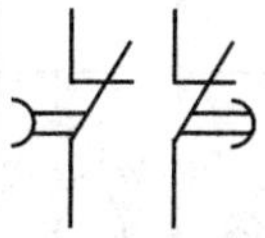

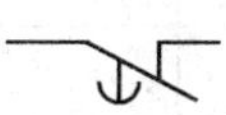

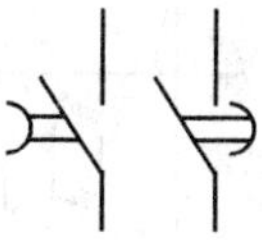

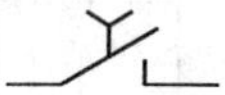

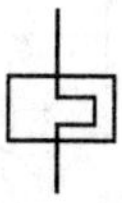

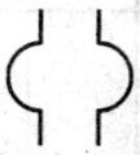

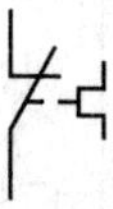

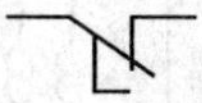

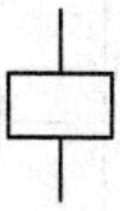

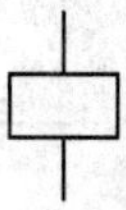

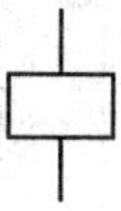

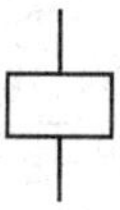

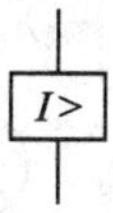

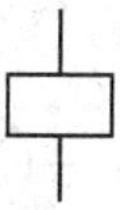

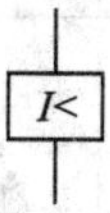

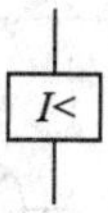

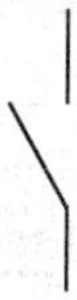

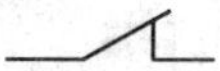

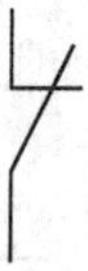

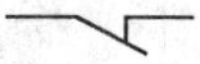

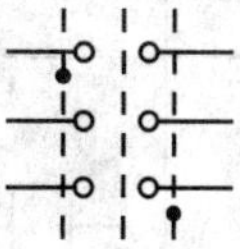

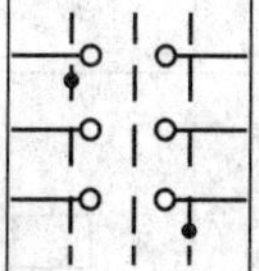

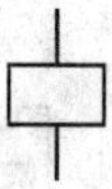

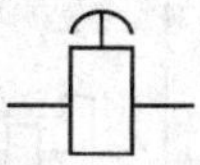

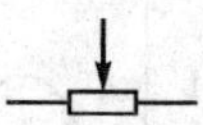

31

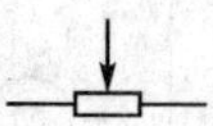

续表 2-1

名称	新标准		旧标准		名称	新标准		旧标准	
	图形符号	文字符号	图形符号	文字符号		图形符号	文字符号	图形符号	文字符号
桥式整流装置		VC		ZL	并励直流电动机				
照明灯		EL		ZD	他励直流电动机		M		ZD
信号灯		HL		XD	复励直流电动机				
电阻器		R		R	直流发电机		G		ZF
接插器		XS		CZ	三相鼠笼式异步电动机				
电磁铁		YA		DT	三相绕线式异步电动机		M		D
电磁吸盘		YH		DX	三相自耦变压器		T		ZOB
串励直流电动机		M		ZD	半导体二极管		VD		D

续表 2-1

名称	新标准 图形符号	新标准 文字符号	旧标准 图形符号	旧标准 文字符号	名称	新标准 图形符号	新标准 文字符号	旧标准 图形符号	旧标准 文字符号
单相变压器	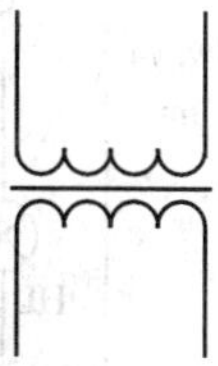		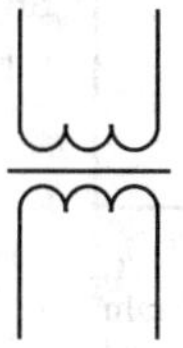	B		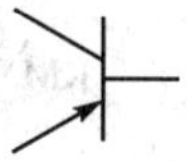		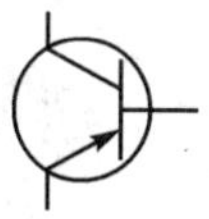	
整流变压器		T		ZLB	PNP型三极管		VT		T
照明变压器				ZB		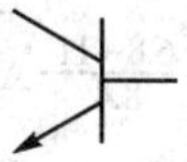		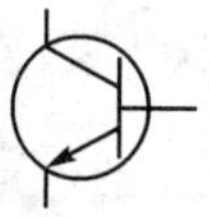	
控制电路电源用变压器		TC		B	NPN型三极管				

分级三相交流电源主电路采用三相文字 U、V、W 的前面加上阿拉伯数字 1、2、3 等来标记,如 1U、1V、1W 或 2U、2V、2W 等。

控制电路采用阿拉伯数字编号,一般由三位或三位以下的数字组成。标注方法按"等电位"原则进行,在垂直绘制的电路中,标号顺序一般由上而下编号,凡是线圈、绕组和触点或者电阻和电容等元件所间隔的线段,都应标以不同的电路标号。

4. 项目代号

在电路图上,通常将用一个图形符号表示的基本件、部件、组件、功能单元、设备和系统等,称为项目。项目代号是用以识别图、图表、表格中和设备上的项目种类,并提供项目的层次关系、种类、实际位置等信息的一种特定的代码。通过项目代号可以将图、图表、表格和技术文件中的项目与实际设备中的该项目一一对应和联系起来。

一个完整的项目代号由 4 个相关信息的代号段(高层代号、位置代号、种类代号和端子代号)组成。一个项目代号可以由一个代号段组成,也可以由几个代号段组成。通常,种类代号可单独表示一个项目,而其余代号段大多应与种类代号组合起来,才能较完整地表示一个项目。

种类代号是用于识别项目种类的代号,是项目代号中的核心部分。种类代号一般由字母代码和数字组成,其中的字母代码必须是规定的文字符号。例如,KM_2 表示第二个接触器。

在集中表示法和半集中表示法的图中,项目代号只在图形符号旁标注一次,并用机械连接线连接起来。在分开表示法的图中,项目代号应在项目的每一部分旁都标注出来。

2.1.2 电气原理图

用图形符号和项目代号表示电路中各个电器元件连接关系和电气工作原理的图称为电气原理图。由于电气原理图具有结构简单、层次分明且适于分析和研究线路工作原理等特点,因而广泛应用于设计和实际生产中,图 2-1 所示为 CW6132 型普通车床电气原理电路图。

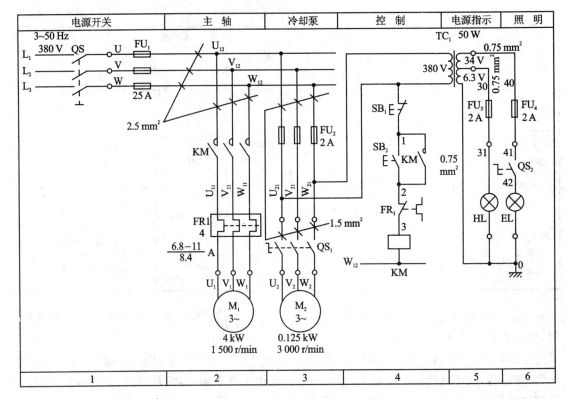

图 2-1 CW6132 型普通车床电气原理电路图

在绘制电气原理图时,一般应遵循以下原则:

① 电气原理图应采用规定的标准图形符号,按主电路与辅助电路分开、并依据各电气元件的动作顺序等原则而绘制。其中主电路是从电源到电动机大电流通过的路径。辅助电路包括控制电路、照明电路、信号电路及保护电路等,由继电器和接触器的线圈、继电器的触点、接触器的辅助触点、按钮、照明灯、信号灯和控制变压器等电器元件组成。

② 电器应是未通电时的状态,二进制逻辑元件应是制零时的状态,机械开关应是循环开始前的状态。

③ 控制系统内的全部电动机、电器和其他器械的带电部件,都应在原理图中表示出来。

④ 在原理图上方将图分成若干图区,并标明该区电路的用途与作用;在继电器、接触器线圈下方列有触点表,以说明线圈和触点的从属关系。

⑤ 原理图上应标出各个电源电路的电压值、极性、频率及相数,某些元器件的特性(如电阻、电容和变压器的数值等)以及不常用电器(如位置传感器和手动触点等)的操作方式、状态和功能。

⑥ 动力电路的电源电路绘成水平线,受电部分的主电路和控制保护支路,分别垂直绘制在动力电路下面的左侧和右侧。

⑦ 原理图中,各个电器元件在控制线路中的位置,不按实际位置画出,应根据便于阅读的原则安排,但为了表示是同一元件,电器的不同部件要用同一文字符号表示。

⑧ 电气元件应按功能布置,并尽可能按工作顺序排列,其布局顺序应该是从上到下,从左到右。

⑨ 电气原理图中,有直接联系的交叉导线连接点用黑圆点表示,无直接联系的交叉导线连接点不画黑圆点。

2.1.3 电器元件布置图

电器元件布置图所绘内容为原理图中各元器件的实际安装位置,可按实际情况分别绘制,如电气控制箱中的电器板和控制面板等。电器元件布置图是控制设备生产及维护的技术文件,电器元件的布置应注意以下几个方面。

① 体积大和较重的电器元件应安装在电器安装板的下面,而发热元件应安装在电器板的上面。

② 强电弱电应分开。弱电应屏蔽,以防止外界干扰。

③ 需要经常维护、检修及调整位置的电器元件,其安装位置不宜过高或过低。

④ 电器元件的布置应考虑整齐、美观、对称。外形尺寸和结构类似的电器安装在一起,以利于加工、安装和配线。

⑤ 电器元件布置不宜过密,要留有一定间距,如有走线槽,应加大各排电器间距,以利于布线和维护。

布置图根据电器元件的外形绘制,并标出各元件间距尺寸。每个电器元件的安装尺寸及其公差范围,应严格按照产品手册标准标注,作为底板加工依据,以保证各电器顺利安装。在电器布置图中,还要选用适当的接线端子板或接插件,按一定顺序标上进出线的接线号。图2-2为与图2-1对应的电器箱内的电器元件布置图。图中FU1~FU4为熔断器,KM为接触器,FR为热继电器,TC为照明变压器,XT为接线端子板。

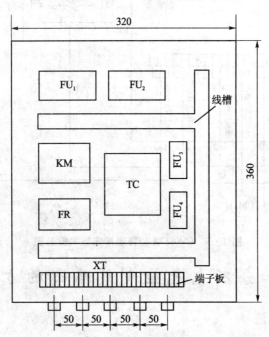

图2-2 CW6132型普通车床电器元件布置图

2.1.4 电气安装图

安装接线图是电气原理图的具体实现形式,是用规定的图形符号按各电器元件相对位置而绘制的实际接线图,因而可以直接用于安装配线。由于电气安装图在具体的施工和维修中能够起到电气原理图无法起到的作用,所以它在生产现场得到了普遍应用。电气安装图是根据电器位置布置最合理、连接导线最经济等原则来安排的。一般来说,绘制电气安装图应按照下列原则进行:

① 接线图中各电气元件的图形符号、文字符号及接线端子的编号应与电气原理图一致,并按电气原理图连接。

② 各电气元件均按其在安装底板中的实际安装位置绘出,元件所占图面按实际尺寸以统一比例绘制。

③ 一个元件的所有部件画在一起,并用点画线框起来,即采用集中表示法。有时将多个电气元件用点画线框起来,表示它们是安装在同一安装底板上。

④ 安装底板内外电气元件之间的连线通过接线端子板进行连接,安装底板上有几条接至外电路的引线,端子板上就应绘出几条线的接点。

⑤ 绘制安装接线图时,走向相同的相邻导线可以绘成一股线。

图2-3就是根据上述原则绘制的与图2-1对应的电器箱外连部分电气安装图。

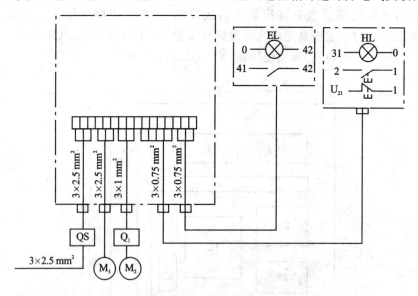

图2-3 CW6132型普通车床电气安装图

2.1.5 阅读和分析电气控制线路图的方法

1. 识图的基本方法

电气控制线路图识图的基本方法是"先机后电、先主后辅、化整为零、集零为整、统观全局、总结特点"。

1）先机后电

首先了解生产机械的基本结构、运行情况、工艺要求、操作方法，以期对生产机械的结构及其运行有个总体的了解，进而明确对电力拖动的要求，为分析电路做好前期准备。

2）先主后辅

先阅读主电路，了解设备由几台电动机拖动，每台电动机的作用，结合加工工艺分析电动机的启动方法，有无正反转控制，采用何种制动方式，采用哪些电动机保护措施。然后再分析辅助电路。

从主电路入手，根据每台电动机、电磁阀等执行电器的控制要求分析它们的控制内容（包括启动、方向控制、调速和制动等）。

3）化整为零

在分析控制电路时，根据主电路中各电动机、电磁阀等执行电器的控制要求，逐一找出控制电路中的控制环节，将电动机控制电路，按功能不同划分为若干个局部控制电路来进行分析。其步骤为：① 从执行电器（电动机和电磁阀等）着手，看主电路上有哪些控制电器的触点，根据其组合规律看控制方式；② 根据主电路的控制电器主触点文字符号，在控制电路中找到有关的控制环节及环节间的相互联系，将各台电动机的控制电路划分成若干个局部电路，对每一台电动机的控制电路，又按启动环节、制动环节、调速环节、反向运行环节分析电路；③ 设想按动了某操作按钮（应记住各信号元件、控制元件或执行元件的原始状态），查对电路，观察电气元件的触点如何控制其他电气元件的动作，再查看这些被带动的控制电气元件的触点如何控制执行电器或其他电气元件的动作，并随时注意控制电气元件的触点使执行电器有何运动，进而驱动被控机械有何运动，还要继续跟踪当执行元件带动机械运动时，将使哪些信号元件状态发生变化。

4）集零为整、统观全局、总结特点

在逐个分析完局部电路后，还应统观全部电路，了解各局部电路之间的联锁关系，机电液之间的配合情况，以及电路中设有哪些保护环节。以期对整个电路有一个清晰的了解，对电路中的每个电路和电器中的每个触点的作用都应了解清楚。

最后总体检查。经过化整为零，初步分析了每一个局部电路的工作原理以及各部分之间的控制关系后，还必须用"集零为整"的方法，检查整个控制电路，看是否有遗漏。特别要从整体角度进一步检查和理解各控制环节之间的联系，理解电路中每个电气元件的作用。在读图过程中，特别要注意相互间的联系和制约关系。

2. 识图的查线读图法

阅读和分析电气控制电路图的基本方法是查线读图法（也称直接读图法或跟踪追击法）。

1）识读主电路的步骤

第一步：分清主电路中的用电设备。用电设备指消耗电能的用电器具或电气设备，如电动机、电弧炉和电阻炉等。识图时，首先要看清楚有几个用电器以及它们的类别、用途、接线方式和特殊要求等。以电动机为例，从类别上讲，有交流电动机和直流电动机之分；而交流电动机又分感应电动机和同步电动机；感应电动机又分鼠笼式和绕线式。

第二步：弄清楚用电设备是用什么电气元件控制的。控制电气设备的方法很多，有的用开关直接控制，有的用各种启动器控制，有的用接触器或继电器控制。

第三步：了解主电路中其他元器件的作用。通常主电路中除了用电器和控制用的电器（如接触器、继电器）外，还常接有电源开关、熔断器以及保护电器。

第四步：看电源。主电路电源是三相 380 V 还是单相 220 V，主电路电源是由母线汇流排供电或配电屏供电的（一般为交流电），还是从发电机供电的（一般为直流电）。

2) 识读辅助电路的步骤

由于有各种不同类型的生产机械设备，它们对电力拖动也提出了各不相同的要求，表现在电路图上有种种不相同的辅助电路。辅助电路包含控制电路、信号电路和照明电路。

分析控制电路可根据主电路中各电动机和执行电器的控制要求，逐一找出控制电路中的控制环节，将控制电路"化整为零"，按功能不同划分成若干个局部控制电路进行分析。如果控制电路较复杂，则可先排除照明、显示等与控制关系不密切的电路，以便集中精力进行分析。控制电路一定要分析透彻。分析控制电路的最基本方法是"查线读图"法。具体操作步骤如下所述。

第一步：看电源。看清电源的种类，是交流的还是直流的。电源是从什么地方接来的，及其电压等级。电源一般是从主电路的两条相线上接来，其电压为 380 V；也有从主电路的一条相线和零线上接来，电压为 220 V；此外，也可以从专用隔离电源变压器接来，常用电压有 127 V 和 36 V 等。当辅助电路为直流时，其电压一般为 24 V、12 V 和 6 V 等。

第二步：看辅助电路是如何控制主电路的。对复杂的辅助电路，在电路图中，整个辅助电路构成一条大回路。在这个大回路中又分成几条独立的小回路，每条小回路控制一个用电器或一个动作。当某条小回路形成闭合回路有电流流过时，在回路中的电气元件（接触器或继电器）则动作，把用电设备（如电动机）接入电源或从电源切除。

第三步：研究电气元件之间的联系。电路中一切电气元件都不是孤立的，而是互相联系、互相制约的。在电路中，有时用电气元件 A 控制电气元件 B，甚至又用电气元件 B 控制电气元件 C。这种互相制约的关系有时表现在同一个回路，有时表现在几个不同的回路中，这就是控制电路中的电气联锁。

第四步：研究其他电气设备和电气元件，如整流设备和照明灯等。应了解它们的线路走向和作用。

上面介绍的读图方法和步骤，只是一般的通用方法。实际中需通过对具体电路的分析逐步掌握，不断总结，才能提高识图能力。

2.2 三相异步电动机启动控制线路

三相异步电动机的结构简单，价格便宜，坚固耐用，运行可靠，维修方便。与同容量的直流电动机比较，异步电动机具有体积小、重量轻、转动惯量小的特点。因此，在各类企业中异步电动机得到了广泛的应用。三相异步电动机的控制线路大多采用接触器、继电器、闸刀开关、按钮等有触点电器组合而成。由于三相异步电动机的结构不同，分为鼠笼式异步电动机和绕线式异步电动机。二者的构造不同，启动方法也不同，它们的启动控制线路差别更大。下面，对它们的启动控制线路，分别加以介绍。

2.2.1 鼠笼式异步电动机直接启动控制

所谓直接启动，就是利用刀开关或接触器将电动机定子绕组直接接到额定电压的电源上，故又称全压启动。直接启动的优点是启动设备与操作都比较简单,其缺点就是启动电流大、启动转矩小。对于小容量鼠笼型异步电动机,因电动机启动电流小,且体积小、惯性小、启动快,一般来说,对电网和电动机本身都不会造成影响。因此,可以直接启动,但必须根据电源的容量来限制直接启动电动机容量。

在工程实践中,直接启动可按下列经验公式核定

$$\frac{I_Q}{I_N} \leqslant \frac{3}{4} + \frac{P_H}{4P_N} \tag{2-1}$$

式中,I_Q——电动机的启动电流(A);

I_N——电动机的额定电流(A);

P_N——电动机的额定功率(kW);

P_H——电源的总容量(kV·A)。

1. 采用刀开关直接启动控制

用瓷底胶盖闸刀开关、转换开关或铁壳开关控制电动机的启动和停止,是最简单的手动控制线路。

图 2-4 是采用刀开关直接启动电动机的控制线路,其原理是:M 为被控三相异步电动机,QS 是开关,FU 是熔断器。合上开关 QS,电动机将通电并旋转。断开 QS,电动机将断电并停转。开关是电动机的控制电器,熔断器是电动机的保护电器。冷却泵、小型台钻、砂轮机的电动机一般采用这种启动控制方式。

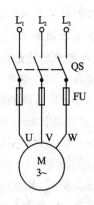

图 2-4 刀开关控制线路

2. 采用接触器直接启动控制

图 2-5 所示为接触器控制电动机单向旋转的电路。

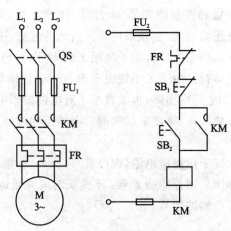

图 2-5 接触器控制电动机直接启动线路

从图 2-5 可见,主电路由刀开关 QS、熔断器 FU_1、接触器 KM 的主触点、热继电器 FR 的发热元件和电动机 M 组成。控制电路由熔断器 FU_2、热继电器 FR 的动断触点 FR、停止按钮

SB₁、启动按钮 SB₂、接触器 KM 的线圈及其辅助动合触点 KM 组成。

在主电路中,串接热继电器 FR 的三相热元件;在控制电路中,串接热继电器 FR 的动断触点。一旦过载,FR 的热元件动作,其动断触点断开,切断控制电路,电动机失电停转。

在启动按钮两端并联有接触器 KM 的辅助动合触点 KM,使该电路具有自锁功能。

线路的工作过程如下:

合上QS ──→ 按下 SB₂ ──→ KM线圈得电 ──┬──→ KM自锁触点闭合
　　　　　　　　　　　　　　　　　　　　└──→ KM主触点闭合 ──→ 电动机M启动运转

线路具有以下保护功能。

短路保护:由熔断器 FU 实现主电路、控制电路的短路保护。短路时,FU 的熔体熔断,切断电路。熔断器可作为电路的短路保护,但达不到过载保护的目的。

过载保护:由热继电器 FR 实现。由于热继电器的热惯性比较大,即使热元件流过的电流几倍于电动机额定电流,热继电器也不会立即动作。因此,在电动机启动时间不太长的情况下,热继电器是经得起电动机启动电流冲击而不动作的。只有在电动机长时间过载情况下,串联在主电路中的热继电器 FR 的热元件(双金属片)因受热产生变形,能使串联在控制电路中的热继电器 FR 的动断触点断开,断开控制电路,使接触器 KM 线圈失电,其主触点释放,切断主电路,使电动机断电停转,实现对电动机的过载保护。

欠压和失压保护:依靠接触器本身的电磁机构来实现。当电源电压由于某种原因而严重下降(欠压)或消失(失压)时,接触器的衔铁自行释放,电动机失电停止运转。控制电路具有欠压和失压保护后,具有三个优点:① 防止电源电压严重下降时,电动机欠压运行;② 防止电源电压恢复时,电动机突然自行启动运转造成设备和人身事故;③ 避免多台电动机同时启动造成电网电压的严重下降。

2.2.2 鼠笼式异步电动机降压启动控制

鼠笼型异步电动机直接启动控制线路简单、经济、操作方便。但对于容量大的电动机来说,由于启动电流大,电网电压波动大,必须采用降压启动的方法,限制启动电流。

降压启动是指启动时降低加在电动机定子绕组上的电压,待电动机转速接近额定转速后再将电压恢复到额定电压下运行。由于定子绕组电流与定子绕组电压成正比,因此降压启动可以减小启动电流,从而减小电路电压降,也就减小了对电网的影响。但由于电动机的电磁转矩与电动机定子电压的平方成正比,将使电动机的启动转矩相应减小,因此降压启动仅适用于空载或轻载下启动。

常用的降压启动方法有定子电路串电阻(或电抗)降压启动、星-三角(Y-△)降压启动、自耦变压器降压启动等。对降压启动控制的要求:不能长时间降压运行;不能出现全压启动;在正常运行时应尽量减少工作电器的数量。

1. 定子电路串电阻(或电抗)降压启动

电动机启动时,在三相定子电路上串接电阻 R,使定子绕组上的电压降低,启动后再将电阻 R 短路,电动机即可在额定电压下运行。

图 2-6 是时间继电器控制的定子电路串电阻降压启动控制线路。该线路是根据启动过

程中时间的变化,利用时间继电器延时动作来控制各电器元件的先后顺序动作,时间继电器的延时时间按启动过程所需时间整定。其工作原理如下:当合上刀开关 QS,按下启动按钮 SB_2 时,KM1 立即通电吸合,使电动机在串接定了电阻 R 的情况下启动,与此同时,时间继电器 KT 通电开始计时,当达到时间继电器的整定值时,其延时闭合的动合触点闭合,使 KM_2 通电吸合,KM_2 的主触点闭合,将启动电阻 R 短接,电动机在额定电压下进入稳定正常运转。

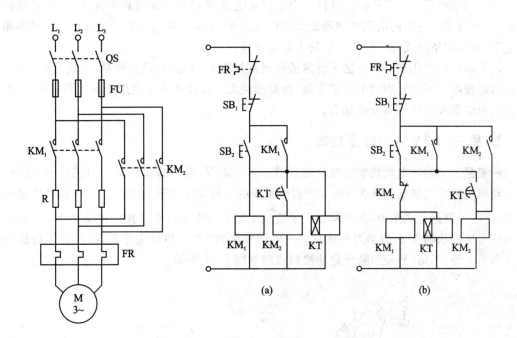

图 2-6 时间继电器控制的定子电路串电阻降压启动控制线路

由分析可知,图 2-6(a)中在启动结束后,接触器 KM_1 和 KM_2、时间继电器 KT 线圈均处于长时间通电状态。其实只要电动机全压运行一开始,KM_1 和 KT 线圈的通电就是多余的了。因为这不仅使能耗增加,同时也会缩短接触器、继电器的使用寿命。其解决方法为:在接触器 KM_1 和时间继电器 KT 的线圈电路中串入 KM_2 的动断触点,KM_2 要有自锁,如图 2-6(b)中线路所示。这样当 KM_2 线圈通电时,其动断触点断开使 KM_1、KT 线圈断电。

线路的工作过程如下:

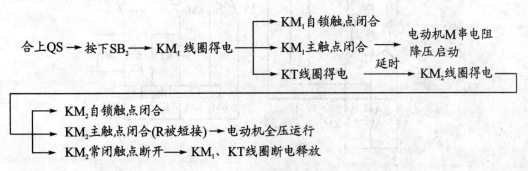

定子所串电阻一般采用 ZX1、ZX2 系列的铸铁电阻。铸铁电阻功率大,允许通过的电流较大,注意三相所串电阻应相等。每相串接的降压电阻可用下述经验公式进行估算:

$$R = 190 \frac{I_q - I'_q}{I_q I'_q} \tag{2-2}$$

式中，I_q——未串接电阻前的启动电流(A)，可取 $I_q=(4\sim7)I_N$；

I'_q——串接电阻后的启动电流(A)，可取 $I'_q=(2\sim3)I_N$；

I_N——电动机的额定电流(A)。

电阻功率可用 $P=I_N^2 R$ 公式计算。由于启动电阻 R 仅在启动过程中接入，并且启动时间又很短，所以实际选用的电阻功率可比计算值减小 3~4 倍。若电动机定子回路只串接两相启动电阻，则电阻值按式(2-2)计算值的 1.5 倍计算。

定子串电阻降压启动的方法不受定子绕组接线形式的限制，设备简单，启动过程平滑，但启动转矩按电压下降比例的平方倍下降，能量损耗大。故此种方法适用于启动要求平稳、电动机轻载或空载及启动不频繁的场合。

2. 星-三角(Y-△)降压启动

三相鼠笼型异步电动机额定电压通常为 380/660 V，相应的绕组接法为三角形/星形，这种电动机每相绕组额定电压为 380 V。我国采用的电网供电电压为 380 V。所以，当电动机启动时，将定子绕组接成星形，加在每相定子绕组上的启动电压只有三角形接法的 $1/\sqrt{3}$，启动电流为三角形接法的 1/3，启动力矩也只有三角形接法的 1/3。启动完毕后，再将定子绕组换接成三角形。星-三角(Y-△)降压启动控制线路如图 2-7 所示。

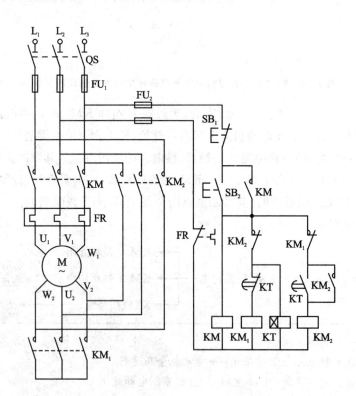

图 2-7 星-三角(Y-△)降压启动控制线路

第2章 电气控制线路的基本环节

线路的工作过程如下：

星-三角（Y-△）降压启动方式，设备简单经济，启动过程中没有电能损耗，启动转矩较小因而只能空载或轻载启动，只适用于正常运动时为三角形联接的电动机。我国设计的Y系列电动机，4kW以上的电动机的额定电压都用三角形接380V，就是为了适用星-三角（Y-△）降压启动而设计的。

3. 自耦变压器降压启动

这种降压启动方式是利用自耦变压器来降低加在电动机定子绕组上启动电压的。启动时，变压器的绕组连接成星形，其一次侧接电网，二次侧接电动机定子绕组。改变自耦变压器抽头的位置可以获得不同的启动电压，实际应用中，自耦变压器一般有65%、85%等抽头。启动完毕，将自耦变压器切除，电动机直接接电源，进入全压运行。控制线路如图2-8所示。

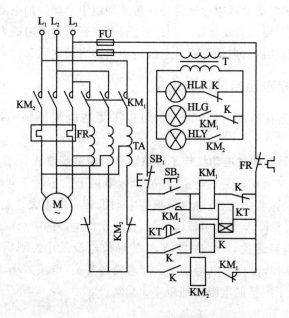

图 2-8 自耦变压器降压启动控制线路

线路的工作过程如下:

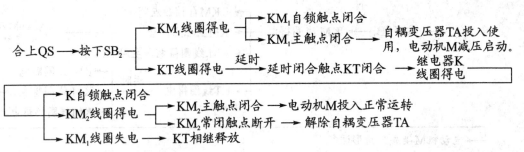

在本线路中,设有信号指示灯,由电源变压器 T 提供工作电压。电路通电后,红灯 HLR 亮;启动后,由于 KM_1 常开辅助触点的闭合,绿灯 HLG 亮;运转后,由于 K 吸合,K 的常闭触点断开,HLR、HLG 均熄灭,黄色指示灯 HLY 亮。按下停止按钮 SB_1,电动机 M 停机,由于 K 恢复常闭状态,HLR 亮。

自耦变压器降压启动适用于电动机容量较大、正常工作时接成星形或三角形的电动机。通常自耦变压器可用调节抽头变比的方法改变启动电流和启动转矩的大小,以适应不同的需要。它比串接电阻降压启动效果要好,但自耦变压器设备庞大,成本较高,而且不允许频繁启动。

2.2.3 绕线式异步电动机的启动控制

在实际生产中,对启动转矩值要求较大且能平滑调速的场合,常常采用三相绕线式异步电动机。三相绕线式异步电动机可以通过滑环在转子绕组中串接外加电阻,来减小启动电流,提高转子电路的功率因数,增加启动转矩,并且还可通过改变所串电阻的大小进行调速。

三相绕线式异步电动机的启动有在转子绕组中串接启动电阻和接入频敏变阻器等方法。

1. 转子绕组串接电阻启动控制电路

根据转子电流变化及启动时间两方面,可以采用按电流原则和按时间原则两种控制线路。

1)按电流原则控制绕线式电动机转子串电阻启动控制线路

控制线路如图 2-9 所示。启动电阻接成星形,串接于三相转子电路中。启动时,启动电阻全部接入电路。启动过程中,电流继电器根据电动机转子电流大小的变化控制电阻的逐级切除。图 2-9 中,$KA_1 \sim KA_3$ 为欠电流继电器,这 3 个继电器的吸合电流值相同,但释放电流不一样。KA_1 的释放电流最大,KA_2 次之,KA_3 的释放电流最小。刚启动时,启动电流较大,$KA_1 \sim KA_3$ 同时吸合动作,使全部电阻接入。随着转速升高,电流减小,$KA_1 \sim KA_3$ 依次释放,分别短接电阻,直到转子串接的电阻全部短接。

线路的工作过程如下:

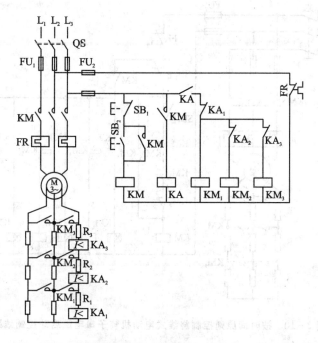

图 2-9 按电流原则控制绕线式电动机转子串电阻启动控制线路

合上QS → 按下SB_2 → KM线圈得电 → KM自锁触点闭合
→ KM主触点闭合 → 电动机M串接全部电阻启动
→ KM常开触点闭合 → 中间继电器KA线圈得电，为$KM_1 \sim KM_3$通电做准备

随着转速升高，转子电流逐渐减小 → KA_1最先释放，其常闭触点闭合 → KM_1线圈得电，主触点闭合，短接第一级电阻R_1 → 电动机M转速升高，转子电流又减小 → KA_2释放，其常闭触点闭合 → KM_2线圈得电，主触点闭合，短接第二级电阻R_2 → 电动机M转速再升高，转子电流再减小 → KA_3最后释放，其常闭触点闭合 → KM_3线圈得电，主触点闭合，短接最后电阻R_3 → 电动机M启动过程结束，按下SB_2 → KM、KA、$KM_1 \sim KM_3$线圈均断电释放 → 电动机M断电停止运转

线路中中间继电器KA的作用，是保证启动刚开始时接入全部启动电阻，以免电动机直接启动。由于电动机刚开始启动时，启动电流由零增大到最大值需一定的时间。如果线路中没有KA，则可能出现$KA_1 \sim KA_3$还没有动作，而$KM_1 \sim KM_3$的吸合将把转子电阻全部短接，则电动机相当于直接启动。加入中间继电器KA以后，只有KM线圈通电动作以后，KA线圈才通电，KA的常开触点闭合。在这之前，启动电流已达到电流继电器吸合值并已动作，其常闭触点已将$KM_1 \sim KM_3$电路断开，确保转子电路的电阻被串接，这样电动机就不会出现直接启动的现象了。

2) 按时间原则控制绕线式电动机转子串电阻启动控制线路

图2-10所示线路是利用三个时间继电器$KT_1 \sim KT_3$和三个接触器$KM_1 \sim KM_3$的相互配合来依次自动切除转子绕组中的三级电阻的。

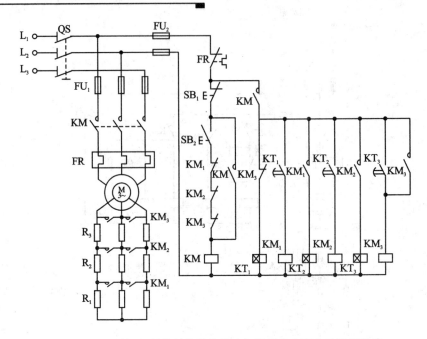

图 2-10　按时间原则控制绕线式电动机转子串电阻启动控制线路

线路的工作过程如下：

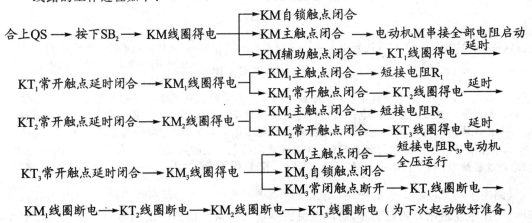

KM_1线圈断电 → KT_2线圈断电 → KM_2线圈断电 → KT_3线圈断电（为下次起动做好准备）

与启动按钮 SB_2 串接的接触器 $KM_1 \sim KM_3$ 常闭辅助触点的作用是保证电动机在转子绕组中接入全部外加电阻的条件下才能启动。如果接触器 $KM_1 \sim KM_3$ 中任何一个触头因熔焊或机械故障而没有释放时，启动电阻就没有被全部接入转子绕组中，从而使启动电流超过规定的值。把 $KM_1 \sim KM_3$ 的常闭触点与启动按钮 SB_2 串接在一起，就可避免这种现象的发生，因三个接触器中只要有一个触头没有恢复闭合，电动机就不可能接通电源直接启动。

2. 转子绕组串接频敏变阻器启动控制线路

绕线式异步电动机转子串电阻的启动方法，由于在启动过程中逐渐切除转子电阻，在切除的瞬间电流及转矩会突然增大，产生一定的机械冲击力。如果想减小电流的冲击，必须增加电阻的级数，这将使控制线路复杂，工作不可靠，而且启动电阻体积较大。

频敏变阻器的阻抗能够随着电动机转速的上升、转子电流频率的下降而自动减小，所以它是绕线式异步电动机较为理想的一种启动装置，常用于较大容量的绕线式异步电动机的启动控制。

1）频敏变阻器简介

频敏变阻器是一种静止的、无触点的电磁元件，其电阻值随频率变化而变化。它是由几块 30~50mm 厚的铸铁板或钢板叠成的三柱式铁芯，在铁芯上分别装有线圈，三个线圈连接成 Y 连接，并与电动机转子绕组相接。

电动机启动时，频敏变阻器通过转子电路获得交变电动势，绕组中的交变电流在铁芯中产生交变磁通，呈现出电抗 X。由于变阻器铁芯是用较厚钢板制成，交变磁通在铁芯中产生很大的涡流损耗和少量的磁滞损耗（涡流损耗占总损耗的 80% 以上）。涡流损耗在变阻器电路中相当于一个等值电阻 R。由于电抗 X 与电阻 R 都是由交变磁通产生的，其大小又都随着转子电流频率的变化而变化。因此，在电动机启动过程中，随着转子频率的改变，涡流集肤效应的强弱也在改变。转速低时频率高，涡流截面小，电阻就大。随着电动机转速升高频率降低，涡流截面自动增大，电阻减小。同时频率的变化又引起电抗的变化。所以，绕线式异步电动机串接频敏变阻器启动开始时，频敏变阻器的等效阻抗很大，限制了电动机的启动电流，随着电动机转速的升高，转子电流频率降低，等效阻抗自动减小，从而达到了自动改变电动机转子阻抗的目的，实现了平滑无级启动。图 2-11 所示为频敏变阻器等效电路及其与电动机的连接。

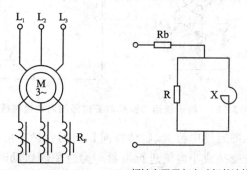

(a) 频敏变阻器等效电路　　(b) 频敏变阻器与电动机的连接

图 2-11　频敏变阻器等效电路及其与电动机的连接

2）转子绕组串接频敏变阻器的启动控制线路

按电动机的不同工作方式，频敏变阻器有两种使用方式。当电动机是重复短时工作制时，只需将频敏变阻器直接串在电动机转子回路中，不需用接触器控制；当电动机是长时运转工作制时，可采用如图 2-12 所示的线路进行控制。该线路可利用转换开关 SA 实现自动控制和手动控制。

线路的工作过程如下：

(1) 自动控制。将转换开关 SA 扳到自动位置（即 A 位置），时间继电器 KT 将起作用。

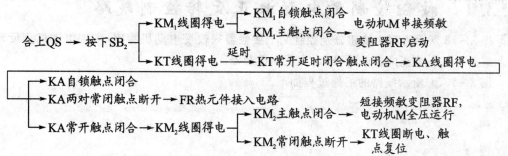

（2）手动控制。将转换开关 SA 扳到手动位置（即 M 位置），时间继电器 KT 不起作用。利用按钮开关 SB_3 手动控制，使中间继电器 KA 和接触器 KM_2 动作，从而控制电动机的启动和正常运转过程。其工作过程读者可自行分析。

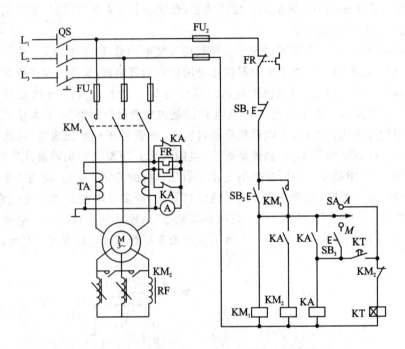

图 2-12　转子绕组串接频敏变阻器的启动控制线路

此线路适用于电动机的启动电流大、启动时间长的场合。主电路中电流互感器 TA 的作用是将主电路中的大电流变换成小电流进行测量。为避免因启动时间较长而使热继电器 FR 误动作，在启动过程中，用 KA 的常闭触点将 FR 的加热元件短接，待启动结束、电动机正常运行时才将 FR 的加热元件接入电路，从而起到过载保护的作用。

2.3　三相异步电动机正反转控制线路

在生产实际中，常常要求生产机械实现正反两个方向的运动。如工作台的前进、后退，起重机吊钩的上升、下降等，这就要求电动机能够实现正反转。由电动机原理可知，改变电动机三相电源的相序，就能改变电动机的转向。

2.3.1　按钮控制的电动机正反转控制线路

图 2-13 所示为两个按钮分别控制两个接触器来改变电动机相序，实现电动机正反转的控制线路。KM_1 为正向接触器，KM_2 为反向接触器。

图 2-13(a)所示线路的工作过程如下。

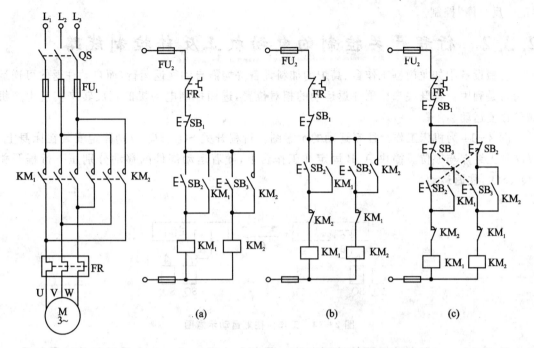

图 2-13 按钮控制的电动机正反转控制线路

1. 正 转

合上QS → 按下正转按钮SB_2 → KM_1线圈得电 → KM_1自锁触点闭合
　　　　　　　　　　　　　　　　　　　　KM_1主触点闭合 → 电动机M正转

2. 反 转

合上QS → 按下反转按钮SB_3 → KM_2线圈得电 → KM_2自锁触点闭合
　　　　　　　　　　　　　　　　　　　　KM_2主触点闭合 → 电动机M反转

3. 停 止

按下SB_1 → KM_1（KM_2）线圈断电，主触点释放 → 电动机M断电停止

不难看出,如果同时按下SB_2和SB_3,KM_1和KM_2线圈就会同时通电,其主触点闭合造成电源两相短路,因此,这种电路不能采用。图2-13(b)是在图2-13(a)的基础上扩展而成,将KM_1、KM_2常闭辅触点串接在对方线圈电路中,形成相互制约的控制,称为互锁或联锁控制。这种利用接触器(或继电器)常闭触点的互锁又称为电气互锁。该电路欲使电动机由正转到反转,或由反转到正转必须先按下停止按钮,而后再反向启动。

图2-13(b)的线路只能实现"正—停—反"或者"反—停—正"控制,这对于需要频繁改变电动机运转方向的机械设备来说,是很不方便的。对于要求频繁实现正反转的电动机,可用图2-13(c)控制电路控制,它是在图2-13(b)电路基础上将正转启动按钮SB_2与反转启动按钮SB_3的常闭触点串接在对方常开触点电路中,利用按钮的常开、常闭触点的机械连接,在电路中互相制约的接法,称为机械互锁。这种具有电气、机械双重互锁的控制电路是常用的、可靠的电动机正反转控制电路,它既可实现"正—停—反—停"控制,又可实现

"正—反—停"控制。

2.3.2 行程开关控制的电动机正反转控制线路

机械设备中如龙门刨工作台、高炉的加料设备等均需自动往返运行,而自动往返的可逆运行通常是利用行程开关来检测往返运动的相对位置,进而控制电动机的正反转来实现生产机械的往复运动。

图 2-14 为机床工作台往复运动的示意图。行程开关 SQ_1、SQ_2 分别固定安装在床身上,反映加工终点与原位。撞块 A、B 固定在工作台上,随着运动部件的移动分别压下行程开关 SQ_1、SQ_2,往返运动。

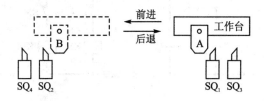

图 2-14 工作台往复运动示意图

图 2-15 为往复自动循环的控制电路。图中 SQ_1、SQ_2 为工作台后退与前进限位开关,SQ_3、SQ_4 为正反向极限保护用行程开关,防止 SQ_1、SQ_2 失灵时造成工作台从床身上冲出去的事故。这种利用行程开关,根据机械运动位置变化所进行的控制,称为行程控制。

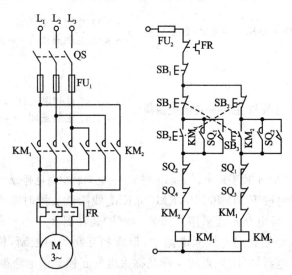

图 2-15 往复自动循环控制电路

线路的工作过程如下:

合上QS→按下SB$_2$→KM$_1$线圈得电→┬→KM$_1$自锁触点闭合
　　　　　　　　　　　　　　　　　└→KM$_1$主触点闭合──→电动机M正转,拖动工作台前进──┐

工作台前进到预定位置,压下SQ$_2$─┬→SQ$_2$常闭触点断开──→KM$_1$断电──→电动机M断电,工作台停止前进
　　　　　　　　　　　　　　　　└→SQ$_2$常开触点闭合──→KM$_2$线圈得电──┬→KM$_2$自锁触点闭合
　　　　　　　　　　　　　　　　　　　　　　　　　　　　　　　　　　　　└→KM$_2$主触点闭合──┐

电动机M改变电源相序而反转,工作台后退──→工作台退到设定位置,压下SQ$_1$──┐
┌→SQ$_1$常闭触点断开──→KM$_2$线圈断电──→电动机M停止后退
└→SQ$_1$常开触点闭合──→KM$_1$线圈得电──→电动机M又正转,工作台又前进──┘
如此往复循环,直至按下停止按钮SB$_1$──→KM$_1$（或KM$_2$）线圈断电──→电动机M停止运转

2.4 三相异步电动机制动控制线路

三相异步电动机切断电源后,由于惯性,总要经过一段时间才能完全停止。有些生产机械要求迅速停车,有些生产机械要求准确停车。所以常常需要采用一些使电动机在切断电源后就迅速停车的措施,这种措施称为电动机的制动。制动方式有电气机械结合的方法和电气的方法。前者如电磁机械制动；后者有能耗制动和反接制动等,本节主要介绍能耗制动和反接制动。

2.4.1 能耗制动控制线路

能耗制动是在电动机脱离三相交流电源后,给定子绕组加一直流电源,产生静止磁场,从而产生一个与电动机原转矩方向相反的电磁转矩以实现制动。

图2-16所示为按速度原则控制的可逆运行能耗制动控制线路。用速度继电器取代了时

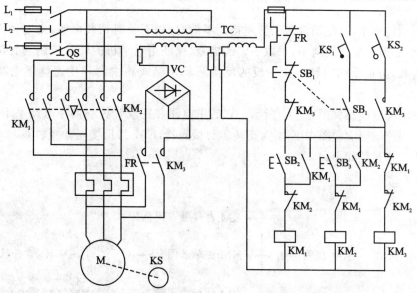

图2-16 按速度原则控制的可逆运行能耗制动控制线路

间继电器。当电动机脱离交流电源后,其惯性转速仍很高,速度继电器的常闭触头仍闭合,使 KM_3 得电通入直流电进行能耗制动。速度继电器 KS 与电动机用虚线相连表示同轴。

线路的工作过程如下:

1. 启 动

合上QS → 按下SB_2(正)或SB_3(反) → KM_1(正)或KM_2(反)通电并自锁 → 电动机M正(反)向运行,此时速度继电器相应触点KS_1或KS_2闭合,为停车时接通KM_3,实现能耗制动做准备

2. 制动停车

能耗制动的优点是制动准确、平稳,且能量损耗小,但需附加直流电源装置,设备费用较高,制动力较小,特别是到低速阶段,制动力更小。因此,能耗制动一般只适用于制动要求平稳准确的场合,如磨床、立式铣床等设备的控制线路中。

2.4.2 反接制动控制线路

反接制动是将运动中的电动机电源反接(即将任意两根相线接法交换)以改变电动机定子绕组中的电源相序,从而使定子绕组的旋转磁场反向,转子受到与原旋转方向相反的制动力矩而迅速停止转动。

反接制动过程中,当制动到转子转速接近零值时,如不及时切断电源,则电动机将会反向旋转。为此,必须在反接制动中,采取一定的措施,保证当电动机的转速被制动到接近零值时迅速切断电源,防止反向旋转。在一般的反接制动控制线路中常利用速度继电器进行自动控制。

反接制动控制线路如图 2-17 所示。它的主电路和正反转控制的主电路基本相同,只是增加了 3 个限流电阻 R。图中 KM_1 为正转运行接触器,KM_2 为反接制动接触器。

线路的工作过程如下。

1. 启 动

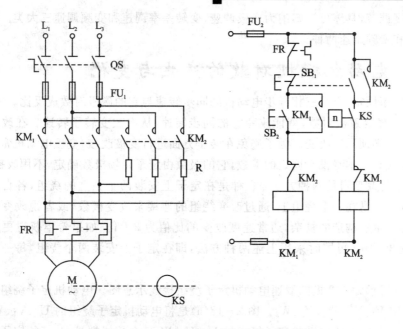

图 2-17 单向运行反接制动控制线路

2. 制动停车

按下 SB_1 → KM_1 线圈断电 → KM_1 主触点断开 → 电动机 M 断电，惯性运转
KM_1 辅助常闭触点闭合，为 KM_2 得电做准备
经 KM_1 常闭触点，KS 常开触点 → KM_2 线圈得电 → KM_2 主触点闭合 → 接入反接电源
反接电源 →电阻→ 电动机制动 →转速下降→ KS 触点复位 → KM_2 线圈断电 → 切除反接电源

由于反接制动时，旋转磁场与转子的相对速度很高，感应电动势很大，所以转子电流比直接启动的电流还大。反接制动电流一般为电动机额定电流的 10 倍左右，故在主电路中串接电阻 R 以限制反接制动电流。

反接制动的优点是制动力矩大、制动快，缺点是制动准确性差、制动过程中冲击强烈、易损坏传动零件。此外，在反接制动时，电动机既吸取机械能又吸取电能，并将这两部分能量消耗于电枢绕组上，因此，能量消耗大。所以，反接制动一般只适用于系统惯性较大、制动要求迅速且不频繁的场合。

2.5 异步电动机调速控制线路

根据异步电动机的基本原理可知，交流电动机转速公式如下：

$$n = (60f/p)(1-s) \tag{2-3}$$

式中，p——电动机极对数；
f——供电电源频率；
s——转差率。

由式(2-3)分析，通过改变定子电压频率 f、极对数 p 以及转差率 s 都可以实现交流异步电动机的速度调节,具体可以归纳为变极调速、变转差率调速和变频调速三大类。下面主要介绍变极调速和变频调速两种。

2.5.1 电动机磁极对数的产生与变化

当电网频率固定以后,三相异步电动机的同步转速与它的磁极对数成反比。因此,只要改变电动机定子绕组磁极对数,就能改变它的同步转速,从而改变转子转速。在改变定子极数时,转子极数也必须同时改变。为了避免在转子方面进行变极改接,变极电动机常用鼠笼式转子,因为鼠笼式转子本身没有固定的极数,它的极数由定子磁场极数确定,不用改接。

磁极对数的改变可用两种方法:一种是在定子上安装两个独立的绕组,各自具有不同的极数;第二种方法是在一个绕组上,通过改变绕组的连接来改变极数,或者说改变定子绕组每相的电流方向,由于构造的复杂,通常速度改变的比值为2∶1。如果希望获得更多的速度等级,例如四速电动机,可同时采用上述两种方法,即在定子上安装两个绕组,每一个都能改变极数。

图 2-18 所示为 4/2 极的双速电动机定子绕组接线示意图。电动机定子绕组有六个接线端,分别为 U_1、V_1、W_1、U_2、V_2、W_2。图 2-18(a)是将电动机定子绕组的 U_1、V_1、W_1 三个接线端接三相交流电源,而将电动机定子绕组的 U_2、V_2、W_2 三个接线端悬空,三相定子绕组按三角形接线,此时每个绕组中的①、②线圈相互串联,电流方向如图 2-18(a)中的箭头所示,电动机的极数为 4 极;如果将电动机定子绕组的 U_2、V_2、W_2 三个接线端子接到三相电源上,而将 U_1、V_1、W_1 三个接线端子短接,则原来三相定子绕组的三角形联结变成双星形联结,此时每相绕组中的①、②线圈相互并联,电流方向如图 2-18(b)中箭头所示,于是电动机的极数变为 2 极。注意观察两种情况下各绕组的电流方向。

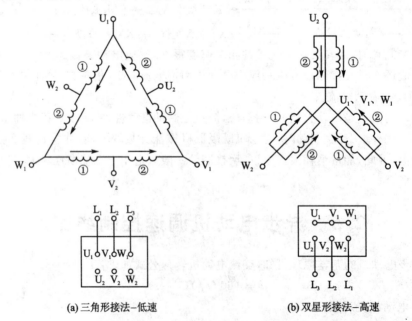

(a) 三角形接法-低速　　　　　　(b) 双星形接法-高速

图 2-18 双速电动机定子绕组接线图

必须注意,绕组改极后,其相序方向和原来相序相反。所以,在变极时,必须把电动机任意两个出线端对调,以保持高速和低速时的转向相同。例如,在图 2-18 中,当电动机绕组为三角形联结时,将 U_1、V_1、W_1 分别接到三相电源 L_1、L_2、L_3 上;当电动机的定子绕组为双星形联结,即由 4 极变到 2 极时,为了保持电动机转向不变,应将 W_2、V_2、U_2 分别接到三相电源 L_1、L_2、L_3 上。当然,也可以将其他任意两相对调。

2.5.2 双速电动机控制电路

图 2-19 所示为 4/2 极双速异步电动机的控制线路。图中用了三个接触器控制电动机定子绕组的联结方式。当接触器 KM_1 的主触点闭合,KM_2、KM_3 的主触点断开时,电动机定子绕组为三角形接法,对应"低速"挡;当接触器 KM_1 主触点断开,KM_2、KM_3 主触点闭合时,电动机定子绕组为双星形接法,对应"高速"挡。为了避免"高速"挡启动电流对电网的冲击,本线路在"高速"挡时,先以"低速"启动,待启动电流过去后,再自动切换到"高速"运行。

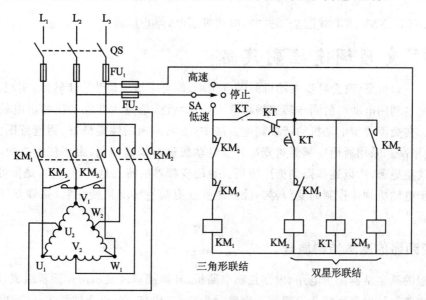

图 2-19 4/2 极双速异步电动机的控制线路

SA 是一个具有三个挡位的转换开关。当扳到中间位置时,为"停止"位,电动机不工作;当扳到"低速"挡位时,接触器 KM_1 线圈得电动作,其主触点闭合,电动机定子绕组的三个出线端 U_1、V_1、W_1 与电源相接,定子绕组接成三角形,低速运转;当扳到"高速"挡位时,时间继电器 KT 线圈首先得电动作,其瞬动常开触点闭合,接触器 KM_1 线圈得电动作,电动机定子绕组接成三角形低速启动。经过延时,KT 延时断开的常闭触点断开,KM_1 线圈断电释放,KT 延时闭合的常开触点闭合,接触器 KM_2 线圈得电动作。紧接着,KM_3 线圈也得电动作,电动机定子绕组被 KM_2、KM_3 的主触点换接成双星形,以高速运行。

线路的工作过程如下:

1. 转换开关 SA 位于"低速"位置

合上QS → SA扳到"低速"挡 → KM_1线圈得电 → KM_1主触点闭合 → 电动机定子绕组三角形连结,电动机低速运转

2. 转换开关 SA 位于"高速"位置

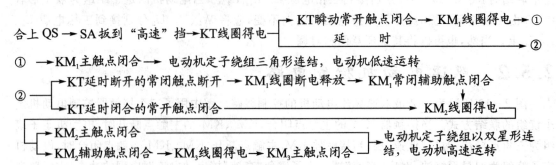

3. 转换开关 SA 位于"停止"位置

KM$_1$、KM$_2$、KM$_3$、KT 线圈全部失电,电动机断电,停止运转。

2.5.3 变频调速控制线路

由式(2-3)可见,改变异步电动机的供电频率,即可平滑地调节同步转速,实现调速运行。即变频调速是利用电动机的同步转速随频率变化的特性,通过改变电动机的供电频率进行调速的方法。在交流异步电动机的诸多调速方法中,变频调速的性能最好、调速范围大、稳定性好、运行效率高。采用通用变频器对笼型异步电动机进行调速控制,由于使用方便、可靠性高并且经济效益显著,所以逐步得到推广应用。通用变频器的特点是其通用性,是指可以应用于普通的异步电动机调速控制的变频器。除此之外还有高性能专用变频器、高频变频器和单相变频器等。

1. 变频器的基本结构原理

变频器的基本结构由主电路、内部控制电路板、外部接口及显示操作面板组成,软件丰富,各种功能主要靠软件来完成。变频器主电路分为交-交和交-直-交两种形式。交-交变频器可将工频交流直接变换成频率、电压均可控制的交流,又称直接式变频器。而交-直-交变频器则是先把工频交流通过整流器变成直流,然后再把直流变换成频率、电压均可控制的交流,又称间接式变频器。目前常用的通用变频器即属于交-直-交变频器,以下简称变频器。变频器的基本结构原理如图 2-20 所示。

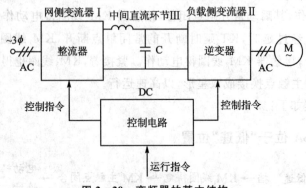

图 2-20 变频器的基本结构

第2章 电气控制线路的基本环节

由图2-20可见,变频器主要由主回路,包括整流器、中间直流环节、逆变器和控制回路组成,分述如下。

1) 整流器

一般的三相变频器的整流电路由三相全波整流桥组成。它的主要作用是对工频的外部电源进行整流,并给逆变电路和控制电路提供所需要的直流电源。整流电路按其控制方式可以是直流电压源也可以是直流电流源。

2) 中间直流环节

直流中间电路的作用是对整流电路的输出进行平滑,以保证逆变电路和控制电源能够得到质量较高的直流电源。当整流电路是电压源时,直流中间电路的主要元器件是大容量的电解电容,而当整流电路是电流源时,平滑电路则主要由大容量电感组成。此外,由于电动机制动的需要,在直流中间电路中有时还包括制动电阻以及其他辅助电路。

3) 逆变器

逆变电路是变频器最主要的部分之一。它的主要作用是在控制电路的控制下将平滑电路输出的直流电源转换为频率和电压都任意可调的交流电源。逆变电路的输出就是变频器的输出,它被用来实现对异步电动机的调速控制。

4) 控制电路

变频器的控制电路包括主控制电路、信号检测电路、门极(基极)驱动电路、外部接口电路以及保护电路等几个部分,也是变频器的核心部分。控制电路的优劣决定了变频器性能的优劣。控制电路的主要作用是将检测电路得到的各种信号送至运算电路,使运算电路能够根据要求为变频器主电路提供必要的门极(基极)驱动信号,并对变频器以及异步电动机提供必要的保护。此外,控制电路还通过A/D、D/A等外部接口电路接收/发送多种形式的外部信号和给出系统内部工作状态,以便使变频器能够和外部设备配合进行各种高性能的控制。

2. 变频器的外部接口电路

随着变频器的发展,其外部接口电路的功能也越来越丰富。外部接口电路的主要作用就是为了使用户能够根据系统的不同需要对变频器进行各种操作,并和其他电路一起构成高性能的自动控制系统。变频器的外部接口电路通常包括以下的硬件电路,逻辑控制指令输入电路、频率指令输入输出电路、过程参数监测信号输入输出电路和数字信号输入输出电路等。而变频器和外部信号的连接则需要通过相应的接口进行的,如图2-21所示。

由图2-21可见,外部信号接口主要有以下内容。

1) 多功能输入端子和输出接点

在变频器中设置了一些输入端子和输出接点,用户可以根据需要设定并改变这些端子和接点的功能,以满足使用需要。如逻辑控制指令输入端子,频率控制信号输入输出端子等。

2) 多功能模拟输入输出信号接点

变频器的模拟输入信号主要包括过程参数,如温度压力等指令及其参数的设置、直流制动的电流指令、过电流检测值;模拟输出信号主要包括输出电流检测、输出频率检测。多功能模拟输入输出信号接点的作用就是使操作者可以将上述模拟输入信号输入变频器,并利用模拟输出信号检测变频器的工作状态。

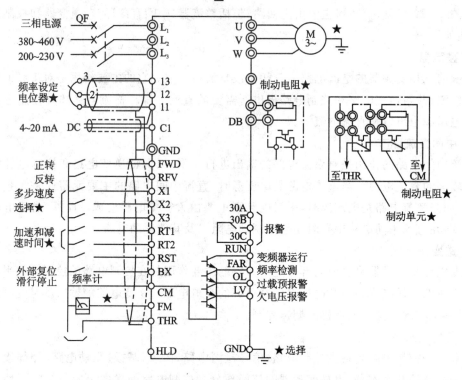

图 2-21 通用变频器的外部接口示意图

3）数字输入输出接口

变频器的数字输入输出接口主要用于和数控设备以及 PLC 的配合使用。其中，数字输入接口的作用是使变频器可以根据数控设备或 PLC 输出的数字信号指令运行，而数字输出接口的作用则主要是通过脉冲计数器给出变频器的输出频率。

4）通信接口

变频器还具有 RS—232 或 RS—485 的通信接口。这些接口的主要作用是和计算机或 PLC 进行通信，并按照计算机或 PLC 的指令完成所需的动作。

3. 应用举例

如图 2-22 所示为使用变频器举例。此线路实现电动机正、反向运行并调速和点动功能。根据功能要求，首先要对变频器编程并修改参数来选择控制端子的功能，将变频器 DIN_1、DIN_2、DIN_3 和 DIN_4 端子分别设置为正转运行、反转运行、正向点动和反向点动功能。图中 KA_1 为变频器的输出继电器，定义为正常工作时，KA_1 触点闭合，当变频器出现故障时或者电动机过载时触点打开。

按启动按钮 SB_2，接触器触点 KM 通电并自锁，若变频器有故障则不能自锁。变频器通过接触器触点 KM 接通电源上电。SB_3、SB_4 为正、反向运行控制按钮，运行频率由电位器 RP 给定。SB_5、SB_6 为正、反向点动运行控制按钮，点动运行频率可由变频器内部设置。按钮 SB_1 为总停止控制。

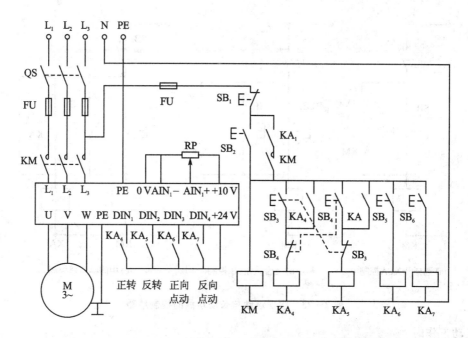

图 2-22 使用变频器的异步电动机可逆调速控制线路

2.6 异步电动机的其他基本控制线路

实际工作中,电动机除了有启动、正反转、制动等控制要求外,还有其他一些控制要求,如机床调整时的点动,多电机的先后顺序控制,多地点多条件控制,联锁控制,步进控制以及自动循环控制等。在控制电路中,为满足机械设备的正常工作要求,需要采用多种基本控制电路组合起来完成所要求的控制功能。

2.6.1 点动与长动控制

生产机械长时间工作,即电动机连续运转,称为长动控制。点动控制就是当按下按钮时,电动机转动,松开按钮后,电动机停转。点动起停时间的长短由操作者手动控制。在生产实际中,有的生产机械需要点动控制,有的既需要长动(连续运行)控制,又需要点动控制。点动与连续运行的主要区别在于是否接入自锁触点,点动控制加入自锁后就可以连续运行。如需要在连续状态和点动状态两者之间进行选择时,须选择联锁控制线路。具有点动与长动功能的控制线路如图 2-23 所示。

图 2-23(a)是用选择开关 SA 来选择点动控制或长动控制。打开 SA,按下 SB_2 就是点动控制;合上 SA,按下 SB_2 就是长动控制。

图 2-23(b)是复合按钮 SB_3 来实现点动控制或长动控制。按下 SB_2 就是长动控制;按下 SB_3 则实现点动控制。

图 2-23(c)是采用中间继电器来实现点动控制或长动控制。其工作情况如下:

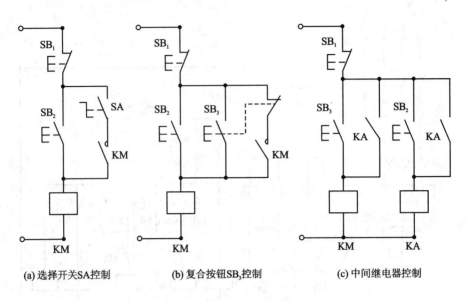

(a) 选择开关SA控制　　(b) 复合按钮SB₃控制　　(c) 中间继电器控制

图 2-23　实现点动与长动功能的控制线路

点动工作时

按下SB₃ → KT线圈得电 → KM主触点闭合 → 电动机通电运转

松开SB₃ → KT线圈失电 → KM主触点断开 → 电动机断电停止

长动工作时

按下SB₂ → 中间继电器KA线圈得电 ┬→ KA自锁触点闭合
　　　　　　　　　　　　　　　　 └→ KA常开触点闭合 → KM线圈得电 →

→ KM主触点闭合 → 电动机通电长时间运转

2.6.2　多地点与多条件控制

在一些大型机械设备中，为了操作方便，常要求在多个地点进行控制；在某些设备上，为了保证操作安全，需要多个条件满足，设备才能开始工作，这样的要求可通过在控制线路中串联或并联电器的动断触点和动合触点来实现。

图 2-24 为多地点控制线路。接触器 KM 线圈的得电条件为按钮 SB₂、SB₄、SB₆中的任一动合触点闭合，KM 辅助动合触点构成自锁，这里的动合触点并联构成逻辑或的关系，任一条件满足，就能接通电路；KM 线圈失电条件为按钮 SB₁、SB₃、SB₅中任一动断触点打开，动断触点串联构成逻辑与的关系，其中任一条件满足，即可切断电路。

图 2-25 为多条件控制线路。接触器 KM 线圈得电条件为按钮 SB₄、SB₅、SB₆的动合触点全部闭合，KM 的辅助动合触点构成自锁，即动合触点串联成逻辑与的关系，全部条件满足，才能接通电路；KM 线圈失电条件是按钮 SB₁、SB₂、SB₃的动断触点全部打开，即动断触点并联构成逻辑或的关系，全部条件满足，切断电路。

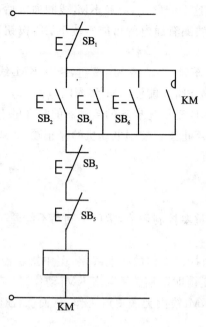

图 2-24 多地点控制线路

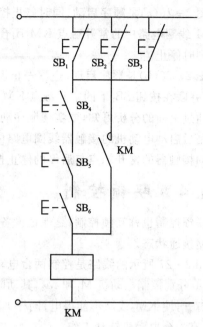

图 2-25 多条件控制线路

2.6.3 顺序控制

在机床的控制线路中,常常要求电动机的起停有一定的顺序。例如磨床要求先启动润滑油泵,然后再启动主轴电机;龙门刨床在工作台移动前,导轨润滑油泵要先启动;铣床的主轴旋转后,工作台方可移动等。顺序工作控制线路有顺序启动、同时停止控制线路,有顺序启动、顺序停止控制线路,还有顺序启动、逆序停止控制线路。图 2-26 为两台电动机的顺序控制线路。

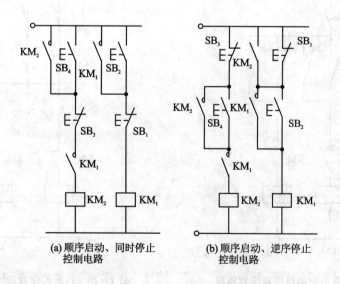

(a) 顺序启动、同时停止控制电路

(b) 顺序启动、逆序停止控制电路

图 2-26 两台电动机的顺序控制线路

图 2-26(a)是顺序启动、同时停止控制线路。在这个线路中,只有 KM_1 线圈通电后,其串入 KM_2 线圈电路中的常开触点 KM_1 闭合,才使 KM_2 线圈有通电的可能。按下 SB_1 按钮、两台电机同时停止。

图 2-26(b)是顺序启动、逆序停止控制线路。停车时,必须按 SB_3 按钮,断开 KM_2 线圈电路,使并联在按钮 SB_1 下的常开触点 KM_2 断开后,再按 SB_1 才能使 KM_1 线圈断电。

通过上面的分析可知,要实现顺序动作,可将控制电动机先启动的接触器的常开触点串联在控制后启动电动机的接触器线圈电路中,用若干个停止按钮控制电动机的停止顺序,或者将先停的接触器的常开触点与后停的停止按钮并联即可。

2.6.4 联锁控制

联锁控制也称互锁控制,是保证设备正常运行的重要控制环节,常用于制动不能同时出现的电路接通状态。

图 2-27 所示的线路是控制两台电动机不准同时接通工作的控制线路,图中接触器 KM_1 和 KM_2 分别控制电动机 M_1 和 M_2,其动断触点构成互锁即联锁关系:当 KM_1 动作时,其动断触点打开,使 KM_2 线圈不能得电;同样 KM_2 动作时,KM_1 线圈无法得电工作,从而保证任何时候,只有一台电动机转动工作。

由接触器动断触点构成的联锁控制也常用于具有两种电源接线的电动机控制线路中,如前述电动机正反转控制线路,构成正转接线的接触器与构成反转接线的接触器,其动断触点在控制线路中构成联锁控制,使正转接线与反转接线不能同时接通,防止电源短路。除接触器动断触点构成联锁关系外,在运动复杂的设备上,为防止不同运动之间的干涉,常设置用操作手柄和行程开关组合构成的联锁控制。这里以某机床工作台进给运动控制为例,说明这种联锁关系,其联锁控制线路如图 2-28 所示。

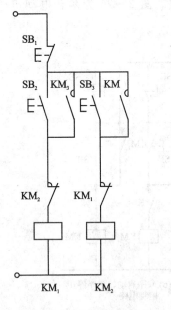

图 2-27 两台电动机联锁控制线路

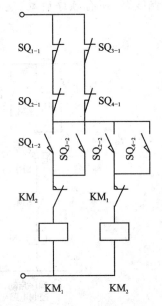

图 2-28 机床工作台进给联锁控制线路

机床工作台由一台电动机驱动,通过机械传动链传动,可完成纵向(左右两方向)和横向(前后方向)的进给移动。工作时,工作台只允许沿一个方向进给移动,因此各方向的进给运动之间必须联锁。工作台由纵向手柄和行程开关 SQ_1、SQ_2 操作纵向进给,横向手柄和行程开关 SQ_3、SQ_4 操作横向进给,实际上两操作手柄各自都只能扳在一种工作位置,存在左右运动之间或前后运动之间的制约,只要两操作手柄不同时扳在工作位置,即可达到联锁的目的。操作手柄有两个工作位和一中间不工作位,正常工作时,只有一个手柄扳在工作位;当由于误动作等意外事故使两手柄都被扳到工作位时,联锁电路将立即切断进给控制电路,进给电动机停转,工作台进给停止,防止运动干涉损坏机床的事故发生。图 2-28 是工作台的联锁控制线路,KM_1、KM_2 为进给电动机正转和反转控制接触器,纵向控制行程开关 SQ_1、SQ_2 动断触点串联构成的支路与横向控制行程开关 SQ_3、SQ_4 动断触点串联构成的支路并联起来组成联锁控制电路。当纵向操作手柄扳在工作位,将会压动行程开关 SQ_1(或 SQ_2),切断一条支路,另一支路由横向手柄控制的支路因横向手柄不在工作位而仍然正常通电,此时 SQ_1(或 SQ_2)的动合触点闭合,使接触器 KM_1(或 KM_2)线圈得电,电动机 M 转动,工作台在给定的方向进给移动,当工作台纵向移动时,若横向手柄也被扳到工作位,行程开关 SQ_3 或 SQ_4 受压,切断联锁电路,使接触器线圈失电,电动机立即停转,工作台进给运动自动停止,从而实现进给运动的联锁保护。

2.6.5 自动循环控制

实际生产中,很多设备的工作过程包括若干工步,这些工步按一定的动作顺序自动地逐步完成,并且可以不断重复地进行,实现这种工作过程的控制即是自动工作循环控制。根据设备的驱动方式,可将自动循环控制线路分为两类:一类是对由电动机驱动的设备实现工作循环的自动控制,另一类是对由液压系统驱动的设备实现工作的自动循环控制。从电气控制的角度来说,实际上控制线路是对电动机工作的自动循环实现控制和对液压系统工作的自动循环实现控制。

1. 电动机工作的自动循环控制

电动机工作的自动循环控制,实质上是通过控制线路按照工作循环图确定的工作顺序要求对电动机进行启动和停止的控制。

设备的工作循环图标明动作的顺序和每个工步的内容,确定各工步应接通的电器,同时还注明控制工步转换的转换主令。自动循环工作中的转换主令,除启动循环的主令由操作者给出外,其他各步转换的主令均来自设备工作过程中出现的信号,如行程开关信号、压力继电器信号和时间继电器信号等,控制线路在转换主令的控制下,自动地切换工步,切换工作电器,实现工作的自动循环。

1) 单机自动循环控制线路

常见的单机自动循环控制是在转换主令的作用下,按要求自动切换电动机的转向,如前述由行程开关操作电动机正反转控制,或是电动机按要求自动反复启停的控制,图 2-29

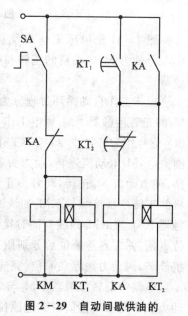

图 2-29 自动间歇供油的润滑系统控制线路

所示为自动间歇供油的润滑系统控制线路。图中 KM 为控制液压泵电动机启停的接触器，KT_1 控制油泵电动机工作供油的时间，KT_2 控制停止供油间断的时间。合上开关 SA 以后，液压泵电动机启动，间歇供液循环开始。

2) 多机自动循环控制线路

实际生产中有些设备是由多个动力部件构成，并且各个动力部件具有自己的工作循环过程，这些设备工作的自动循环过程是由某些单机工作循环组合构成。通过对设备工作循环图的分析，即可看出，控制线路实质上是根据工作循环图的要求，对多个电动机实现有序的启停和正反转的控制。图 2-30 为有两个动力部件构成的机床运动简图及工作循环图，图中行程开关 SQ_1 为动力头 I 的原位开关，SQ_2 为终点限位开关；SQ_3 为动力头 II 的原位开关，SQ_4 为终点限位开关，M_1 是动力头 I 的驱动电动机，M_2 是动力头 II 的驱动电动机。

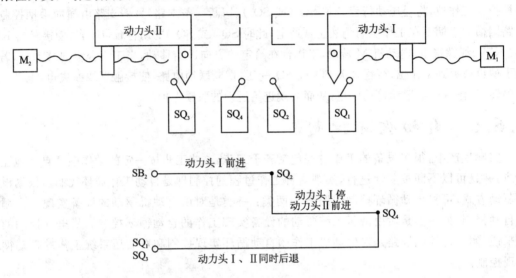

图 2-30 机床运动简图及工作循环图

图 2-31 是机床工作自动循环的控制线路，SB_2 为工作循环开始的启动按钮，KM_1 与 KM_3 分别为 M_1 电动机的正转和反转控制接触器；KM_2 与 KM_4 分别为 M_2 的正转和反转控制接触器。

机床工作自动循环过程分为三个工步，启动按钮 SB_2 按下，开始第一个工步，此时电动机 M_1 的正转接触器 KM_1 得电工作，动力头 I 向前移动，到达终点位后，压下终点限位开关 SQ_2，SQ_2 信号作为转换主令，控制工作循环由第一工步切换到第二工步，SQ_2 的动断触点使 KM_1 线圈失电，M_1 电动机停转，动力头 I 停在终点位，同时 SQ_2 的动合触点闭合，接通 KM_2 的线圈电路，使电动机 M_2 正转，动力头 II 开始向前移动，至终点位时，此时 SQ_4 的动断触点切断 M_2 电动机的正转控制接触器 KM_2 的线圈电路，同时其动合触点闭合使电动机 M_1 与 M_2 的反转控制接触器 KM_3 与 KM_4 的线圈同时接通，电动机 M_1 与 M_2 反转，动力头 I 和 II 由各自的终点位向原位返回，并在到达原位后分别压下各自的原位行程开关 SQ_1 和 SQ_3，使 KM_3、KM_4 失电，电动机停转，两动力头停在原位，完成一次工作循环。

电路中反转接触器 KM_2 与 KM_4 的自锁触点并联，分别为各自的线圈提供自锁作用。当动力头 I 与 II 不能同时到达原位时，先到达原位的动力头压下原位开关，切断该动力头控制接触器的线圈电路，相应的接触器自锁触点也复位断开，但另一自锁触点仍然闭合，保证接触器

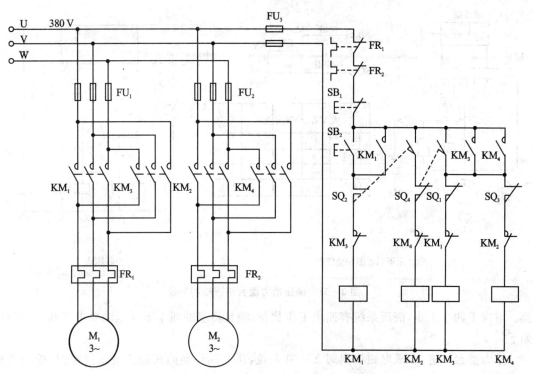

图 2-31 机床工作自动循环的控制线图

线圈不会失电,直到另一动力头也返回到达原位,并压下原位行程开关,切断接触器线圈电路,结束循环。

2. 液压系统工作的自动循环控制

液压传动系统能够提供较大的驱动力,并且运动传递平稳、均匀、可靠、控制方便。当液压系统和电气控制系统组合构成电液控制系统时,很容易实现自动化,电液控制被广泛地应用在各种自动化设备上。电液控制是通过电气控制系统控制液压传动系统按给定的工作运动要求完成动作。

液压动力滑台工作自动循环控制是一典型的电液控制,下面将其作为例子,分析液压系统工作自动循环的控制线路。

液压动力滑台是机床加工工件时完成进给运动的动力部件,由液压系统驱动,自动完成加工的自动循环。滑台工作循环的工步顺序与内容,各工步之间的转换主令,同电动机驱动的自动工作循环控制一样,由设备的工作循环图给出。电液控制系统的分析通常分为三步:工作循环图分析,以确定工步顺序及每步的工作内容,明确各工步的转换主令;液压系统分析,分析液压系统的工作原理,确定每工步中应通电的电磁阀线圈,并将分析结果和工作循环图给出的条件通过动作表的形式列出,动作表上列有每个工步的内容、转换主令和电磁阀线圈通电状态;控制线路分析,是根据动作表给出的条件和要求,逐步分析电路如何在转换主令的控制下完成电磁阀线圈通断电的控制。液压动力滑台一次工作进给的控制线路如图 2-32 所示。

在图 2-32(a)中可以看到,液压动力滑台的自动工作循环共有 4 个工步:滑台快进、工进、快退及原位停止,分别由行程开关 SQ_2、SQ_3、SQ_1 及按钮 SB_1 控制循环的启动和工步的切

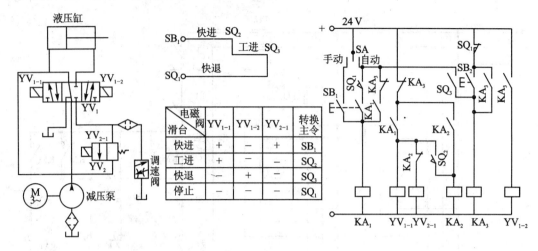

(a) 原理示意图和动作表　　　　　　　　(b) 控制线路

图 2-32　液压动力滑台电液控制系统

换。对应于四个工步,液压系统有四个工作状态,满足活塞的四个不同运动要求。其工作原理如下:

动力滑台快进,要求电磁换向阀 YV_1 在左位,压力油经换向阀进入液压缸左腔,推动活塞右移,此时电磁换向阀 YV_2 也要求位于左位,使得油缸右腔回油经 YV_2 阀返回液压缸左腔,增大液压缸左腔的进油量,活塞快速向前移动,为实现上述油路工作状态,电磁阀线圈 YV_{1-1} 必须通电,使阀 YV_1 切换到左位,YV_{2-1} 通电使 YV_2 切换到左位。动力滑台前移到达工进起点时,压下行程开关 SQ_2,动力滑台进入工进的工步。动力滑台工进时,活塞运动方向不变,但移动速度改变,此时控制活塞运动方向的阀 YV_1 仍在左位,但控制液压缸右腔回油通路的阀 YV_2 切换到右位,切断右腔回油进入左腔的通路,而使液压缸右腔的回油经调速阀流回油箱。调速阀节流控制回油的流量,从而限定活塞以给定的工进速度继续向右移动,YV_{1-1} 保持通电,使阀 YV_1 仍在左位,但是 YV_{2-1} 断电,使阀 YV_2 在弹簧力的复位作用下切换到右位,满足工进油路的工作状态。工进结束后,动力滑台在终点位压动终点限位开关 SQ_3,转入快退工步。滑台快退时,活塞的运动方向与快进、工进时相反,此时液压缸右腔进油,左腔回油,阀 YV_1 必须切换到右位,改变油的通路,阀 YV_1 切换以后,压力油经阀 YV_1 进入液压缸的右腔,左腔回油经 YV_1 直接回油箱,通过切断 YV_{1-1} 的线圈电路使其失电,同时接通 YV_{1-2} 的线圈电路使其通电吸合,阀 YV_1 切换到右位,满足快退时液压系统的油路状态。动力滑台快速退回到原位以后,压动原位行程开关 SQ_1,即进入停止状态。此时要求阀 YV_1 位于中间位的油路状态,YV_2 处于右位,当电磁阀线圈 YV_{1-1}、YV_{1-2}、YV_{2-1} 均失电时,即可满足液压系统使滑台停在原位的工作要求。

图 2-32(b)控制线路中,SA 为选择开关,用于选定滑台的工作方式。开关扳在自动循环工作方式时,按下启动按钮 SB_1,循环工作开始。SA 扳到手动调整工作方式时,电路不能自锁持续供电,按下按钮 SB_1,可接通 YV_{1-1} 与 YV_{2-1} 线圈电路,滑台快速前进,松开 SB_1,YV_{1-1}、YV_{2-1} 线圈失电,滑台立即停止移动,从而实现点动向前调整的动作。SB_2 为滑台快速复位按钮,当由于调整前移或工作过程中突然停电的原因,滑台没有停在原位不能满足自动循环工作

的启动条件,即原位行程开关 SQ_1 不处于受压状态时,通过压下复位按钮 SB_2,接通 YV_{1-2},滑台即可快速返回至原位,压下 SQ_1 后停机。

在上述控制电路的基础上,加上延时元件,可得到具有进给终点延时停留的自动循环控制线路,其工作循环及控制电路如图 2-33 所示。当滑台工进到终点时,压动终点限位开关 SQ_3,接通时间继电器 KT 的线圈电路,KT 的动断触点使 YV_{1-1} 线圈失电,阀 YV_1 切换到中间位置,使滑台停在终点位,经一定时间的延时后,KT 的延时动合触点接通滑台快速退回的控制电路,滑台通过进入快退的工步,退回原位后行程开关 SQ_1 被压下,切断电磁阀线圈 YV_{1-2} 的电路,滑台停在原位。其他工步的控制和调整控制方式,带有延时停留的控制电路与无终点延时停留的控制电路相同。

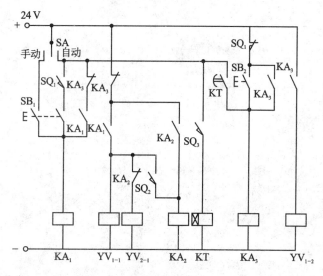

图 2-33 具有终点延时停留功能的滑台控制线路

思考题与习题

2-1 电气控制线路图识图的基本方法是什么?

2-2 电气原理图中,QS、FU、KM、KT、KA、SB、SQ 分别是什么电器元件的文字符号?

2-3 三相鼠笼式异步电动机降压启动的方法有哪几种?三相绕线式异步电动机降压启动的方法有哪几种?

2-4 画出用按钮和接触器控制电动机正反转控制线路。

2-5 画出自动往复循环控制线路,要求有限位保护。

2-6 什么是能耗制动?什么是反接制动?各有什么特点及适用场合?

2-7 三相异步电动机是如何实现变极调速的?双速电动机变速时相序有什么要求?

2-8 变频器的基本结构原理是什么?

2-9 长动与点动的区别是什么？如何实现长动？

2-10 多台电动机的顺序控制线路中有哪些规律可循？

2-11 试述电液控制线路的分析过程。

2-12 设计一个鼠笼式异步电动机的控制线路，要求：① 能实现可逆长动控制；② 能实现可逆点动控制；③ 有过载、短路保护。

2-13 设计2台鼠笼式异步电动机的启停控制线路，要求：① M_1启动后，M_2才能启动；② M_1如果停止，M_2一定停止。

2-14 设计3台鼠笼式异步电动机的启停控制线路，要求：① M_1启动10 s后，M_2自动启动；② M_2运行6 s后，M_1停止，同时M_3自动启动；③ 再运行15 s后，M_2和M_3停止。

第3章 典型机械设备电气控制系统分析

生产中使用的机械设备种类繁多,其控制线路和拖动控制方式各不相同。本章通过分析典型机械设备的电气控制系统,一方面进一步学习掌握电气控制线路的组成以及基本控制电路在机床中的应用,掌握分析电气控制线路的方法与步骤,培养读图能力;另一方面通过几种有代表性的机床控制线路分析,使读者了解电气控制系统中机械、液压与电气控制配合的意义,为电气控制的设计、安装、调试及维护打下基础。

3.1 车床电气控制线路

车床是一种应用极为广泛的机床,主要用于加工各种回转表面(内外圆柱面、圆锥表面、成型回转表面等),回转体的端面、螺纹等。车床的类型很多,主要有卧式车床、立式车床、转塔车床和仿形车床等。

车床通常由一台主电动机拖动,经由机械传动链,实现切削主运动和刀具进给运动的输出,其运动速度由变速齿轮箱通过手柄操作进行切换。刀具的快速移动、冷却泵和液压泵等,常采用单独电动机驱动。不同型号的车床,其主电动机的工作要求不同,因而由不同的控制电路构成,但是由于卧式车床运动变速是由机械系统完成的,且机床运动形式比较简单,因此相应的控制电路也比较简单。本节以C650卧式车床电气控制系统为例,进行控制电路的分析。

3.1.1 主要结构和运动形式

普通车床主要有床身、主轴变速箱、进给箱、溜板箱、刀架、尾架、光杆和丝杆等部分组成,如图3-1所示。运动形式主要有两种:一种是主运动,是指安装在主轴箱中的主轴带动工件的旋转运动;另一种是进给运动,是指溜板箱带动溜板和刀架直线运动。刀具安装在刀架上,与溜板一起随溜板箱沿主轴轴线方向实现进给移动,主轴的传动和溜板箱的移动均由主电动

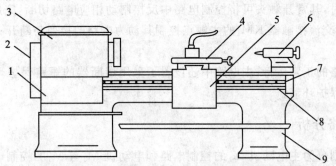

1—进给箱;2—挂轮箱;3—主轴变速箱;4—溜板与刀架;
5—溜板箱;6—尾架;7—丝杆;8—光杆;9—床身

图 3-1 普通车床结构示意图

机驱动。由于加工的工件比较大,加工时其转动惯量也比较大,使得需停车时不易立即停止转动,因而必须有停车制动的功能。较好的停车制动是采用电气制动。在加工的过程中,还需提供切削液,并且为减轻工人的劳动强度和节省辅助工作时间,要求带动刀架移动的溜板箱能够快速移动。

3.1.2 电力拖动特点与控制要求

① 主电动机 M_1,完成主轴主运动和刀具进给运动的驱动,电动机采用直接启动的方式启动,可正反两个方向旋转,并可进行正反两个旋转方向的电气停车制动。为加工调整方便,还具有点动功能。

② 电动机 M_2 拖动冷却泵,在加工时提供切削液,采用直接启动停止方式,并且为连续工作状态。

③ 快速移动电动机 M_3,电动机可根据使用需要,随时手动控制启停。

④ 主电动机和冷却泵电动机部分应具有短路和过载保护。

⑤ 应具有局部安全照明装置。

3.1.3 电气控制线路分析

C650 型普通车床的电气控制系统电路如图 3-2 所示,使用的电器元件符号与功能说明如表 3-1 所列。

1. 主电路分析

图 3-2 所示的主电路中有三台电动机的驱动电路,隔离开关 QS 将三相电源引入,电动机 M_1 电路接线分为三部分:第一部分由正转控制交流接触器 KM_1 和反转控制交流接触器 KM_2 的两组主触头构成电动机的正反转接线;第二部分为一电流表 PA 经电流互感器 TA 接在主电动机 M_1 的动力回路上,以监视电动机绕组工作时的电流变化,为防止电流表被启动电流冲击损坏,利用一时间继电器的动断触头,在启动的短时间内将电流表暂时短接掉;第三部分为一串联电阻限流控制部分,交流接触器 KM_3 的主触头控制限流电阻 R 的接入和切除,在进行点动调整时,为防止连续的启动电流造成电动机过载,串入限流电阻 R,保证电路设备正常工作。速度继电器 KS 的速度检测部分与电动机的主轴同轴相连,在停车制动过程中,当主电动机转速为零时,其常开触头可将控制电路中反接制动相应电路切断,完成停车制动。

电动机 M_2 由交流接触器 KM_4 的主触点控制其动力电路的接通与断开;电动机 M_3 由交流接触器 KM_5 控制。

为保证主电路的正常运行,主电路中还设置了采用熔断器的短路保护环节和采用热继电器的电动机过载保护环节。

2. 控制电路分析

控制电路可划分为主电动机 M_1 的控制电路和电动机 M_2 与 M_3 的控制电路两部分。由于主电动机控制电路部分较复杂,因而还可以进一步将主电动机控制电路划分为正反转启动、点动局部控制电路和停车制动局部控制电路,它们的局部控制电路分别如图 3-3 所示。下面对各部分控制电路逐一进行分析。

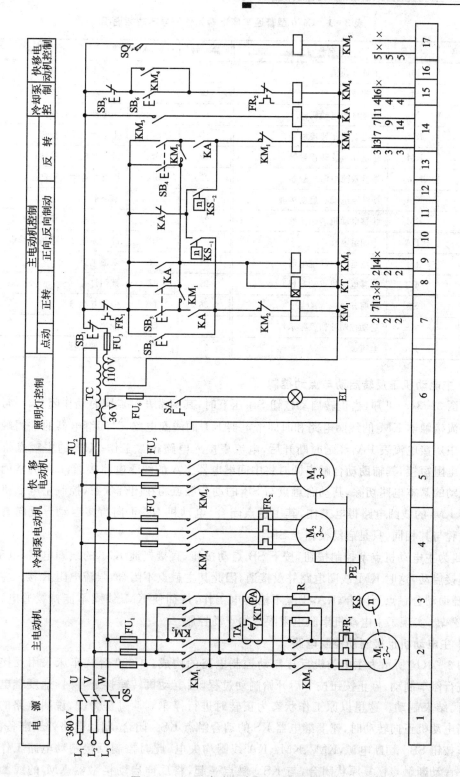

图 3-2 C650 车床的电气控制原理图

表 3-1 C650 型普通车床电器元件符号与功能说明

序号	符号	名称与用途	序号	符号	名称与用途
1	M_1	主轴电动机	15	SB_1	总停止控制按钮
2	M_2	冷却泵电动机	16	SB_2	主电动机正向点动按钮
3	M_3	快速移动电动机	17	SB_3	主电动机正转按钮
4	KM_1	主电动机正转接触器	18	SB_4	主电动机反转按钮
5	KM_2	主电动机反转接触器	19	SB_5	冷却泵电动机停转按钮
6	KM_3	短接限流电阻接触器	20	SB_6	冷却泵电动机启动按钮
7	KM_4	冷却泵电动机启动接触	21	FU_{1-6}	熔断器
8	KM_5	快移电动机启动接触器	22	FR_1	主电动机过载保护热继电器
9	KA	中间继电器	23	FR_2	冷却泵电动机保护热继电器
10	KT	通电延时时间继电器	24	R	限流电阻
11	SQ	快移电动机点动行程开关	25	EL	照明灯
12	SA	照明开关	26	TA	电流互感器
13	KS	启动控制按钮及指示灯	27	QS	隔离开关
14	PA	电流表	28	TC	控制变压器

1）主电动机正反转启动与点动控制

由图 3-3(a)可知,当正转启动按钮 SB_3 压下时,其两常开触点同时动作闭合,一常开触点接通交流接触器 KM_3 的线圈电路和时间继电器 KT 的线圈电路,时间继电器的常闭触点为在主电路中短接电流表 PA,经延时断开后,电流表接入电路正常工作;KM_3 的主触点将主电路中限流电阻短接,其辅助动合触点同时将中间继电器 KA 的线圈电路接通,KA 的常闭触点将停车制动的基本电路切除,其动合触点与 SB_3 的动合触点均在闭合状态,控制主电动机的交流接触器 KM_1 的线圈电路得电工作,其主触点闭合,电动机 M_1 正向直接启动。反向直接启动控制过程与其相同,只是启动按钮为 SB_4。

SB_2 为主电动机点动控制按钮,按下 SB_2 点动按钮,直接接通 KM_1 的线圈电路,电动机 M_1 正向直接启动,这时 KM_3 线圈电路并没接通,因此其主触点不闭合,限流电阻 R 接入主电路限流,其辅助动合触点不闭合,KA 线圈不能得电工作,从而使 KM_1 线圈不能持续通电,松开按钮,M_1 停转,实现了主电动机串联电阻限流的点动控制。

2）主电动机反接制动控制电路

图 3-3(b)所示为主电动机反接制动控制电路的构成。C650 卧式车床采用反接制动的方式进行停车制动,停止按钮按下后开始制动过程,当电动机转速接近零时,速度继电器的触点打开,结束制动。这里以原工作状态为正转时进行停车制动过程为例,说明电路的工作过程。当电动机正向转动时,速度继电器 KS 的动合触点 KS_{-2} 闭合,制动电路处于准备状态,压下停车按钮 SB_1,切断电源,KM_1、KM_3、KA 线圈均失电,此时控制反接制动电路工作与不工作的 KA 动断触点恢复原状闭合,与 KS_{-2} 触点一起,将反向启动接触器 KM_2 的线圈电路接通,电动机 M_1 反向启动,反向启动转矩将平衡正向惯性转动转矩,强迫电动机迅速停车,当电动机速度趋近于零时,速度继电器触点 KS_{-2} 复位打开,切断 KM_2 的线圈电路,完成正转的反

接制动。反转时的反接制动工作过程相似,此时反转状态下,KS$_{-1}$触点闭合,制动时,接通接触器KM$_1$的线圈电路,进行反接制动。

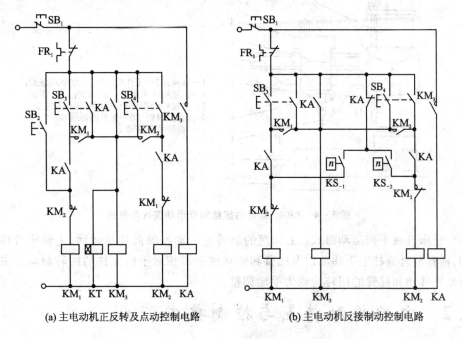

(a) 主电动机正反转及点动控制电路　　　(b) 主电动机反接制动控制电路

图3-3　控制主电动机的基本控制电路

3) 刀架的快速移动和冷却泵电动机的控制

刀架快速移动是由转动刀架手柄压动位置开关SQ,接通快速移动电动机M$_3$的控制接触器KM$_5$的线圈电路,KM$_5$的主触点闭合,M$_3$电动机启动经传动系统,驱动溜板箱带动刀架快速移动。

冷却泵电动机M$_2$由启动按钮SB$_6$和停止按钮SB$_5$控制接触器KM$_4$线圈电路的通断,以实现电动机M$_2$的控制。

3.2　钻床电气控制线路

钻床是一种用途广泛的机床,主要用于钻削直径不大,精度要求低的孔,另外还可以用来扩孔、铰孔和攻螺纹等。钻床的主要类型有台式钻床、立式钻床、摇臂钻床、多轴钻床及其他专用钻床。其中摇臂钻床的主轴可以在水平面上调整位置,使刀具对准被加工孔的中心,而工件则固定不动,因而应用较广。本节以Z3040摇臂钻床为例,分析其控制电路。

3.2.1　主要结构和运动形式

Z3040摇臂钻床具有性能完善、适用范围广、操作灵活及工作可靠等优点,适合加工单件和批量生产中带有多孔的大型零件。如图3-4所示,摇臂钻床一般由底座、立柱、摇臂和主轴箱等部件组成。主轴箱装在可绕垂直轴线回转的摇臂的水平导轨上,通过主轴箱在臂上的水平移动及摇臂的回转,可以很方便地将主轴调整至机床尺寸范围内的任意位置。为了适应加工不同高度工件的需要，摇臂可沿立柱上下移动以调整位置。

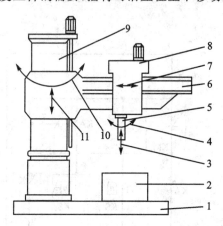

1—底座；2—工作台；3—主轴纵向进给；
4—主轴旋转主运动；5—主轴；6—摇臂；
7—主轴箱沿摇臂径向运动；8—主轴箱；
9—内外立柱；10—摇臂回转运动；
11—摇臂垂直移动

图 3-4　Z3040 摇臂钻床结构及运动情况示意图

摇臂钻床具有下列运动形式：主轴箱的旋转主运动及轴向进给运动；主轴箱沿摇臂的水平移动；摇臂沿外立柱上下移动以及摇臂和外立柱一起相对于内立柱的回转运动。主轴箱沿摇臂的水平移动和摇臂的回转运动为手动调整。

3.2.2　电力拖动特点与控制要求

1. 电力拖动

整台机床由四台异步电动机驱动，分别是主轴电动机、摇臂升降电动机、液压泵电动机及冷却泵电动机。主轴箱的旋转运动及轴向进给运动由主轴电机驱动，旋转速度和旋转方向由机械传动部分实现，电动机不需变速。

2. 控制要求

① 四台电动机的容量均较小，故采用直接启动方式。
② 摇臂升降电机和液压泵电机均能实现正反转。当摇臂上升或下降到预定的位置时，摇臂能在电气或机械夹紧装置的控制下，自动夹紧在外立柱上。
③ 电路中应具有必要的保护环节。

3.2.3　电气控制线路分析

Z3040 型摇臂钻床的电气控制原理图如图 3-5 所示。其工作原理分析如下所述。

1. 主电路分析

主电路中有四台电动机。M_1 是主轴电动机，带动主轴旋转和使主轴作轴向进给运动，作单方向旋转。M_2 是摇臂升降电动机，可作正反向运行。M_3 是液压泵电动机，其作用是供给夹紧装置压力油，实现摇臂和立柱的夹紧和松开，电动机 M_3 作正反向运行。M_4 是冷却泵电动机，供给钻削时所需的冷却液，作单方向旋转，由开关 QS_2 控制。钻床的总电源由组合开关 QS_1 控制。

· 74 ·

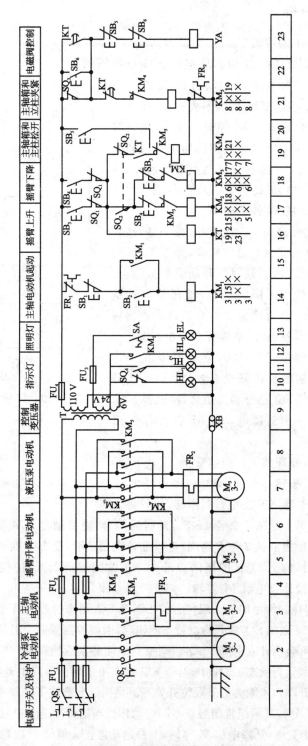

图 3-5 Z3040 摇臂钻床电气控制原理图

2. 控制电路分析

1) 主轴电动机 M_1 的控制

M_1 的启动：按下启动按钮 SB_2，接触器 KM_1 的线圈通电，位于 15 区的 KM_1 自锁触点闭合，位于 3 区的 KM_1 主触点接通，电动机 M_1 旋转。M_1 的停止：按下 SB_1，接触器 KM_1 的线圈失电，位于 3 区的 KM_1 常开触点断开，电动机 M_1 停转。在 M_1 的运转过程中，如发生过载，则串在 M_1 电源回路中的过载元件 FR_1 动作，使其位于 14 区的常闭触点 FR_1 断开，同样也使 KM_1 的线圈失电，电动机 M_1 停转。

2) 摇臂升降电动机 M_2 的控制

摇臂升降的启动原理如下。按上升（或下降）按钮 SB_3（或 SB_4），时间继电器 KT 得电吸合，位于 19 区的 KT 动合触点和位于 23 区的延时断开动合触头闭合，接触器 KM_4 和电磁铁 YA 同时得电，液压泵电动机 M_3 旋转，供给压力油。压力油经 2 位 6 通阀进入摇臂松开油腔，推动活塞和菱形块，使摇臂松开（如图 3-6 所示）。松开到位压限位开关 SQ_2，位于 19 区的 SQ_2 的动断触头断开，接触器 KM_4 断电释放，电动机 M_3 停转。同时位于 17 区的 SQ_2 动合触头闭合，接触器 KM_2（或 KM_3）得电吸合，摇臂升降电动机 M_2 启动运转，带动摇臂上升（或下降）。

摇臂升降的停止原理如下。当摇臂上升（或下降）到所需位置时，松开按钮 SB_3（或 SB_4），接触器 KM_2（或 KM_3）和时间继电器 KT 失电，M_2 停转，摇臂停止

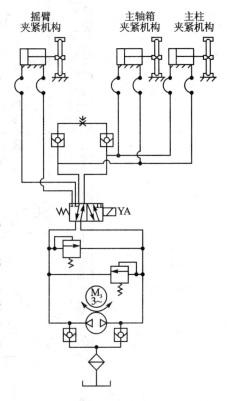

图 3-6 夹紧机构液压系统原理图

升降。位于 21 区的 KT 动断触头经 1~3 s 延时后闭合，使接触器 KM_5 得电吸合，电动机 M_3 反转，供给压力油。压力油经 2 位 6 通阀，进入摇臂夹紧油腔，反方向推动活塞和菱形块，将摇臂夹紧。摇臂夹紧后，位于 21 区的压限位开关 SQ_3 常闭触点断开，使接触器 KM_5 和电磁铁 YA 失电，YA 复位，液压泵电机 M_3 停转。摇臂升降结束。

摇臂升降中各器件的作用如下。限位开关 SQ_2 及 SQ_3 用来检查摇臂是否松开或夹紧，如果摇臂没有松开，位于 17 区的 SQ_2 常开触点就不能闭合，因而控制摇臂上升或下降的 KM_2 或 KM_3 就不能吸合，摇臂就不会上升或下降。SQ_3 应调整到保证夹紧后能够动作，否则会使液压泵电动机 M_3 处于长时间过载运行状态。时间继电器 KT 的作用是保证升降电动机断开并完全停止旋转后（摇臂完全停止升降），才能夹紧。限位开关 SQ_1 是摇臂上升或下降至极限位置的保护开关。SQ_1 与一般限位开关不同，其两组常闭触点不同时动作。当摇臂升至上极限位置时，位于 17 区的 SQ_1 动作，接触器 KM_2 失电，升降电机 M_2 停转，上升运动停止。但位于 18 区的 SQ_1 另一组触点仍保持闭合，所以可按下降按钮 SB_4，接触器 KM_3 动作，控制摇臂升降电机 M_2 反向旋转，摇臂下降。反之当摇臂在下极限位置时，控制过程类似。Z3040 摇臂钻床控制电路元件符号与功能说明如表 3-2 所列。

表 3-2　Z3040 摇臂钻床控制电器元件符号与功能说明

序 号	符 号	名称与用途	序 号	符 号	名称与用途
1	M_1	主轴电动机	13	SB_4	摇臂下降控制按钮
2	M_2	摇臂升降电动机	14	EL	照明灯
3	M_3	液压泵电动机	15	YA	电磁铁
4	M_4	冷却泵电动机	16	QS_1	电源开关
5	SQ_2	摇臂松开限位行程开关	17	QS_2	冷却泵开关
6	SQ_3	摇臂夹紧限位行程开关	18	SA	照明开关
7	SQ_4	夹紧、松开指示控制开关	19	SQ_1	摇臂升降组合行程开关
8	SB_5、HL_1	松开控制按钮及指示灯	20	KT	时间继电器
9	SB_6、HL_2	夹紧控制按钮及指示灯	21	KM_1	主电动机控制接触器
10	SB_2、HL_3	启动控制按钮及指示灯	22	KM_2	摇臂上升控制接触器
11	SB_1	总停止控制按钮	23	KM_3	摇臂下降控制接触器
12	SB_3	摇臂上升控制按钮	24	KM_4	液压泵电动机启动接触器

3) 主轴箱与立柱的夹紧与放松

立柱与主轴箱均采用液压夹紧与松开,且两者同时动作。当进行夹紧或松开时,要求电磁铁 YA 处于释放状态。

按松开按钮 SB_5(或夹紧按钮 SB_6),接触器 KM_4(或 KM_5)得电吸合,液压泵电动机正转或反转,供给压力油。压力油经 2 位 6 通阀(此时电磁铁 YA 处于释放状态)进入立柱夹紧液压缸的松开(或夹紧)油腔和主轴箱夹紧液压缸的松开(或夹紧)油腔,推动活塞和菱形块,使立柱和主轴箱分别松开(或夹紧)。松开后行程开关 SQ_4 复位(或夹紧后动作),松开指示灯 HL_1(或夹紧指示灯 HL_2)亮。

3.3 铣床电气控制线路

铣床主要用于加工各种形式的平面、斜面、成形面和沟槽等。安装分度头后,能加工直齿齿轮或螺旋面,使用圆工作台则可以加工凸轮和弧形槽。铣床应用广泛,种类很多,其中 X62W 卧式万能铣床是应用最广泛的铣床之一。

3.3.1 主要结构与运动形式

X62W 卧式万能铣床的结构如图 3-7 所示。有床身、主轴、工作台、悬梁、回转台、溜板、刀杆支架、升降台和底座等几部分组成。铣刀的心轴,一端靠刀杆支架支撑,另一端固定在主轴上,并由主轴带动旋转。床身的前侧面装有垂直导轨,升降台可沿导轨上下移动。升降台上面的水平导轨上,装有可横向移动(即前后移动)的溜板,溜板的上部有可以转动的回转台,工作台装在回转台的导轨上,可以纵向移动(即左右移动)。这样,安装于工作台的工件就可以在六个方向(上、下、左、右、前、后)调整位置和进给。溜板可绕垂直轴线左右旋转 45°,因此工作台还能在倾斜方向进给,可以加工螺旋槽。

由上述可知,X62W 万能铣床的运动形式有以下几种。

① 主运动：主轴带动铣刀的旋转运动。
② 进给运动：加工中工作台带动工件的上、下、左、右、前、后运动和圆工作台的旋转运动。
③ 辅助运动：工作台带动工件的快速移动。

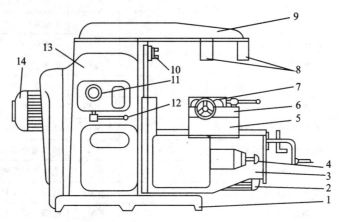

1—底座；2—进给电动机；3—升降台；4—进给变速手柄及变速箱；
5—溜板；6—转动部分；7—工作台；8—刀杆支架；9—悬梁；10—主轴；
11—主轴变速箱；12—主轴变速手柄；13—床身；14—主轴电动机

图 3-7 X62W 卧式万能铣床外形图

3.3.2 电力拖动特点与控制要求

电力拖动特点与控制要求包括以下几方面：

① 主运动和进给运动之间没有一定的速度比例要求，分别由单独的电动机拖动。

② 主轴电动机空载时可直接启动。要求有正反转实现顺铣和逆铣。根据铣刀的种类提前预选方向，加工中不变换旋转方向。由于主轴变速机构惯性大，主轴电动机应有制动装置。

③ 进给电动机拖动工作台实现纵向、横向和垂直方向的进给运动，方向选择通过操作手柄和机械离合器配合来实现，每种方向要求电动机有正反转运动。任一时刻，工作台只能向一个方向移动，故各进给方向间有必要的联锁控制。为提高生产率，缩短调整运动的时间，工作台有快速移动。

④ 根据工艺要求，主轴旋转与工作台进给应有先后顺序控制。加工开始前，主轴开动后，才能进行工作台的进给运动。加工结束时，必须在铣刀停止转动前，停止进给运动。

⑤ 主轴与工作台的变速由机械变速系统完成。为使齿轮易于啮合，减小齿轮端面的冲击，要求变速时电动机有变速冲动（瞬时点动）控制。

⑥ 铣削时的冷却液由冷却泵电动机拖动提供。

⑦ 当主轴电动机或冷却泵电动机过载时，进给运动必须立即停止，以免损坏刀具和机床。

⑧ 使用圆工作台时，要求圆工作台的旋转运动和工作台的纵向、横向及垂直运动之间有联锁控制，即圆工作台旋转时，工作台不能向任何方向移动。

3.3.3 电气控制线路分析

X62W 型铣床控制线路如图 3-8 所示。包括主电路、控制电路和信号照明电路三部分。其电器元件与功能说明如表 3-3 所列。

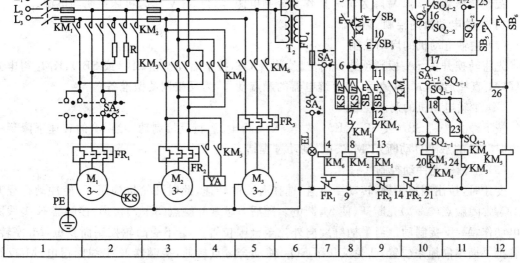

图 3-8 X62W 万能铣床电气控制原理图

表 3-3 X62W 万能铣床电器元件符号与功能说明

序号	符号	名称与用途	序号	符号	名称与用途
1	M_1	主轴电动机	12	SQ_6	进给变速瞬动开关
2	M_2	进给电动机	13	SQ_7	主轴变速瞬动开关
3	M_3	冷却泵电动机	14	SB_1、SB_2	主轴启动按钮
4	SA_1	圆工作台转换开关	15	SB_3、SB_4	主轴停止按钮
5	SA_3	冷却泵开关	16	SA_5、SB_6	工作台快速移动按钮
6	SA_4	照明开关	17	KM_1	主轴电动机控制接触器
7	SA_5	主轴换向开关	18	KM_2	主轴反接制动接触器
8	SQ_1	工作台向右进给行程开关	19	KM_3、KM_4	进给电动机正、反转接触器
9	SQ_2	工作台向左进给行程开关	20	KM_5	快速移动控制接触器
10	SQ_3	工作台向前及向下进给开关	21	YA	工作台快移牵引电磁铁
11	SQ_4	工作台向后及向上进给开关	22	QS	电源开关

1. 主电路

铣床共有三台电动机拖动。M_1 为主轴电动机,用接触器 KM_1 直接启动,用倒顺开关 SA_5 实现正反转控制,用制动接触器 KM_2 串联不对称电阻 R 实现反接制动;M_2 为进给电动机,其正、反转由接触器 KM_3、KM_4 实现,快速移动由接触器 KM_5 控制电磁铁 YA 实现;冷却泵电动机 M_3 由接触器 KM_6 控制。

三台电动机都用热继电器实现过载保护,熔断器 FU_2 实现 M_2 和 M_3 的短路保护,FU_1 实现 M_1 的短路保护。

2. 控制电路

控制变压器将 380 V 降为 127 V 作为控制电源,降为 36 V 作为机床照明的电源。

1) 主轴电动机的控制

(1) 主轴电动机的启动控制

先将转换开关 SA_5 扳到预选方向位置,闭合 QS,按下启动按钮 SB_1(或 SB_2),KM_1 得电并自锁,M_1 直接启动(M_1 升速后,速度继电器的触点动作,为反接制动做准备)。

(2) 主轴电动机的制动控制

按下停止按钮 SB_3(或 SB_4),KM_1 失电,KM_2 得电,进行反接制动。当 M_1 的转速下降至一定值时,KS 的触点自动断开,M_1 失电,制动过程结束。

(3) 主轴变速冲动控制

变速时,拉出变速手柄,转动变速盘,选择需要的转速,此时凸轮机构压下,使冲动行程开关 SQ_7 常闭触点(3-5)先断开,使 M_1 断电。随后 SQ_7 常开触点(3-7)接通,接触器 KM_2 线圈得电动作,M_1 反接制动。当手柄继续向外拉至极限位置,SQ_7 不受凸轮控制而复位,M_1 停转。接着把手柄推向原来位置,凸轮又压下 SQ_7,使动合触点接通,接触器 KM_2 线圈得电,M_1 反转一下,以利于变速后齿轮啮合,继续把手柄推向原位,SQ_7 复位,M_1 停转,操作结束。

2) 进给电动机的控制

工作台进给方向有左右(纵向)、前后(横向)、上下(垂直)运动。这六个方向的运动是通过两个手柄(十字形手柄和纵向手柄)操纵四个限位开关($SQ_1 \sim SQ_4$)来完成机械挂挡,接通 KM_3 或 KM_4,实现 M_2 的正反转而拖动工作台按预选方向进给。十字形手柄和纵向手柄各有两套,分别设在铣床工作台的正面和侧面。

SA_1 是圆工作台选择开关,设有接通和断开两个位置,三对触点的通断情况如表 3-4 所列。当不需要圆工作台工作时,将 SA_1 置于断开位置;否则,置于接通位置。

表 3-4 圆工作台选择开关工作状态

触 点		位 置	
		接通	断开
SA_{1-1}	17 - 18	—	+
SA_{1-2}	22 - 19	+	—
SA_{1-3}	12 - 22	—	+

(1) 工作台左右(纵向)进给运动的控制

左右进给运动由纵向操纵手柄控制,该手柄有左、中、右三个位置,各位置对应的限位开关 SQ_1、SQ_2 的工作状态如表 3-5 所列。

工作台向右运动的控制:主轴启动后,将纵向操作手柄扳到"右",挂上纵向离合器,同时压行程开关 SQ_1,SQ_{1-1} 闭合,接触器 KM_3 得电,进给电动机 M_2 正转,拖动工作台向右运动。

停止时将手柄扳回中间位置,纵向进给离合器脱开,SQ_1复位,KM_3断电,M_2停转,工作台停止运动。

表 3-5　工作台的纵向进给行程开关工作状态

触　点		位　置		
		向左进给	停止	向右进给
SQ_{1-1}	18-19	-	-	+
SQ_{1-2}	25-17	+	+	-
SQ_{2-1}	18-23	+	-	-
SQ_{2-2}	22-25	-	+	+

　　工作台向左运动的控制:将纵向操作手柄扳到"左",挂上纵向离合器,压行程开关SQ_2,SQ_{2-1}闭合,接触器KM_4得电,M_2反转,拖动工作台向左运动。停止时,将手柄扳回中间位置,纵向进给离合器脱开,同时SQ_2复位,KM_4断电,M_2停转,工作台停止运动。

　　工作台的左右两端安装有限位撞块,当工作台运行到达终点位置时,撞块撞击手柄,使其回到中间位置,实现工作台的终点停车。

　　(2) 工作台前后和上下运动的控制

　　工作台前后和上下运动由十字形手柄控制,该手柄有上、下、中、前、后五个位置,各位置对应的行程开关SQ_3、SQ_4的工作状态如表 3-6 所示。

表 3-6　工作台横向及升降进给行程开关工作状态

触　点		位　置		
		向前向下	停止	向后向上
SQ_{3-1}	18-19	+	-	-
SQ_{3-2}	16-17	-	+	+
SQ_{4-1}	18-23	-	-	+
SQ_{4-2}	15-16	+	+	-

　　工作台向前运动控制:将十字形手柄扳向"前",挂上横向离合器,同时压行程开关SQ_3,SQ_{3-1}闭合,接触器KM_3得电,进给电动机M_2正转,拖动工作台向前运动。

　　工作台向下运动控制:将十字形手柄扳向"下",挂上垂直离合器,同时压行程开关SQ_3,SQ_{3-1}闭合,接触器KM_3得电,进给电动机M_2正转,拖动工作台向下运动。

　　工作台向后运动控制:将十字形手柄扳向"后",挂上横向离合器,同时压行程开关SQ_4,SQ_{4-1}闭合,接触器KM_4得电,进给电动机M_2反转,拖动工作台向后运动。

　　工作台向上运动控制:将十字形手柄扳向"上",挂上垂直离合器,同时压行程开关SQ_4,SQ_{4-1}闭合,接触器KM_4得电,进给电动机M_2反转,拖动工作台向上运动。

　　停止时,将十字形手柄扳向中间位置,离合器脱开,行程开关SQ_3(或SQ_4)复位,接触器KM_3(或KM_4)断电,进给电动机M_2停转,工作台停止运动。

　　工作台的上、下、前、后运动都有极限保护,当工作台运动到极限位置时,撞块撞击十字手柄,使其回到中间位置,实现工作台的终点停车。

(3) 工作台的快速移动

当铣床不进行铣削加工时,工作台能够在纵向、横向、垂直六个方向都可以快速移动。工作台快速移动是由进给电动机 M_2 拖动的。当工作台按照选定的速度和方向进行工作时,按下启动按钮 SB_5(或 SB_6),接触器 KM_5 得电,快速移动电磁铁 YA 通电,工作台快速移动。松开 SB_5(或 SB_6)时,快速移动停止,工作台仍按原方向继续运动。

工作台也可以在主轴电动机不转情况下进行快速移动,此时应将主轴换向开关 SA_5 扳在"停止"的位置,然后按下 SB_1 或 SB_2,使接触器 KM_1 线圈得电并自锁,操纵工作台手柄选定方向,使进给电动机 M_2 启动,再按下快速移动按钮 SB_5 或 SB_6,接触器 KM_5 得电,快速移动电磁铁 YA 通电,工作台便可以快速移动。

(4) 圆工作台控制

在使用圆工作台时,应将工作台纵向和十字形手柄都置于中间位置,并将转换开关 SA_1 扳到"接通"位置,SA_{1-2} 接通,SA_{1-1}、SA_{1-3} 断开。按下按钮 SB_1(或 SB_2),主轴电动机启动,同时 KM_3 得电,使 M_2 启动,带动圆工作台单方向回转,其旋转速度可通过蘑菇形变速手柄进行调节。在图 3—8 中,KM_3 的通电路径为点 12→SQ_{6-2}→SQ_{4-2}→SQ_{3-2}→SQ_{1-2}→SQ_{2-2}→SA_{1-2} → KM_3 线圈→ KM_4 常闭触点→点 21。

3) 冷却泵电动机的控制和照明电路

由转换开关 SA_3 控制接触器 KM_6 实现冷却泵电动机 M_3 的启动和停止。机床的局部照明由变压器 T_2 输出 36 V 安全电压,由开关 SA_4 控制照明灯 EL。

4) 控制电路的联锁

X62W 铣床的运动较多,控制电路较复杂,为安全可靠地工作,必须具有必要的联锁。

(1) 主运动和进给运动的顺序联锁

进给运动的控制电路接在接触器 KM_1 自锁触点之后,保证了 M_1 启动后(若不需要 M_1 启动,将 SA_5 扳至中间位置)才可启动 M_2。而主轴停止时,进给立即停止。

(2) 工作台左、右、上、下、前、后六个运动方向间的联锁

六个运动方向采用机械和电气双重联锁。工作台的左、右用一个手柄控制,手柄本身就能起到左、右运动的联锁。工作台的横向和垂直运动间的联锁,由十字形手柄实现。工作台的纵向与横向、垂直运动间的联锁,则利用电气方法实现。行程开关 SQ_1、SQ_2 与 SQ_3、SQ_4 的常闭触点分别串联后,再并联形成两条通路供给 KM_3 和 KM_4 线圈。若一个手柄扳动后再去扳动另一个手柄,将使两条电路断开,接触器线圈就会断电,工作台停止运动,从而实现运动间的联锁。

(3) 圆工作台和工作台间的联锁

圆工作台工作时,不允许机床工作台在纵、横、垂直方向上有任何移动。圆工作台转换开关 SA_1 扳到接通位置时,SA_{1-1}、SA_{1-3} 切断了机床工作台的进给控制回路,使机床工作台不能在纵、横、垂直方向上做进给运动。圆工作台的控制电路中串联了 SQ_{1-2}、SQ_{2-2}、SQ_{3-2}、SQ_{4-2} 常闭触点,所以扳动工作台任一方向的进给手柄,都将使圆工作台停止转动,实现了圆工作台和机床工作台纵向、横向及垂直方向运动的联锁控制。

3.4 桥式起重机的电气控制电路

3.4.1 概述

起重机是一种用来起吊和下放重物,以及在固定范围内装卸、搬运物料的起重机械。它广泛应用于工矿企业、车站、港口、建筑工地和仓库等场所,是现代化生产不可缺少的机械设备。

起重机按其起吊重量可划分为三级:小型为 5~10 t,中型为 10~50 t,重型及特重型为 50 t 以上。

起重机按结构和用途分为臂架式旋转起重机和桥式起重机两种。其中桥式起重机是一种横架在固定跨间上空用来吊运各种物件的设备,又称"天车"或"行车"。桥式起重机按起吊装置不同,又可分为吊钩桥式起重机、电磁盘桥式起重机和抓斗桥式起重机,其中尤以吊钩桥式起重机应用最广。

本节以小型桥式起重机为例,从凸轮控制器和主令控制器两种控制方式来分析起重机的电气控制电路的工作原理。

3.4.2 桥式起重机的结构简介

桥式起重机主要由桥架、大车运动机构和装有起升、运动机构的小车等几部分组成,如图 3-9 所示。

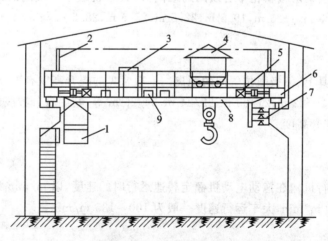

1—驾驶室;2—辅助滑线架;3—控制盘;4—小车;5—大车电动机;
6—大车端梁;7—主滑线;8—大车主梁;9—电阻箱

图 3-9 桥式起重机总体结构示意图

桥架是桥式起重机的基本构件,主要由两正轨箱型主梁、端梁和走台等部分组成。主梁上铺设了供小车运动的钢轨,两主梁的外侧装有走台,装有驾驶室一侧的走台为安装及检修大车运行机构而设,另一侧走台为安装小车导电装置而设。在主梁一端的下方悬挂着全视野的操纵室(驾驶室,又称吊舱)。

大车运行机构由驱动电动机、制动器、减速器和车轮等部件组成。常见的驱动方式有集中驱动和分别驱动两种,目前国内生产的桥式起重机大多采用分别驱动方式。

分别驱动方式指的是用一个控制电路同时对两台驱动电机、减速装置和制动器实施控制,分别驱动安装在桥架两端的大车车轮。

小车由安装在小车架上的移动机构和提升机构等组成。小车移行机构也由驱动电动机、减速器、制动器和车轮组成,在小车移行机构的驱动下,小车可沿桥架主梁上的轨道移动。小车提升机构用以吊运重物,它由电动机、减速器、卷筒和制动器等组成。起重量超过 10 t 时,设两个提升机构:主钩(主提升机构)和副钩(副提升机构),一般情况下两钩不能同时起吊重物。

3.4.3 桥式起重机的主要技术参数

桥式起重机的主要技术参数有:额定起重量、跨度、起升高度、运行速度、提升速度、工作类型及通电持续率等。

1. 额定起重量

额定起重量指起重机实际允许的最大起吊重量。例如 10/3,分子表示主钩起重量为 10 t,分母表示副钩起重量为 3 t。

2. 跨 度

跨度指起重机主梁两端车轮中心线间的距离,即大车轨道中心线间的距离。一般常用的跨度有 10.5 m、13.5 m、16.5 m、19.5 m、22.5 m、25.5 m、28.5 m 与 31.5 m 等规格。

3. 起升高度

起升高度指吊具上、下极限位置间的距离。一般常见的提升高度有 12 m、16 m、12/14 m、12/18 m、19/21 m、20/22 m、21/23 m、22/24 m、24/26 m 等,其中带分数线的分子为主钩起升高度,分母为副钩起升高度。

4. 运行速度

运行速度指运行机构在拖动电动机额定转速运行时的速度,以 m/min 为单位。小车运行速度一般为 40~60 m/min,大车运行速度一般为 100~135 m/min。

5. 提升速度

提升速度指在电动机额定转速时,重物的最大提升速度。该速度的选择应由货物的性质和重量来决定,一般提升速度不超过 30 m/min。

6. 通电持续率

由于桥式起重机为断续工作,其工作的繁重程度用通电持续率 JC% 表示。

$$JC\% = \frac{通电时间}{周期时间} \times 100\% = \frac{工作时间}{工作时间+休息时间} \times 100\%$$

通常一个周期规定为 10 min,标准的通电持续率规定为 15%、25%、40%、60% 四种,起重用电动机铭牌上标有 JC% 为 25% 时的额定功率,当电动机工作在 JC% 值不为 25% 时,该电动机容量按下式近似计算:

$$P_{JC} = P_{25}\sqrt{\frac{25\%}{JC\%}}$$

式中，P_{JC}——任意 JC% 下的功率，kW；

P_{25}——JC% 为 25% 时的电动机容量，kW。

7. 工作类型

起重机按其载荷率和工作繁忙程度可分为轻级、中级、重级和特重级四种工作类型。
① 轻级：工作速度低，使用次数少，满载机会少，通电持续率为 15%。
② 中级：经常在不同载荷下工作，速度中等，工作不太繁重，通电持续率为 25%。
③ 重级：工作繁重，经常在重载下工作，通电持续率为 40%。
④ 特重级：经常起吊额定负荷，工作特别繁忙，通电持续率为 60%。

3.4.4 提升机构对电力拖动的主要要求

1. 供电要求

由于起重机的工作是经常移动的，因此起重机与电源之间不能采用固定连接方式。对于小型起重机，供电方式采用软电缆供电，随着大车或小车的移动，供电电缆随之伸展和叠卷；对于中小型起重机，常用滑线和电刷供电，即将三相交流电源接到沿车间长度方向架设的三根主滑线上，并刷有黄、绿、红三色，再通过电刷引到起重机的电气设备上，首先进入驾驶室中保护盘上的总电源开关，然后再向起重机各电气设备供电；对于小车及其上的提升机构等电气设备，则经位于桥架另一侧的辅助滑线来供电。

2. 启动要求

提升第一挡的作用是为了消除传动间隙，将钢丝绳张紧，称为预备级。这一挡的电动机要求启动转矩不能过大，以免产生过强的机械冲击，一般在额定转矩的一半以下。

3. 调速要求

① 在提升开始或下降重物至预定位置前，需低速运行。一般在 30% 额定转速内分几挡。
② 具有一定的调速范围，普通起重机调速范围为 3∶1，也有要求为 (5～10)∶1 的起重机。
③ 轻载时，要求能快速升降，即轻载提升速度应大于额定负载的提升速度。

4. 下降要求

根据负载的大小，提升电动机可以工作在电动、倒拉制动、回馈制动等工作状态下，以满足对不同下降速度的要求。

5. 制动要求

为了安全，起重机要采用断电制动方式的机械抱闸制动，以避免因停电造成无制动力矩，导致重物自由下落引发事故，同时也还要具备电气制动方式，以减小机械抱闸的磨损。

6. 控制方式

桥式起重机常用的控制方式有两种：一种是用凸轮控制器直接控制所有的驱动电动机，这种方法普遍用于小型起重设备；另一种是采用主令控制器配合磁力控制屏控制主卷扬电动机，而其他电动机采用凸轮控制器，这种方法主要用于中型以上起重机。

除了上述要求以外，桥式起重机还应有完善的保护和联锁环节。

3.4.5 10 t 桥式起重机典型电路分析

10 t 桥式起重机属于小型桥式起重机范畴，仅有主钩提升机构，大车采用分别驱动方式，其他部分与前面所述相同。

图 3-10 是采用 KT 系列凸轮控制器直接控制的 10 t 桥式起重机的控制线路原理图。

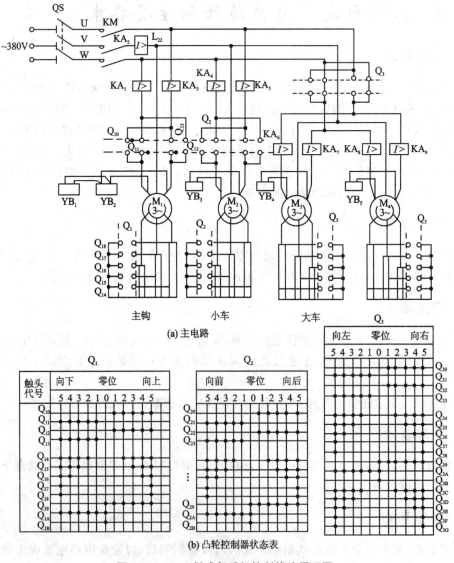

图 3-10　10 t 桥式起重机控制线路原理图

由图 3-10(b)可知,凸轮控制器挡数为 5—0—5,左、右各有 5 个操作位置,分别控制电动机的正反转;中间为零位停车位置,用以控制电动机的启动及调速。图中 Q_1 为卷扬机电动机凸轮控制器,Q_2 为小车运行机构凸轮控制器,Q_3 为大车运行机构凸轮控制器,并显示出其各触点在不同操作位置时的工作状态。

图 3-10(a)中 YB 为电力液压驱动式机械抱闸制动器,在起重机接通电源的同时,液压泵电动机通电,通过液压油缸使机械抱闸放松,在电动机(定子)三相绕组失电时,液压泵电动机失电,机械抱闸抱紧,从而可以避免出现重物自由下降造成的事故。

1. 桥式起重机启动过程分析

当卷扬机凸轮控制器 Q_1、小车凸轮控制器 Q_2 和大车凸轮控制器 Q_3 均在原位时,在开关 QS 闭合状态下按动控制与保护电路启动按钮 SB_1,接触器 KM 线圈通电自锁,电动机供电电路上电。然后可由 Q_1、Q_2、Q_3 分别控制各台电动机工作。

2. 凸轮控制器控制的卷扬机电动机控制电路

① 卷扬机电动机的负载为主钩负载,分为空轻载和重载两大类,当空钩(或轻载)升或降时,总的负载为恒转矩性的反抗性负载,在提升或放下重物时,负载为恒转矩的位能性负载。启动与调速方法采用了绕线转子异步电动机的转子串五级不对称电阻进行调速和启动,以满足系统速度可调节和重载启动的要求。

卷扬机控制采用可逆对称控制线路,由凸轮控制器 Q_1 实现提升、下降工作状态的转换和启动,以及调速电阻的切除与投入。Q_1 使用了 4 对触点对电动机 M_1 进行正、反转控制,5 对触点用于转子电阻切换控制,2 对触点和限位开关(行程开关)相配合用于提升和下降极限位置的保护,另有一对触点用于零位启动控制,详见图 3-10。

② 图 3-11 为卷扬机电动机带动主钩负载时的机械特性示意图。

控制器 Q_1 置于上升位置 1,电动机 M_1 定子接入上升相序的电源,转子接入全部电阻,启动力矩较小,可用来张紧钢丝绳,在轻载时也可提升负载,如图 3-11 中第一象限的特性曲线 1 所示。控制器 Q_1 操作手柄置于上升位

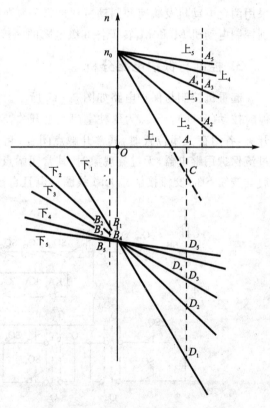

图 3-11 卷扬机电动机的机械特性

置 2,转子电阻被短接一部分,电动机工作于特性曲线 2,随着操作手柄置于位置 3、4 和 5 时,电动机转子电阻逐渐减小至 0,运行状态随之发生变化,在提升重物时速度逐级提高,如 A_1、A_2、A_3、A_4 和 A_5 等工作点所示。如需以极低的速度提升重物,可采用点动断续操作,方法是将

操作手柄往返扳动在提升与零位之间,使电动机工作在正向启动与机械抱闸制动交替进行的点动状态。

吊钩及重物下降有三种方法:空钩或工件很轻时,提升机构的总负载主要是摩擦转矩,(反抗性负载),可将 Q_1 放在下降位置 1～5 挡,电动机工作在第三象限反向电动状态,空钩或工件被强迫下降,如图 3-11 中 B_1～B_5 等工作点所示。当工件较重时,可将 Q_1 放在上升位置 1,电动机工作在第四象限的倒拉制动状态,工件以低速下降,其工作点为 C 点。还可将 Q_1 由零位迅速通过下降位置 1～4 扳至第 5 挡,此时电动机转子外接电阻全部短接,电动机工作在第四象限的回馈制动状态,其转速高于同步转速,工作点如 D_5 所示。如果将手柄停留在 1～4 挡,则转子电阻未能全部短接,相应工作点为 D_1～D_4,电动机转速很高,导致重物迅速下降,可能危及电动机和现场操作人员安全。如需低速点动下放重物,亦可采用类同正向低速点动提升重物的操作方法。

③ 小车移行机构要求以 40～60 m/min 的速度在主梁轨道上作往返运行,转子采用串电阻启动和调速,共有 5 挡。为实现准确停车,也采用机械抱闸制动器制动。其凸轮控制器 Q_2 的原理和接线与卷扬机的控制器 Q_1 类似。

④ 大车运行机构要求以 100～135 m/min 的速度沿车间长度方向轨道作往返运行。大车采用两台电动机及减速和制动机构进行分别驱动,凸轮控制器 Q_3 同时采用两组各 5 对触头分别控制电动机 M_3 和 M_4 转子各 5 级电阻的短接与投入。其他与卷扬机的控制器 Q_1 类似。

3. 控制与保护电路分析

起重机控制与保护电路如图 3-12 所示。图中 SB_2 是手动操作急停电钮,正常时闭合,急停时按动(分断)。SQ_M 为驾驶室门安全开关,SQ_{C1} 和 SQ_{C2} 为仓门开关,SQ_{A1} 和 SQ_{A2} 为栏杆门开关,各门在关闭位置时,其常开触点闭合,起重机可以启动运行。KA_1～KA_9 为各电动机的过流保护用继电器,无过流现象时,其常闭触点闭合。凸轮控制器 Q_1、Q_2 和 Q_3 均在零位时,按启动按钮 SB_1,交流接触器 KM 线圈通电且自锁,各电动机主回路上电,起重机可以开始工作。

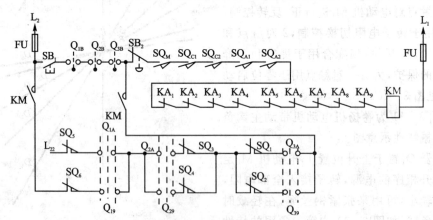

图 3-12 桥式起重机控制与保护电路

交流接触器 KM 线圈通电的自锁回路是由大车移行凸轮控制器的触点、大车左右移动极限位置保护开关、提升机构凸轮控制器的触点与主钩下放或上升极限位置保护开关构成的并联、串联电路组成。例如大车移行凸轮控制器 Q_3 的触点 Q_{3A} 与左极限行程开关 SQ_1 串联,Q_{39}

与右极限行程开关 SQ_2 串联,然后两条支路并联。大车左行时,过 Q_{3A} 和 SQ_1 串联支路使 KM 线圈通电自锁,达到左极限位置时,压下 SQ_1,KM 线圈断电,大车停止运行。将 Q_3 转至原位,重按 SB_1,过 Q_{39} 和 SQ_2 支路使 KM 线圈通电自锁。Q_3 转到右行操作位置,Q_{39} 仍闭合,大车离开左极限位置(SQ_1 复位)向右移动,Q_3 转回零位时,大车停车。同理,可以分析 SQ_2 的右极限保护功能。行程开关 SQ_3、SQ_4 为小车运行前、后极限保护开关,SQ_5、SQ_6 为卷扬机下放、提升极限保护开关,原理与大车保护相同。凸轮控制器 Q_1 的触点 Q_{1A} 左侧理论上可接在 KM 自锁触点下方,而实际接线时在电动机 M_1 定子端线号 L_2 上,既方便,也不影响自锁电路的正常工作。

任何过流继电器动作、各门未关好或按动急停按钮 SB_2,交流接触器 KM 线圈都会断电,以便将主回路的电源切断。

思考题与习题

3-1 试分析 C650 车床在按下反向启动按钮 SB_4 后的启动工作过程。

3-2 假定 C650 车床的主电动机正在反向运行,请分析其停车反接制动的工作过程。

3-3 简述 Z3040 摇臂钻床操作摇臂上升时控制线路的工作过程。

3-4 Z3040 摇臂钻床电路中有哪些联锁与保护?

3-5 Z3040 摇臂钻床电路中,行程开关 $SQ_1 \sim SQ_4$ 的作用是什么?

3-6 X62W 万能铣床电气控制线路具有哪些电气联锁?

3-7 简述 X62W 万能铣床主轴制动过程。

3-8 简述 X62W 万能铣床工作台快速移动的控制过程。

3-9 如果 X62W 万能铣床工作台各个方向都不能进给,试分析故障原因?

3-10 请叙述起重机的负载性质,并由此分析提升重物时对交流拖动电动机启动和调速方面的要求及其方法。

3-11 为避免回馈制动下放重物的速度过高,应如何操作凸轮控制器?

3-12 叙述低速提升重物的方法。

3-13 主钩电动机能否只采用一个机械抱闸机构?试分析某些起重机同时采用两个机械制动器的原因。

第4章 电气控制线路设计基础

电气控制线路设计是建立在机械结构设计的基础上,并以能最大限度地满足机械设备和用户对电气控制要求为基本目标。通过对前面几章的学习,读者已经初步具有阅读和分析电气控制线路的能力。通过对本章的学习,使读者能够根据生产机械的工艺要求设计出合乎要求的、经济的电气控制系统。电气控制线路设计涉及的内容很广泛,本章将概括介绍电气控制线路设计的基本内容。在前两章分析各控制线路的基础上,本章重点阐述继电器-接触器控制线路设计的基本内容、一般原则、设计方法和一般步骤。

4.1 电气设计的基本内容和一般原则

4.1.1 电气设计的基本内容

① 拟定电气设计任务书。
② 确定电力拖动方案和控制方案。
③ 设计电气原理图。
④ 选择电动机、电气元件,并制订电器元件明细表。
⑤ 设计操作台、电气柜及非标准电气元件。
⑥ 设计机床电气设备布置总图、电气安装图以及电气接线图。
⑦ 编写电气说明书和使用操作说明书。

以上各项电气设计内容,必须以有关国家标准为纲领。根据机床的总体技术要求和控制线路的复杂程度不同,内容可增可减,某些图样和技术文件可适当合并或增删。

4.1.2 电气设计的一般原则

① 最大限度地满足生产机械和生产工艺对电气控制的要求,这些生产工艺要求是电气控制设计的依据。因此在设计前,应深入现场进行调查,搜集资料,并与生产过程有关人员、机械部分设计人员、实际操作者密切配合,明确控制要求,共同拟定电气控制方案,协同解决设计中的各种问题,使设计成果满足生产工艺要求。
② 在满足控制要求前提下,设计方案力求简单、经济、合理,不要盲目追求自动化和高指标。力求控制系统操作简单、使用与维修方便。
③ 正确、合理选用电器元件,确保控制系统安全可靠地工作。同时考虑技术进步、造型美观。
④ 为适应生产的发展和工艺的改进,在选择控制设备时,设备能力应留有适当余量。

4.1.3 电力拖动方案确定的原则

所谓电力拖动方案指根据生产机械的精度、工作效率、结构、运动部件的数量、运动要求、负载性质、调速要求以及投资额等条件去确定电动机的类型、数量、传动方式及拟订电动机的启动、运行、调速、转向和制动等控制要求。它是电气设计的主要内容之一，作为电气控制原理图设计及电器元件选择的依据，是以后各部分设计内容的基础和先决条件。

1. 确定拖动方式

电力拖动方式有以下两种。

1）单独拖动

一台设备由一台电动机拖动。

2）多电动机拖动

一台设备由多台电动机分别驱动各个工作机构，通过机械传动链将动力传送到每个工作机构。

电气传动发展的趋势是多电动机拖动，这样不仅能缩短机械传动链，提高传动效率，而且能简化总体结构，便于实现自动化。具体选择时可根据工艺及结构来决定电机的数量。

2. 确定调速方案

不同对象有不同的调速要求。为了达到一定的调速范围，可采用齿轮变速箱、液压调速装置、双速或多速电动机以及电气的无级调速传动方案。无级调速有直流调压调速、交流调压调速和变频变压调速。目前，变频变压调速技术的使用越来越广泛，在选择调速方案时，可参考以下几点：

① 重型或大型设备主运动及进给运动，应尽可能采用无级调速，这有利于简化机械结构，缩小体积，降低制造成本。

② 精密机械设备如坐标镗床、精密磨床、数控机床以及某些精密机械手，为了保证加工精度和动作的准确性，以及便于自动控制，也应采用电气无级调速方案。

③ 一般中小型设备如普通机床，当没有特殊要求时，可选用经济、简单、可靠的三相鼠笼式异步电动机，配以适当级数的齿轮变速箱。为了简化结构，扩大调速范围，也可采用双速或多速的鼠笼式异步电动机。在选用三相鼠笼式异步电动机的额定转速时，应满足工艺条件要求。

3. 电动机的调速特性与负载特性相适应

不同机电设备的各个工作机构，具有各不相同的负载特性，如机床的主轴运动为恒功率负载，而进给运动为恒转矩负载。在选择电动机调速方案时，要使电动机的调速特性与负载特性相适应，否则将会引起拖动工作不正常，致使电动机不能充分合理地使用。例如，双速鼠笼式异步电动机，当定子绕组由三角形连接改接成双星形连接时，转速增加1倍，功率却增加很少。因此，它适用于恒功率传动。对于低速为星形连接的双速电动机改接成双星形后，转速和功率都增加1倍，而电动机所输出的转矩却保持不变，它适用于恒转矩传动。他激直流电动机的调磁调速属于恒功率调速，而调压调速则属于恒转矩调速。分析调速性质和负载特性，找出电动机在整个调速范围内的转矩、功率与转速的关系，以确定负载需要恒功率调速，还是恒转矩调速，为合理确定拖动方案、控制方案以及电动机和电动机容量的选择提供必要的依据。

4.1.4 电气控制方案确定的原则

设备的电气控制方法很多,有继电器接点控制、无触点逻辑控制、可编程序控制器控制和计算机控制等。总之,合理地确定控制方案,是实现简便可靠、经济适用的电力拖动控制系统的重要前提。

控制方案的确定,应遵循以下原则。

① 控制方式与拖动需要相适应。控制方式并非越先进越好,而应该以经济效益为标准。对于控制逻辑简单、加工程序基本固定的机床,采用继电器接点控制方式较为合理;对于经常改变加工程序或控制逻辑复杂的机床,则采用可编程序控制器较为合理。

② 控制方式与通用化程度相适应。通用化指生产机械加工不同对象的通用化程度,它与自动化是两个概念。对于某些加工一种或几种零件的专用机床,它的通用化程度很低,但它可以有较高的自动化程度,这种机床宜采用固定的控制电路;对于单件、小批量且可加工形状复杂零件的通用机床,则采用数字程序控制,或采用可编程序控制器控制,因为它们可以根据不同的加工对象来设定不同的加工程序,因而有较好的通用性和灵活性。

③ 控制方式应最大限度满足工艺要求。根据加工工艺要求,控制线路应具有自动循环、半自动循环、手动调整、紧急快退、保护性联锁、信号指示和故障诊断等功能,以最大限度满足工艺要求。

④ 控制电路的电源应可靠。简单的控制电路可直接用电网电源,元件较多、电路较复杂的控制装置,可将电网电压隔离降压,以降低故障率。对于自动化程度较高的生产设备,可采用直流电源,有助于节省安装空间,便于同无触点元件连接,且元件动作平稳,操作维修也较安全。

影响方案确定的因素较多,最后选定方案的技术水平和经济水平,取决于设计人员的设计经验和对设计方案的灵活运用。

4.2 电气控制线路的设计方法和步骤

当生产机械的电力拖动方案和控制方案确定后,就可以进行电气控制线路的设计。电气控制线路的设计方法有两种。一种是经验设计法,是根据生产工艺的要求,按照电动机的控制方法,采用典型环节线路直接进行设计。这种方法比较简单,但对比较复杂的线路,设计人员必须具有丰富的工作经验,需绘制大量的线路图并经多次修改后才能得到符合要求的控制线路。另一种为逻辑设计法,它采用逻辑代数进行设计,按此方法设计的线路结构合理,可节省所用元件的数量。本节主要介绍经验设计法。

4.2.1 电气控制线路设计的一般步骤

设计步骤为:

① 根据选定的拖动方案和控制方式设计系统的原理框图,拟订出各部分的主要技术要求和主要技术参数。

② 根据各部分的要求,设计出原理框图中各个部分的具体电路。在进行具体线路的设计时,一般应先设计主电路,然后设计控制电路、辅助电路、联锁与保护环节等。

③ 绘制电气系统原理图。初步设计完成后,应仔细检查,看线路是否符合设计要求,并反

复修改，尽可能使之完善和简化。

④ 合理选择电气原理图中的每个电器元件，并制订出元器件目录清单。

4.2.2 电气控制线路的设计

分析已经介绍过的各种控制线路后，发现它们都有一个共同的规律：拖动生产机械的电动机的启动与停止均由接触器主触头控制，而主触头的动作则由控制回路中接触器线圈的通电与断电决定，线圈的通电与断电则由线圈所在控制回路中一些常开、常闭触点组成的"与"、"或"、"非"等条件来控制。下面举例说明采用经验设计法设计控制线路。

某机床有左、右两个动力头，用于铣削加工，它们各由一台交流电动机拖动；另外有一个安装工件的滑台，由另一台交流电动机拖动。加工工艺是：在开始工作时，要求滑台先快速移动到加工位置，然后自动变为慢速进给，进给到指定位置自动停止，再由操作者发出指令使滑台快速返回，回到原位后自动停车。要求两动力头电动机在滑台电动机正向启动后启动，而在滑台电动机正向停车时也停车。

1. 主电路设计

动力头拖动电动机只要求单方向旋转，为使两台电动机同步启动，可用一只接触器 KM_3 控制。滑台拖动电动机需要正转、反转，可用两只接触器 KM_1 和 KM_2 控制。滑台的快速移动由电磁铁 YA 改变机械传动链来实现，由接触器 KM_4 来控制。主电路如图 4-1 所示。

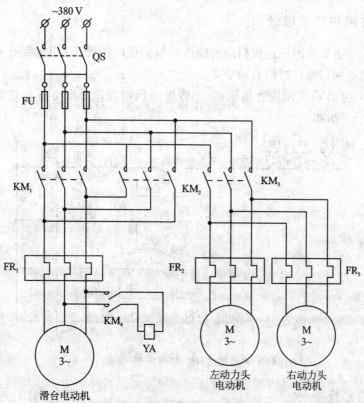

图 4-1 主电路

2. 控制电路设计

滑台电动机的正转、反转启动分别用两个按钮 SB_1 与 SB_2 控制,停车则分别用 SB_3 与 SB_4 控制。由于动力头电动机在滑台电动机正转后启动,停车时也停车,故可用接触器 KM_1 的常开辅助触点控制 KM_3 的线圈,如图 4-2(a)所示。

滑台的快速移动可采用电磁铁 YA 通电时,改变凸轮的变速比来实现。滑台的快速前进与返回分别用 KM_1 与 KM_2 的辅助触点控制 KM_4,再由 KM_4 触点去通断电磁铁 YA。滑台快速前进到加工位置时,要求慢速进给,因而在 KM_1 触点控制 KM_4 支路上串联行程开关 SQ_3 的常闭触点。此部分的辅助电路如图 4-2(b)所示。

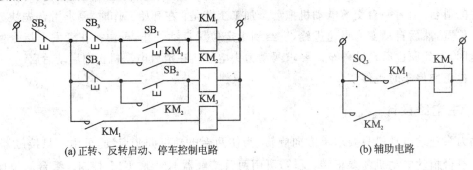

(a) 正转、反转启动、停车控制电路　　　　　　(b) 辅助电路

图 4-2　控制电路草图

3. 联锁与保护环节设计

用行程开关 SQ_1 的常闭触点控制滑台慢速进给到位时的停车;用行程开关 SQ_2 的常闭触点控制滑台快速返回至原位时的自动停车。

接触器 KM_1 与 KM_2 之间应互相联锁,三台电动机均应用热继电器作过载保护。完整的控制电路如图 4-3 所示。

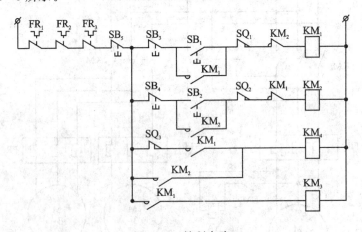

图 4-3　控制电路

4. 线路的完善

线路初步设计完毕后,可能还有不够合理的地方,因此需仔细校核。图 4-3 中,一共用了

三个 KM_1 的常开辅助触点,而一般的接触器只有两个常开辅助触点。因此,必须进行修改。从线路的工作情况可以看出,KM_3 的常开辅助触点完全可以代替 KM_1 的常开辅助触点去控制电磁铁 YA,修改完善后的控制电路如图 4-4 所示。

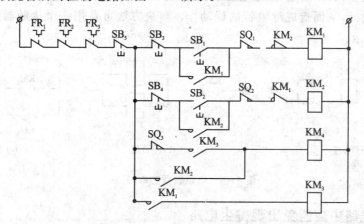

图 4-4 修改完善后的控制电路

4.2.3 设计控制线路时应注意的问题

设计具体线路时,为了使线路设计得简单且准确可靠,应注意以下几个问题。

1. 尽量减少连接导线

设计控制电路时,应考虑各电器元件的实际位置,尽可能地减少配线时的连接导线。如图 4-5(a) 是不合理的。因为按钮一般是装在操作台上,而接触器则是装在电器柜内,这样接线就需要由电器柜二次引出连接线到操作台上,所以一般都将启动按钮和停止按钮直接连接,就可以减少一次引出线,如图 4-5(b) 所示。

图 4-5(b) 所示线路不仅连接导线少,更主要的是工作可靠。由于 SB_1、SB_2 安装位置较近,当发生短路故障时,图 4-5(a) 的线路将造成电源短路。

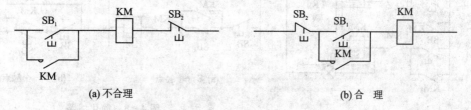

图 4-5 电器连接图

2. 正确连接电器的线圈

电压线圈通常不能串联使用,如图 4-6(a) 所示。由于它们的阻抗不尽相同,造成两个线圈上的电压分配不等。即使外加电压是同型号线圈电压的额定电压之和,也不允许。因为电器动作总有先后,当有一个接触器先动作时,则其线圈阻抗增大,该线圈上的电压降增大,使另一个接触器不能吸合,严重时将使线圈烧毁。

电感量相差悬殊的两个电器线圈，也不要并联连接。图4-6(b)中直流电磁铁 YA 与继电器 KA 并联，在接通电源时可正常工作，但在断开电源时，由于电磁铁线圈的电感比继电器线圈的电感大得多，所以断电时，继电器很快释放，但电磁铁线圈产生的自感电势可能使继电器又吸合一段时间，从而造成继电器的误动作。解决方法可各用一个接触器的触点来控制。如图4-6(c)所示。

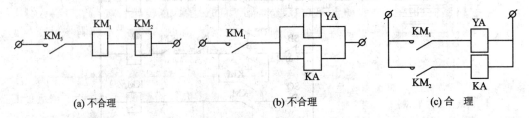

图4-6 电磁线圈的串、并联

3. 控制线路中应避免出现寄生电路

寄生电路是线路动作过程中意外接通的电路。如图4-7所示是一个具有指示灯 HL 和热保护的正反向电路。正常工作时，能完成正反向启动、停止和信号指示。当热继电器 FR 动作时，线路就出现了寄生电路，如图中虚线所示，使正向接触器 KM_1 不能有效释放，起不了保护作用；反转时亦然。

4. 尽可能减少电器数量、采用标准件和相同型号的电器

尽量减少不必要的触点以简化线路，提高线路可靠性。图4-8(a)中线路改成图4-8(b)后可减少一个触点。当控制的支路数较多，而触点数目不够时，可采用中间继电器增加控制支路的数量。

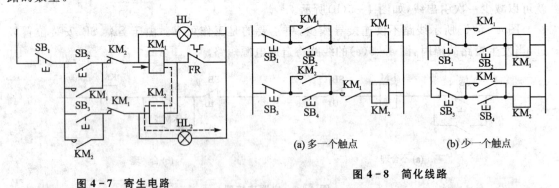

图4-7 寄生电路　　　　　　　　图4-8 简化线路

5. 多个电器的依次动作问题

在线路中应尽量避免许多电器依次动作才能接通另一个电器的控制线路。

6. 可逆线路的联锁

在频繁操作的可逆线路中，正反向接触器之间不仅要有电气联锁，而且要有机械联锁。

7. 线路结构力求简单

线路结构力求简单，尽量选用常用的且经过实际考验过的线路。

8. 要有完善的保护措施

在电气控制线路中，为保证操作人员、电气设备及生产机械的安全，一定要有完善的保护措施。常用的保护环节有漏电流、短路、过载、过流、过压及失压等保护环节，有时还应设有合闸、断开、事故和安全等必需的指示信号。

4.3　电气控制线路设计中的元器件选择

4.3.1　电动机的选择

正确地选择电动机具有重要意义。合理地选择电动机是从驱动机床的具体对象、加工规范，也就是要从机床的使用条件出发，经济、合理、安全等多方面考虑，使电动机能够安全可靠地运行。电动机的选择包括电动机结构形式、电动机的额定电压、电动机额定转速、额定功率和电动机的容量等技术指标的选择。

1. 电动机选择的基本原则

① 电动机的机械特性应满足生产机械提出的要求，要与负载的负载特性相适应。保证运行稳定且具有良好的启动、制动性能。
② 工作过程中电动机容量能得到充分利用，使其温升尽可能达到或接近额定温升值。
③ 电动机结构形式满足机械设计提出的安装要求，并能适应周围环境工作条件。
④ 在满足设计要求前提下，应优先采用结构简单、价格便宜、使用维护方便的三相笼型异步电动机。

2. 电动机结构形式的选择

① 从工作方式上，不同工作制相应选择连续、短时及断续周期性工作的电动机。
② 从安装方式上分卧式和立式两种。
③ 按不同工作环境选择电动机的防护形式，开启式适用于干燥、清洁的环境；防护式适用于干燥和灰尘不多，没有腐蚀性和爆炸性气体的环境；封闭式分自扇冷式、他扇冷式和密封式三种，前两种用于潮湿、多腐蚀性灰尘、多侵蚀的环境，后一种用于浸入水中的机械；防爆式用于有爆炸危险的环境中。

3. 电动机额定电压的选择

① 交流电动机额定电压与供电电网电压一致，低压电网电压为 380 V，因此，中小型异步电动机额定电压为 220/380 V。当电机功率较大，可选用 3 000 V、6 000 V 及 10 000 V 的高压电动机。
② 直流电动机的额定电压也要与电源电压一致，当直流电动机由单独的直流发电机供电

时,额定电压常用 220 V 及 110 V。大功率电动机可提高 600~800 V。

4. 电动机额定转速的选择

对于额定功率相同的电动机,额定转速越高,电动机尺寸、重量和成本越小,因此选用高速电动机较为经济。但由于生产机械所需转速一定,电动机转速愈高,传动机构转速比愈大,传动机构愈复杂。因此应综合考虑电动机与机械两方面的多种因素来确定电动机的额定转速。

5. 电动机容量的选择

电动机容量的选择有两种方法:

1) 分析计算法

该方法是根据生产机械负载图,在产品目录上预选一台功率相当的电动机,再用此电动机的技术数据和生产机械负载图求出电动机的负载图,最后按电机的负载图从发热方面进行校验,并检查电动机的过载能力是否满足要求;如若不行,则重新计算直至合格为止。此法计算工作量大,负载图绘制较难,实际使用不多。

2) 调查统计类比法

该方法是在不断总结经验的基础上,选择电动机容量的一种实用方法,此法比较简单,对同类型设备的拖动电动机容量进行统计和分析,从中找出电动机容量与设备参数的关系,得出相应的计算公式。以下为典型机床的统计分析法公式(电动机容量 P 单位为 kW):

① 车 床

$$P = 36.5 D^{1.54} \tag{4-1}$$

式中,D——工件最大直径,单位为 m。

② 立式车床

$$P = 20 D^{0.88} \tag{4-2}$$

式中,D——工件最大直径,单位为 m。

③ 摇臂钻床

$$P = 0.064\ 6 D^{1.19} \tag{4-3}$$

式中,D——最大钻孔直径,单位为 mm。

④ 卧式镗床

$$P = 0.004 D^{1.7} \tag{4-4}$$

式中,D——镗杆直径,单位为 mm。

4.3.2 机床常用电器的选择

完成电器控制线路的设计之后,应开始选择所需要的控制电器,正确,合理的选用,是控制线路安全、可靠工作的重要条件。机床电器的选择,主要是根据电器产品目录上的各项技术指标(数据)来进行的。

1. 低压配电电器的选择

1) 熔断器的选择

熔断器选择内容主要是熔断器种类、额定电压、额定电流等级和熔体的额定电流。熔体额定电流 I_{NF} 的选择是主要参数。

① 对于单台电动机：

$$I_{NF} = (1.5 \sim 2.5)I_{NM} \tag{4-5}$$

式中，I_{NF}——熔体额定电流，单位为 A；

I_{NM}——电动机额定电流，单位为 A。

轻载启动或启动时间较短，式(4-5)的系数取 1.5，重载启动或启动次数较多、启动时间较长时，系数取 2.5。

② 对于多台电动机：

$$I_{NF} = (1.5 \sim 2.5)I_{NM_{max}} + \sum I_M \tag{4-6}$$

式中，$I_{NM_{max}}$——容量最大的电动机的额定电流，单位为 A；

$\sum I_M$——其余各台电动机额定电流之和，若有照明电路计入，单位为 A。

③ 对照明线路等没有冲击电流的负载，熔体的额定电流应大于或等于实际负载电流。

④ 对输配电线路，熔体的额定电流应小于线路的安全电流。

熔体额定电流确定以后，就可确定熔管额定电流，应使熔管额定电流大于或等于熔体额定电流。

2) 刀开关的选择

刀开关主要作用是接通和切断长期工作设备的电源。也用于不经常启制动的容量小于 7.5 kW 的异步电动机。当用于启动异步电动机时，其额定电流不要小于电动机额定电流的 3 倍。

一般刀开关的额定电压不超过 500 V，额定电流由 10 A 到上千安培的多种等级。有些刀开关附有熔断器。不带熔断器式刀开关主要有 HD 型及 HS 型，带熔断器式刀开关有 HR_3 系列。

刀开关主要根据电源种类、电压等级、电动机容量、所需极数及使用场合来选用。

3) 组合开关的选择

组合开关主要根据电源种类、电压等级、所需触点数及电动机容量进行选用。常用的组合开关为 HZ—10 系列，额定电流为 10 A、25 A、60 A、和 100 A 四种，适用于交流 380 V 以下、直流 220 V 以下的电气设备中。当采用组合开关来控制 5 kW 以下的小容量异步电动机时，其额定电流一般取设备的 1.5～3 倍。

4) 自动空气开关的选择

自动空气开关可按下列条件选择。

① 根据线路的计算电流和工作电压，确定自动空气开关的额定电流和额定电压。显然，自动空气开关的额定电流应不小于线路的计算电流。

② 确定热脱扣器的整定电流。其数值应与被控制的电动机的额定电流或负载的额定电流一致。

③ 确定过电流脱扣器瞬时动作的整定电流

$$I_Z \geqslant KI_{PK} \tag{4-7}$$

式中，I_Z——瞬时动作的整定电流；

I_{PK}——线路中的尖峰电流；

K——考虑整定误差和启动电流允许变化的安全系数。

对于动作时间在 0.02 s 以上的自动空气开关，取 $K=1.35$；对于动作时间在 0.02 s 以下的自动空气开关，取 $K=1.7$。

5）控制变压器容量的选择

控制变压器一般用于降低控制电路或辅助电路电压，以保证控制电路安全可靠。选择控制变压器有以下原则：

① 控制变压器初、次级电压应与交流电源电压、控制电路电压及辅助电路电压要求相符。

② 应保证变压器次级的交流电磁器件在启动时能可靠地吸合。

③ 电路正常运行时，变压器温升不应超过允许温升。

④ 控制变压器可按长期运行的温升来考虑，这时变压器容量应大于或等于最大工作负荷的功率。控制变压器容量的近似计算公式为

$$S \geqslant K_L \sum S_i \tag{4-8}$$

式中，$\sum S_i$——电磁器件吸持总功率，V·A；

K_L——变压器容量的储备系数，一般 K_L 取 1.1～1.25。

2. 自动控制电器的选择

1）接触器的选择

选择接触器主要依据以下数据：电源种类（交流或直流）；主触点额定电压、额定电流；辅助触点种类、数量及触点额定电流；电磁线圈的电源种类，频率和额定电压；额定操作频率等。机床应用最多的是交流接触器。

交流接触器的选择主要考虑主触点的额定电流、额定电压、线圈电压等。

① 主触头额定电流 I_N 可根据下面经验公式进行选择：

$$I_N \geqslant \frac{P_N \times 10^3}{KU_N} \tag{4-9}$$

式中，I_N——接触器主触点额定电流，A；

K——比例系数，一般取 1～1.4；

P_N——被控电动机额定功率，kW；

U_N——被控电动机额定线电压，V。

② 交流接触器主触点额定电压一般按高于线路额定电压来确定。

③ 根据控制回路的电压决定接触器的线圈电压。为保证安全，一般接触器吸引线圈选择较低的电压。但如果在控制线路比较简单的情况下，为了省去变压器，可选用 380 V 电压。值得注意的是，接触器产品系列是按使用类别设计的，所以要根据接触器负担的工作任务来选用相应的产品系列。

④ 接触器辅助触点的数量，种类应满足线路的需要。

2）时间继电器的选择

时间继电器形式多样，各具特点，选择时应从以下几方面考虑。

① 根据控制线路的要求来选择延时方式,即通电延时型或断电延时型。
② 根据延时准确度要求和延时长、短要求来选择。
③ 根据使用场合、工作环境选择合适的时间继电器。

3) 热继电器的选用

热继电器的选择应按电动机的工作环境、启动情况和负载性质等因素来考虑。

① 热继电器结构形式的选择。星形连接的电动机可选用两相或三相结构热继电器;三角形连接的电动机应选用带断相保护装置的三相结构热继电器。

② 热元件额定电流的选择。一般可按下式选取

$$I_R = (0.95 \sim 1.05)I_N \tag{4-10}$$

式中,I_R——热元件的额定电流;
I_N——电动机的额定电流。

对于工作环境恶劣、启动频繁的电动机,则按下式选取

$$I_R = (1.15 \sim 1.5)I_N \tag{4-11}$$

热元件选好后,还需根据电动机的额定电流来调整它的整定值。

4) 中间继电器的选用

选用中间继电器,主要依据控制电路的电压等级,同时还要考虑触点的数量、种类及容量满足控制线路的要求。在机床上常用的中间继电器型号有JZ7系列、JZ8系列两种。JZ8为交直流两用的中间继电器。

3. 低压主令电器的选择

1) 控制按钮的选择

① 根据使用场合,选择控制按钮的种类,如开启式、保护式、防水式和防腐式等。
② 根据用途,选用合适的形式,如手把旋钮式、钥匙式和紧急式等。
③ 按控制回路的需要,确定不同的按钮数,如单钮、双钮、三钮和多钮等。
④ 按工作状态指示和工作情况的要求,选择按钮及指示灯的颜色。

2) 行程开关的选择

行程开关可按下列要求进行选择。

① 根据应用场合及控制对象选择,有一般用途行程开关和起重设备用行程开关。
② 根据安装环境选择防护形式,如开启式或保护式。
③ 根据控制回路的电压和电流选择行程开关系列。
④ 根据机械与行程开关的传动与位移关系选择合适的头部形式。

3) 万能转换开关的选择

万能转换开关可按下列要求进行选择。

① 按额定电压和工作电流选择合适的万能转换开关系列。
② 按操作需要选定手柄形式和定位特征。
③ 按控制要求参照转换开关样本确定触点数量和接线图编号。
④ 选择面板形式及标志。

4) 接近开关的选择

接近开关可按下列要求进行选择。

① 接近开关价格较高,用于工作频率高、可靠性及精度要求均较高的场合。
② 按应答距离要求选择型号、规格。
③ 按输出要求是有触点还是无触点以及触点数量,选择合适的输出形式。

4.4 电气控制电路设计举例

本节以 C6132 卧式车床电气控制电路为例,简要介绍该电路的经验设计方法与步骤。已知该机床技术条件为:床身最大工件回转直径为 160 mm,工件最大长度为 500 mm。具体设计步骤如下。

4.4.1 拖动方案及电动机的选择

车床主运动由电动机 M_1 拖动;液压泵由电动机 M_2 拖动;冷却泵由电动机 M_3 拖动。

主拖动电动机由式(4-1)可得:$P = 36.5 \times 0.16^{1.54}$ m $= 2.17$ kW,所以可选择主电动机 M_1 为 J02—22—4 型,2.2 kW,380 V,4.9 A,1 450 r/min。润滑泵、冷却泵电动机 M_2、M_3 可按机床要求均选择为 JCB—22,380 V,0.125 kW,0.43 A,2 700 r/min。

4.4.2 电气控制电路的设计

1. 主电路

三相电源通过组合开关 QS_1 引入,供给主运动电动机 M_1、液压泵、冷却泵电动机 M_2、M_3 及控制回路。熔断器 FU_1 作为电动机 M_1 的保护元件,FR_1 为电动机 M_1 的过载保护热继电器。FU_2 作为电动机 M_2、M_3 和控制回路的保护元件,FR_2、FR_3 分别为电动机 M_2 和 M_3 的过载保护热继电器。冷却泵电机由组合开关 QS_2 手动控制,以便根据需要供给切削液。电动机 M_1 的正反转由接触器 KM_1 和 KM_2 控制,液压泵电机由 KM_3 控制。由此组成的主电路见图 4-9 的左半部分。

2. 控制电路

从车床的拖动方案可知,控制回路应有三个基本控制环节,即主轴拖动电动机 M_1 的正反转控制环节;液压泵电动机 M_2 的单方向控制环节;连锁环节用来避免元件误动作造成电源短路和保证主轴箱润滑良好。用经验设计法确定出控制回路电路,见图 4-9 右半部分。

用微动开关与机械手柄组成的控制开关 SA_1 有三挡位置。当 SA_1 在 0 位时,SA_{1-1} 闭合,中间继电器 KA 得电自锁。主轴电动机启动前,应先按下 SB_1,使润滑泵电动机接触器 KM_3 得电,M_2 启动,为主运动电动机启动做准备。

主轴正转时,控制开关放在正转挡,使 SA_{1-2} 闭合,主轴电动机 M_1 正转启动。主轴反转时,控制开关放在反转挡,使 SA_{1-3} 闭合,主轴电动机反向启动。由于 SA_{1-2}、SA_{1-3} 不能同时闭合,故形成电气互锁。中间继电器 KA 的主要作用是失压保护,当电压过低或断电时,KA 释放;重新供电时,需将控制开关放在。位使 KA 得电自锁,才能启动主轴电动机。

局部照明用变压器 TC 降至 36 V 供电,以保护操作安全。

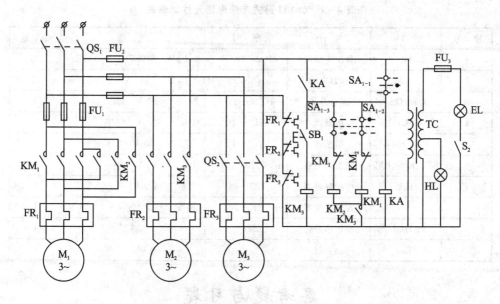

图 4-9 C6132 卧式车床电气控制电路图

4.4.3 电器元件的选择

① 电源开关 QS_1 和 QS_2 均选用三极组合开关。根据工作电流,并保证留有足够的余量,可选用型号为 HZ10-25/3 型。

② 熔断器 FU_1、FU_2、FU_3 的选择,熔断器电流可按式(4-5)选择。FU_1 保护主电动机,选 RL1—15 型熔断器,配 15A 的熔体;FU_2 保护润滑泵和冷却泵电动机及控制回路,选 RL1—15 型熔断器,配用 2A 的熔体;FU_3 为照明变压器的二次保护,选 RL1—15 型熔断器配用 2A 的熔体。

③ 接触器的选择,根据电动机 M_1 和 M_2 的额定电流情况及式(4-9),接触器 KM_1、KM_2 和 KM_3 均选用 CJ10—10 型交流接触器,线圈电压为 380 V。中间继电器 KA 选用 JZ7—44 交流中间继电器,线圈电压为 380 V。

④ 热继电器的选择,根据电动机工作情况,热元件额定电流的选择式(4-10)选取。用于主轴电动机 M_1 的过载保护时,选 JR20—20/3 型热继电器,热元件电流可调至 7.2 A;用于润滑泵电动机 M_2 的过载保护时,选 JR20—10 型热继电器,热元件电流可调至 0.43 A。

⑤ 照明变压器的选择,局部照明灯为 40 W,所以可选用 BK—50 型控制变压器,初级电压 380 V,次级电压 36 V 和 6.3 V。

4.4.4 电器元件明细表

C6132 卧式车床电气控制电路电器元件明细表如表 4-1 所列。

表 4-1 C6132 卧式车床电器元件明细表

序号	符号	名称	型号	规格	数量
1	M_1	异步电动机	JO2—22—4	2.2 kW 380 V 1 450 r/min	1
2	M_2、M_3	冷却泵电动机	JCB—22	0.125 kW 380 V 2 700 r/min	2
3	QS_1、QS_2	组合开关	HZ10—25/3	500 V 25 A	2
4	FU_1	熔断器	RL1—15	500 V 10 A	3
5	FU_2、FU_3,	熔断器	RL1—15	500 V 2 A	1
6	KM_1、KM_2、KM_3	交流接触器	CJ10—10	380 V 10 A	3
7	KA	中间继电器	JZ7—44	380 V 5 A	1
8	TC	控制变压器	BK—50	50 V·A 380 V/36 V、6.3 V	1
9	HL	指示信号灯	ZSD—0	6.3 V	1
10	EL	照明灯		40 W 36 V	1

思考题与习题

4-1 电气控制系统设计的基本内容有哪些?

4-2 电力拖动的方案如何确定?

4-3 电气系统的控制方案如何确定?

4-4 电动机的选择一般包括哪些内容?

4-5 设计控制线路时应注意什么问题?

4-6 设计一台专用机床的电气控制线路,画出电气原理图,并制定电气元件明细表。

本机床采用钻孔-倒角组合刀具加工零件的孔和倒角。加工工艺如下:快进→工进→停留光刀 (3S)→快退→停车。专用机床采用三台电动机,其中 M_1 为主运动电动机,采用 Y112M—4,容量为 4 kW;M_2 为工进电动机,采用 Y90L—4,容量为 1.5 kW;M_3 为快速移动电动机,采用 Y801—2,容量为 0.75 kW。

设计要求如下。

① 工作台工进至终点或返回到原点,均由限位开关使其自动停止,并有限位保护。为保证位移准确定位,要求采用制动措施。

② 快速电动机可进行点动调整,但在工进时无效。

③ 设有紧急停止按钮。

④ 应有短路和过载保护。

⑤ 其他要求可根据工艺,由读者自行考虑。

⑥ 通过实例,说明经验设计法的设计步骤。

第二篇 可编程控制器

第5章 可编程控制器的组成及工作原理

5.1 可编程控制器概述

5.1.1 可编程控制器的由来

20世纪60年代,汽车生产流水线的自动控制系统基本上都是由继电器控制装置构成的。当时,汽车的每一次改型都需要重新设计和安装继电器控制装置。随着生产的发展,汽车型号更新的周期越来越短,这样,继电器控制装置就需要经常地更换,十分费时、费工、费料,延长了更新的周期。为改变这一现状,人们曾试图用小型计算机来实现工业控制代替传统的继电器控制,但因价格昂贵、输入输出电路不匹配、编程复杂等原因,而没能得到推广和应用。20世纪60年代末,美国通用汽车公司(GM)为了适应汽车型号不断翻新的需要,提出了以下十项技术指标并在社会上招标,要求制造商为其装配线提供一种新型的通用控制器。

① 编程简单,可在现场方便地编辑及修改程序。
② 硬件维护方便,最好是插件式结构。
③ 可靠性要明显高于继电器控制柜。
④ 体积要明显小于继电器控制柜。
⑤ 具有数据通信功能。
⑥ 在成本上可与继电器控制柜竞争。
⑦ 输入可以是交流115 V(注:美国电网电压为110 V)。
⑧ 输出为交流115 V,2 A以上,能直接驱动电磁阀。
⑨ 在扩展时,原系统只需很小变更。
⑩ 用户程序存储器容量至少能扩展到4 KB。

以上就是著名的GM10条。如果说各种电气控制技术、电子与微型计算机技术的发展是可编程控制器诞生的物质基础,那么GM10条就是可编程控制器诞生的直接原因。

1969年美国数据通信公司(DEC公司)研制出第一台可编程控制器,在GM公司生产线上获得成功。其后日本、德国等相继引入,可编程控制器迅速发展起来。这一时期它主要用于顺序控制。虽然也采用了计算机的设计思想,但当时只能进行逻辑运算,故称为"可编程逻辑控制器",简称为PLC(Programmable Logic Controller)。

20世纪70年代以来,由于大规模集成电路和微处理器在PLC中的应用,PLC的功能日益增强,它不仅能执行逻辑控制、顺序控制、定时及计数控制,还增加了算术运算、数据处理、通信等功能,具有处理分支、中断、自诊断能力,使PLC从开关量的逻辑控制扩展到数字控制及生产过程控制领域,真正成为一种电子计算机工业控制装置。因此有人将 PLC 称为工业生产自动化的三大支柱(即 PLC、机器人、计算机辅助设计/制造 CAD/CAM)之一。由于 PLC 的功能已远远超出逻辑控制、顺序控制的范围,故称为"可编程控制器",简称 PC(Programmable Controller)。但因 PC 容易和"个人计算机"(Personal Computer)混淆,故人们仍习惯地用 PLC 作为可编程控制器的缩写。

对于 PLC 的定义,国际电工委员会(IEC)在 1987 年 2 月颁布的可编程控制器标准的第三稿中写道:可编程控制器是一种数字运算操作的电子系统,是专为在工业环境下应用设计的。它采用可编程序的存储器,用来在内部存储执行逻辑运算、顺序控制、定时、计数和算术运算等操作的指令,并采用数字式、模拟式的输入和输出,控制各种类型的机械或生产过程。可编程控制器及其有关设备,都应按易于与工业控制系统联成一个整体、易于扩充其功能的原则设计。

目前,PLC 已广泛应用于冶金、矿业、机械、电力和轻工等领域,为工业自动化提供了有力的工具,加速了机电一体化的进程。

5.1.2 可编程控制器的特点

1. 抗干扰能力强,可靠性高

为保证 PLC 能在工业环境下可靠工作,在设计和生产过程中采取了一系列硬件和软件的抗干扰措施,主要有以下几个方面。

① 隔离,抗干扰的主要措施之一。PLC 的输入输出接口电路一般采用光电耦合器来传递信号,这种光电隔离措施,使外部电路与 CPU 模块之间完全没有电路上的联系,有效地抑制外部干扰源对 PLC 的影响,同时防止外部高电压串入 CPU 模块,减少故障和误动作。

② 滤波,抗干扰的另一个主要措施。在 PLC 的各输入端均采用 R-C 滤波器,其滤波时间常数一般为 10~20 ms 用以对高频干扰信号进行有效抑制。

③ 采用性能优良的开关电源,保证供电质量。另外各电源之间相互独立,防止电源之间的相互干扰。

④ 系统内部设置了联锁、环境检测与自诊断、Watchdog(看门狗)等电路,一旦电源或其他软、硬件发生异常情况,CPU 立即采取有效措施,以防止故障扩大。

⑤ 对应用程序及动态工作数据进行电池备份,以保障停电后有关状态或信息不丢失。

⑥ 采用密封、防尘和抗震的外壳封装结构,以适应工作现场的恶劣环境。

另外,PLC 是以集成电路为基本元件的电子设备,内部处理过程不依赖于机械触点,也是保障可靠性高的重要原因;而采用循环扫描的工作方式,也提高了抗干扰能力。

通过以上措施,保证了 PLC 能在恶劣的环境中可靠工作,使平均故障间隔时间(MTBF)指标高,故障修复时间短。目前,各生产厂家的 PLC 平均无故障安全运行时间都远大于国际电工委员会(IEC)规定的 10 万小时的标准。

2. 可实现三电一体化

PLC 将电控(逻辑控制)、电仪(过程控制)和电结(运动控制)这三电集于一体,可以方便灵活地组合成各种不同规模和要求的控制系统，以适应各种工业控制的需要。

3. 编程简单、使用方便

PLC 的编程大多采用类似于继电器控制线路的梯形图形式，对使用者来说，不需要具备计算机的专门知识，因此很容易被一般工程技术人员所理解和掌握。PLC 控制系统采用软件编程来实现控制功能，其外围只需将信号输入设备（按钮和开关等）和接收输出信号执行控制任务的输出设备，如接触器、电磁阀等执行元件，与 PLC 的输入输出端子相连接，安装简单，工作量少。

4. 通用性强、功能完善、适应面广

目前，PLC 已经形成了各种规模的系列化产品，可以用于各种规模的工业控制场合。除了能进行逻辑控制外，PLC 大多具有完善的数据运算能力，可用于各种数字控制领域，例如，位置控制及温度控制等。加上 PLC 通信能力的增强及人机界面技术的发展，使用 PLC 组成各种控制系统变得非常容易。

5. 体积小、重量轻、功耗低

由于 PLC 是将微电子技术应用于工业控制设备的新型产品，因而它的结构紧密、坚固、体积小巧，易于装入机械设备内部，是实现机电一体化的理想控制设备。

6. 设计、施工、调试周期短、维护方便

PLC 用存储逻辑代替接线逻辑，大大减少了控制设备外部的接线，使控制系统设计及安装的工作量大为减少。另外，PLC 的用户程序大都可以在实验室模拟调试，模拟调试好后再将 PLC 控制系统安装到现场，进行联机统调，使得调试方便、快速、安全，因此大大缩短了应用设计和调试周期。

在用户的维修方面，由于 PLC 的故障率很低，并且有完善的诊断和显示功能，PLC 或外部的输入装置和执行机构发生故障时，可以根据 PLC 上发光二极管或编程器上提供的信息，迅速查明原因；如果是 PLC 本身，可用更换模块的方法，迅速排除 PLC 的故障，因此维修极为方便。

5.1.3 PLC 与继电器控制系统的比较

PLC 和继电器控制系统在很多方面都有相似之处，例如，均可用于开关量逻辑控制，PLC 的梯形图与继电器电路图对逻辑关系的表达方式相同，所用的很多电路元件符号也很相似。但是，它们之间还有很大的差别，如表 5-1 所列。

从以上几个方面比较可知：PLC 在性能上比继电器控制系统优异，可靠性高，修改升级容易。并且具有很好的数据交换功能，与其他系统接口容易。但是价格高于继电器控制。

表 5-1 PLC 与继电器逻辑控制系统的比较

比较项目	继电器	可编程序控制器
控制逻辑	硬接线逻辑,连线多而复杂,灵活性、扩展性差,体积大	存储逻辑,连线少,控制灵活,易于扩展,功耗小,体积小
工作方式	按"并行"方式工作。通电后,几个继电器同时动作	按"串行"方式工作。PLC 循环扫描执行程序,按照语句书写顺序自上而下进行逻辑运算
控制速度	通过触点的机械动作实现控制,动作速度为几十毫秒,易出现触点抖动	由半导体电路实现控制作用,每条指令执行时间在微秒级,不会出现触点抖动
限时控制	由时间继电器实现,精度差,易受环境湿度和温度变化的影响,调整时间困难	用半导体集成电路实现,精度高,时间设置方便,不受环境的影响
计数控制	一般不具备计数功能	能实现计数功能
设计与施工	设计、施工和调试必须顺序进行,周期长,修改困难	在系统设计后,现场施工与程序设计可同时进行,周期短,调试修改方便
可靠性与可维护性	寿命短,可靠性与可维护性差	寿命长,可靠性高;有自诊断功能,易于维护
价格	使用机械开关、继电器及接触器等,价格便宜	使用大规模集成电路,初期投资较高

5.1.4 PLC 的主要功能及应用

1. PLC 的主要功能

随着 PLC 技术的不断发展,目前已能完成以下控制功能。

1) 逻辑控制功能

逻辑控制(或称条件控制或顺序控制)功能是指用 PLC 的与、或、非指令取代继电器触点的串联、并联及其他各种逻辑连接,进行开关控制。

2) 定时/计数控制功能

定时/计数控制功能是指用 PLC 提供的定时器、计数器指令实现对某种操作的定时或计数控制,以取代时间继电器和计数继电器。

3) 步进控制功能

步进控制功能是指用步进指令在实现有多道加工工序的控制中,只有前一道工序完成后,才能进行下一道工序操作的控制,以取代由硬件构成的步进控制器。

4) 数据处理功能

数据处理功能是指 PLC 能进行数据传送、比较、移位、数制转换、算术运算与逻辑运算以及编码和译码等操作。

5) A/D 与 D/A 转换功能

6) 运动控制功能

运动控制功能是指通过高速计数模块和位置控制模块等进行单轴或多轴运动控制。

7) 过程控制功能

过程控制功能是指通过 PLC 的 PID 控制指令或模块实现对温度、压力、速度和流量等物理参数的闭环控制。

8) 扩展功能

扩展功能是指通过连接输入/输出扩展单元（即 I/O 扩展单元）模块来增加输入、输出点数，也可通过附加各种智能单元及特殊功能单元来提高 PLC 的控制能力。

9) 远程 I/O 功能

远程 I/O 功能是指通过远程 I/O 单元将分散在远距离的各种输入、输出设备与 PLC 主机相连接，进行远程控制，接收输入信号，传出输出信号。

10) 通信联网功能

通信联网功能是指通过 PLC 之间的联网、PLC 与上位计算机的连接等，实现远程 I/O 控制或数据交换，以完成较大规模的系统控制。

11) 监控功能

监控功能是指 PLC 能监视系统各部分的运行状态和进程，对系统中出现的异常情况进行报警和记录，甚至自动终止运行；也可在线调整、修改控制程序中的定时器、计数器等设定值或强制 I/O 状态。

12) 其他

PLC 还有很多特殊功能模块，适用于各种特殊控制的要求，例如，定位控制模块和 CRT 模块等。

2. PLC 的主要应用

经过 20 多年的工业运行，PLC 迅速渗透到工业控制的各个领域，在先进工业国家中 PLC 已成为工业控制的标准设备，诸如冶金、采矿、电力、机械制造、轻工、汽车、交通、环保、建筑和娱乐等各行各业。特别是在轻工行业中，因产品更新快，加工方式多变，PLC 广泛应用在组合机床自动线、专用机床、电镀自动线和电梯等电气设备中。PLC 的应用范围不断扩大，主要有以下几个方面：

1) 逻辑控制

逻辑控制是 PLC 最基本最广泛的应用。PLC 可取代传统继电器系统和顺序控制器，实现单机控制、多机控制及自动生产线控制。

2) 运动控制

运动控制是通过配用 PLC 的单轴或多轴位置控制模块、高速计数模块等来控制步进电动机或伺服电动机，从而使运动部件能以适当的速度或加速度实现平滑的直线运动或圆弧运动。可用于精密金属切削机床、金属成型机械、装配机械、机械手、机器人和电梯等设备的控制。

3) 过程控制

过程控制是指对温度、压力、流量和速度等连续变化的模拟量的闭环控制。PLC 通过配用 A/D、D/A 转换模块及智能 PID 模块实现模拟量的单回路或多回路闭环控制，使这些物理参数保持在设定值上。在各种加热炉、锅炉等的控制以及化工、轻工、机械、冶金、电力和建材等许多领域的生产过程中有着广泛的应用。

4）数据处理

现在的 PLC 具有数学运算（包括函数运算、逻辑运算和矩阵运算等）、数据的传输、转换、排序、检索、移位以及数制转换、位操作编码和译码等功能，可以完成数据的采集、分析和处理任务。这些数据可以与存储在数据存储器中的参考值进行比较，也可以用通信功能传送到其他的智能装置，或者将它们打印制表。数据处理一般用于大、中型控制系统，如无人控制的柔性制造系统；也可以用于过程控制系统，如造纸、冶金和食品工业中的一些大型控制系统。

5）多级控制

多级控制是指利用 PLC 的网络通信功能模块及远程 I/O 控制模块实现多台 PLC 之间的连接，以达到上位计算机与 PLC 之间及 PLC 与 PLC 之间的指令下达、数据交换和数据共享，这种由 PLC 进行分散控制、计算机进行集中管理的方式，能够完成较大规模的复杂控制，甚至实现整个工厂生产的自动化。

并不是所有的 PLC 都具有上述全部功能，有些小型 PLC 只具有上述的部分功能，但是价格较低。

5.2 可编程控制器的基本结构及工作原理

5.2.1 可编程控制器的基本结构

目前，PLC 的类型很多，功能和指令系统也都各不相同，但都是以微处理器为核心用做工业控制的专用计算机，所以其结构和工作原理都大致相同，硬件结构与微机相似。其基本结构如图 5-1 所示。

由图 5-1 可以看出，PLC 采用了典型的计算机结构，主要包括中央处理单元（CPU）、存储器（RAM 和 ROM）、输入/输出接口电路、编程器、电源、I/O 扩展口以及外部设备接口等。其内部采用总线结构进行数据和指令的传输。PLC 系统由输入变量→PLC→输出变量组成。

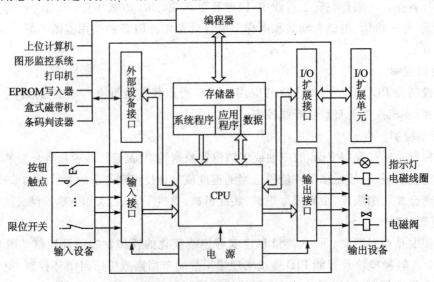

图 5-1 PLC 的基本结构

外部的各种开关信号、模拟信号以及传感器检测的各种信号均作为 PLC 的输入变量,它们经 PLC 外部输入端子输入到内部寄存器中,经 PLC 内部逻辑运算或其他各种运算处理后送到输出端子,作为 PLC 的输出变量对外围设备进行各种控制。

下面结合图 5-1 具体介绍各部分的作用。

1. CPU

CPU 一般由控制电路、运算器和寄存器组成。它是整个 PLC 的核心部分,起着总指挥的作用,是 PLC 的运算和控制中心。它主要完成以下功能:

① 诊断电源、PLC 内部电路的故障及编制程序中的语法错误。

② 采集现场的状态或数据,并送入 PLC 的存储器中存储起来。

③ 按存放的先后顺序逐条读取用户指令,进行编译解释后,按指令规定的任务完成各种运算和操作,将处理结果送至输出端。

④ 响应各种外围设备(如编程器和打印机等)的工作请求。

目前 PLC 中所用的 CPU 多为单片机,其发展趋势是芯片的工作速度越来越快,位数越来越多(有 8 位、16 位、32 位及 48 位),RAM 的容量越来越大,集成度越来越高。为了进一步提高 PLC 的可靠性,对一些大型 PLC 还采用双 CPU 构成冗余系统,或采用三 CPU 的表决式系统。这样,即使某个 CPU 出现故障,整个系统仍能正常运行。

2. 存储器

存储器是具有记忆功能的半导体电路,用来存放系统程序、用户程序、逻辑变量和其他一些信息。根据存储器在系统中的作用,可以把它们分为以下三类。

1) 程序存储器

程序存储器由 ROM 或 EPROM 组成,它决定着 PLC 的基本智能,其程序是厂家根据选用的 CPU 的指令系统编写的,能完成设计者要求的各项任务。程序存储器是只读存储器,用户不能更改其内容。

2) 数据表寄存器

数据表寄存器包括元件映像表和数据表。其中元件映像表用来存储 PLC 的开关量输入/输出信号和定时器、计数器、辅助继电器等内部器件的 ON/OFF 状态。数据表用来存放各种数据,它存储用户程序执行时的某些可变参数值及经 A/D 转换得到的数字量和数学运算的结果等。它的标准格式是每个数据占一个字。在 PLC 断电时能保持数据的存储器区称为数据保持区。

3) 高速暂存存储器

它用来存放某些运算得到的临时结果和一些统计资料(如使用了多少存储器),也用来存放诊断的标志位。

3. I/O 接口模块

I/O 接口是 PLC 与外围设备传递信息的窗口。PLC 通过输入接口电路将各种主令电器、检测元件输出的开关量或模拟量通过滤波、光电隔离以及电平转换等处理转换成 CPU 能接收和处理的信号。输出接口电路是将 CPU 送出的弱电控制信号通过光电隔离、功率放大等处理转换成现场需要的强电信号输出,以驱动被控设备(如继电器、接触器和指示灯等)。PLC 对 I/O 接口的要求主要有两点:一是要有较强的抗干扰能力,二是能够满足现场各种信号的匹配要求。

1) I/O 接口电路

(1) 输入接口电路

输入接口电路是将现场输入设备的控制信号转换成 CPU 能够处理的标准数字信号。其输入端采用光电耦合电路,可以大大减少电磁干扰。如图 5-2 所示。

(2) 输出接口电路

输出接口电路采用光电耦合电路,将 CPU 处理过的信号转换成现场需要的强电信号输出,以驱动接触器、电磁阀等外部设备的通断电。有以下三种类型。

① 继电器输出型:为有触点输出方式,用于接通或断开低速、大功率的交、直流负载。如图 5-3 所示。

② 晶闸管输出型:为无触点输出方式,用于接通或断开高速、大功率的交流负载。如图 5-4 所示。

③ 晶体管输出型:为无触点输出方式,用于接通或断开高速、小功率的直流负载。如图 5-5 所示。

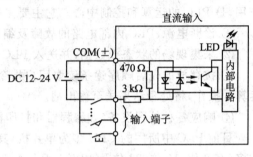

图 5-2　直流输入型接口电路

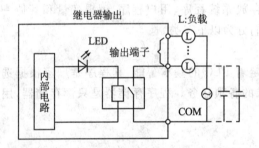

图 5-3　继电器输出型接口电路

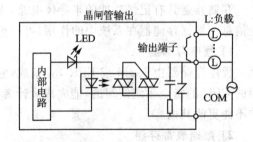

图 5-4　晶闸管输出型接口电路

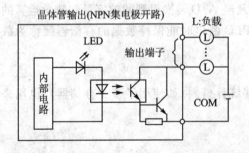

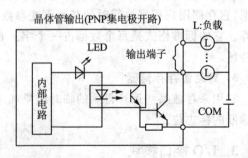

图 5-5　晶体管输出型接口电路

2) I/O 模块的外部接线方式

I/O 模块的外部接线方式根据公共点使用情况不同分为汇点式、分组式和分隔式三种。

① 汇点式的各 I/O 电路有一个公共点，各输入点或各输出点共用一个电源。

② 分组式的 I/O 点分为若干组，每组的 I/O 电路有一个公共点，它们共用一个电源。各组之间是分隔开的，可以分别使用不同的电源（如图 5-6 所示）。

③ 分隔式的 I/O 点之间是互相隔离的，每一个 I/O 点都可以使用单独的电源。

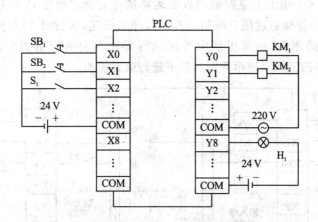

图 5-6 I/O 模块的外部接线示意图

PLC 控制系统中，输入设备一般是外部开关（行程开关、转换开关和按钮开关等）及传感器（由一些敏感元件组成的器件），PLC 通过其输入端子收集输入设备的信息或操作指令。图 5-6 中 X0、X1、X2 等是 PLC 内部与输入端子相连的输入继电器，每个输入继电器与一个输入端子（设备）相连，由接到输入端的外部信号驱动，其驱动电源可由 PLC 的电源组件提供（如直流 24 V），也可由独立的交流电源（如交流 220 V）供给。

PLC 通过其输出端子将内部控制电路确定的输出信息向外部负载输出。图 5-6 中输出部分的 Y0、Y1 和 Y2 等均为 PLC 内部与输出端子相连的输出继电器，用于驱动外部负载。PLC 控制系统常用的外部执行设备有电磁阀、接触器线圈和信号灯等。制作 PLC 控制系统时，应根据用户的负载要求，选用不同类型的执行设备及负载电源。在输出类型上有用于直流的晶体管输出和用于交流的可控硅输出。

4. 电源与编程工具

1) 电　源

PLC 电源指将外部的交流电经过整流、滤波及稳压转换成满足 PLC 中 CPU、存储器、输入与输出接口等内部电路工作所需要的直流电源或电源模块。许多 PLC 的直流电源采用直流开关稳压电源，它不仅可以提供多路独立的电压供内部电路使用，而且还可为输入设备提供标准电源。为避免电源干扰，输入和输出接口电路的电源回路彼此相互独立。

2) 编程工具

编程工具是 PLC 最重要的外围设备，它实现了人与 PLC 的联系对话。用户利用编程工具不但可以输入、检查、修改和调试用户程序，还可以监视 PLC 的工作状态、修改内部系统寄存器的设置参数以及显示错误代码等。编程工具分两种，一种是手持编程器，只需通过编程电缆与 PLC 相接即可使用；另一种是带有 PLC 专用工具软件的计算机，它通过 RS—232C 通信口与 PLC 连接，若 PLC 用的是 RS—422 通信口，则需另加适配器。

5.2.2 可编程控制器的工作原理

1. 工作原理

PLC被认为是一个用于工业控制的数字运算操作装置。利用PLC制作控制系统时,控制任务所要求的控制逻辑通过用户编制的控制程序来描述,执行时PLC根据输入设备状态,结合控制程序描述的逻辑,运算得到向外部执行元件发出的控制指令,以此来实现控制。图5-7给出了PLC的工作原理示意图。以下进行简要说明。

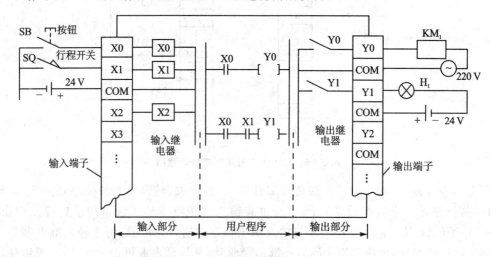

图5-7 PLC的工作原理示意图

分析PLC工作原理时,常用到继电器的概念,但在PLC内部没有传统的实体继电器,仅是一个逻辑概念,因此被称为"软继电器"。这些"软继电器"实质上是由程序的软件功能实现的存储器,它有"1"和"0"两种状态,对应于实体继电器线圈的"ON"(接通)和"OFF"(断开)状态。在编程时,"软继电器"可向PLC提供无数动合(常开)触点和动断(常闭)触点。

PLC进入工作状态后,首先通过其输入端子,将外部输入设备的状态收集并存入对应的输入继电器,如图5-7中的X0就是对应于按钮SB的输入继电器,当按钮被按下时,X0被写入"1",当按钮被松开时,X0被写入"0",并由此时写入的值来决定程序中X0触点的状态。

输入信号采集后,CPU会结合输入的状态,根据语句排序逐步进行逻辑运算,产生确定的输出信息,再将其送到输出部分,从而控制执行元件动作。

以图5-7中所给的程序为例,若SB按下,SQ未被压动,则X0被写入"1",X1被写入"0"。则程序中出现X0的常开触点合上,而X1的常开触点仍然是断开状态。由此在进行程序运算时,输出继电器Y0运算得"1",而Y1运算得"0"。最终,在外部执行元件中,接触器线圈KM_1得电,而指示灯H_1不亮。

2. 工作方式

PLC以微处理器为核心,故具有微机的许多特点,但它的工作方式却与微机有很大不同。微机一般采用等待命令的工作方式,而PLC则采用循环扫描的工作方式。

在PLC中用户程序按先后顺序存放,CPU从第一条指令开始按指令步序号进行周期性的循环扫描,如果无跳转指令,则从第一条指令开始逐条顺序执行用户程序,直至遇到结束符后又返回第一条指令,周而复始不断循环,因此称为循环扫描工作方式。一个完整的工作过程主要分为三个阶段(如图 5-8 所示)。

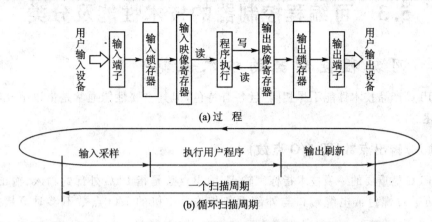

图 5-8 PLC 的扫描工作过程

1) 输入采样阶段

CPU 扫描所有的输入端口,读取其状态并写入输入状态寄存器。完成输入端采样后,关闭输入端口,转入程序执行阶段。在程序执行期间无论输入端状态如何变化,输入状态寄存器的内容不会改变,直到下一个扫描周期。

2) 程序执行阶段

在程序执行阶段,根据用户输入的程序,从第一条开始逐条执行,并将相应的逻辑运算结果存入对应的内部辅助寄存器和输出状态寄存器。当最后一条控制程序执行完毕后,即转入输出刷新阶段。

3) 输出刷新阶段

在所有指令执行完毕后,将输出状态寄存器中的内容依次送到输出锁存电路,通过一定方式输出,驱动外部负载,形成 PLC 的实际输出。

输入采样、程序执行和输出刷新三个阶段构成 PLC 的一个循环工作周期。

扫描周期的长短主要取决于以下几个因素:一是 CPU 执行指令的速度;二是执行每条指令占用的时间;三是程序中指令条数的多少。显然,程序越长,扫描周期越长,响应速度越慢。

3. 输入/输出滞后

由于每一个扫描周期只进行一次 I/O 刷新,即每一个扫描周期 PLC 只对输入、输出状态寄存器更新一次,故使系统存在输入、输出滞后现象。这在一定程度上降低了系统的响应速度,但对于一般的开关量控制系统来说是允许的,这不但不会造成不利影响,反而可以增强系统的抗干扰能力。因为输入采样只在输入刷新阶段进行,PLC 在一个工作周期的大部分时间是与外设隔离的。而工业现场的干扰常常是脉冲式的、短时的,由于系统响应慢,要几个扫描周期才响应一次,因瞬时干扰而引起的误动作就会减少,从而提高了它的抗干扰能力。但是对一些快速响应系统则不利,因此就要求精心编制程序,必要时采用一些特殊功能,以减少因扫描周期造成的响应滞后。

总之，PLC 采用的循环扫描工作方式是区别于微机和其他控制设备的最大特点，使用者对此应给予足够的重视。

5.3 可编程控制器的技术性能及分类

5.3.1 可编程控制器的技术性能

虽然 PLC 产品技术性能不尽相同，且各有特色，但其主要性能通常是由以下几项指标进行综合描述的。

1. 输入/输出点数（即 I/O 点数）

这是 PLC 最重要的一项技术指标。输入/输出点数是指 PLC 外部的输入、输出端子数。这些端子可通过螺钉或电缆端口与外部设备相连。主机的 I/O 点数不够时可接扩展 I/O 模块。

2. 内存容量

一般以 PLC 所能存放用户程序的多少来衡量。在 PLC 中程序是按"步"存放的（一条指令少则 1 步、多则十几步），一"步"占用一个地址单元，一个地址单元占两个字节。如一个程序容量为 1 000 步的 PLC，可推知其程序容量为 2 KB。

注意："内存容量"实际是指用户程序容量，不包括系统程序存储器的容量。

3. 扫描速度

PLC 运行时是按照扫描周期进行循环扫描的，所以扫描周期的长短决定了 PLC 运行速度的快慢。因扫描周期的长短取决于多种因素，故一般用执行 1 000 步指令所需时间作为衡量 PLC 速度快慢的一项指标，称为扫描速度，单位为"ms/k"。扫描速度有时也用执行一步指令所需时间来表示，单位为"微秒/步"。

4. 指令条数

PLC 指令系统拥有指令种类和数量的多少决定着其软件功能的强弱。PLC 具有的指令种类越多，说明其软件功能越强。PLC 指令一般分为基本指令和高级指令两部分。

5. 内部继电器和寄存器

PLC 内部有许多继电器和寄存器，用以存放变量状态、中间结果和数据等，还有许多辅助继电器和寄存器给用户提供特殊功能，如定时器、计数器、系统寄存器和索引寄存器等。通过使用它们，可使整个系统的设计简化。因此内部继电器、寄存器的配置情况是衡量 PLC 硬件功能的一个主要指标。

6. 编程语言及编程手段

编程语言及编程手段也是衡量 PLC 性能的一项指标。编程语言一般分为梯形图、助记符语句表和控制系统流程图等几类，不同厂家的 PLC 编程语言类型有所不同，语句也各异。编程手段主要指采用何种编程装置。编程装置一般分为手持编程器和带有相应编程软件的计算机两种。

7. 高级模块

PLC 除了主控模块外还可以配接各种高级模块。主控模块实现基本控制功能，高级模块则可实现某种特殊功能。高级模块的配置反映了 PLC 功能的强弱，是衡量 PLC 产品档次高低的一个重要标志。目前，各厂家都在大力开发高级模块，使其发展迅速，种类日益增多，功能也越来越强。主要有：A/D、D/A、高速计数、高速脉冲输出、PID 控制、速度控制、位置控制、温度控制、远程通信、高级语言编辑以及物理量转换模块等。这些高级模块使 PLC 不但能进行开关量顺序控制，而且能进行模拟量控制，以及精确的速度和定位控制。特别是网络通信模块的迅速发展，实现了 PLC 之间、PLC 与计算机的通信，使得 PLC 可以充分利用计算机和互联网的资源，实现远程监控。近年来出现的网络机床和虚拟制造等就是建立在网络通信技术的基础上。

5.3.2 可编程控制器的分类

目前，各个厂家生产的 PLC 其品种、规格及功能都各不相同。其分类也没有统一标准，通常有三种形式分类。

1. 按结构形式分类

根据结构形式的不同，PLC 可以分为整体式和模块式两种。

1) 整体式

整体式结构是将 PLC 的各部分电路包括 I/O 接口电路、CPU 和存储器等安装在一块或少数几块印刷电路板上，并连同稳压电源一起封装在一个机壳内，形成一个单一的整体，称为主机。主机可用电缆与 I/O 扩展单元、智能单元以及通信单元相连接。PLC 的输入、输出接线端子及电源进线分别在机箱的上、下两侧，并有对应的发光二极管显示输入/输出状态。面板上留有编程器的插座、扩展单元的接口插座等。这种结构的主要特点是结构紧凑、体积小、重量轻、价格低。一般小型或超小型 PLC 机采用这种结构。常用于单机控制的场合。如松下电工的 FP1 型产品。

2) 模块式

模块式结构是将 PLC 的各基本组成部分做成独立的模块，如 CPU 模块（包括存储器）、电源模块、输入模块、输出模块等。其他各种智能单元和特殊功能单元也制成各自独立的模块。然后通过插槽板以搭积木的方式将它们组装在一个具有标准尺寸的机架内，构成完整的系统。机架上有电源及开关，以便系统识别。这种结构的主要特点是对被控对象应变能力强，便于灵活组装；可随意插拔，便于扩展，易于维修。用户可以根据需要随意将各种功能模块及扩展单元插入机架内的插槽，以组合成不同功能的控制系统。一般中、大型 PLC 采用这种结构。如松下电工的 FP3 型产品。

2. 按 I/O 点数和程序容量分类

根据 PLC 的 I/O 点数和程序容量的差别，可分为超小型机、小型机、中型机和大型机四种。如表 5-2 所列。

表 5-2 按 I/O 点数和程序容量分类表

分 类	I/O 点数	程序容量/B	分 类	I/O 点数	程序容量/B
超小型机	64 点以内	256~1 000	中型机	256~2 048	3.6~13K
小型机	64~256	1~3.6K	大型机	2 048 以上	13K 以上

3. 按功能分类

根据 PLC 所具有的功能,可分为低档机、中档机和高档机三档。

1) 低档机

低档机具有逻辑运算、定时、计数、移位及自诊断、监控等基本功能。有的还有少量的模拟量 I/O(即 A/D,D/A 转换)、数据传送、运算及通信等功能。主要适用于开关量控制、顺序控制、定时/计数控制及少量模拟量控制的场合。由于其价格低廉实用,因此是 PLC 中量大而面广的产品。

2) 中档机

除了具有低档机的功能外,还进一步增强了数制转换、算数运算、数据传送与比较、子程序调用、远程 I/O 以及通信联网等功能,有的还具有中断控制、PID 回路控制等功能。这种机型适用于既有开关量又有模拟量的较为复杂的控制系统,如过程控制和位置控制等。

3) 高档机

除了进一步增强以上功能外,还具有较强的数据处理功能、模拟量调节,特殊功能的函数运算、监控、记录和打印等功能,以及更强的中断控制、智能控制、过程控制及通信联网等功能。高档机适用于更大规模的过程控制系统,并可构成分布式控制系统,形成整个工厂的自动化网络。另外,它的外部设备配置齐全,因此可与计算机系统结为一体,可以采用流程图、梯形图及高级语言等多种方式编程。这种机型集管理和控制于一体,真正实现了工厂高度自动化。

5.4 可编程控制器的编程语言

通常 PLC 不采用微机的编程语言,而用梯形图语言、指令助记符语言和顺序功能图(SFC)语言。也有一些 PLC 可用 BASIC 等高级语言进行编程,但很少使用。在这些语言中梯形图、指令助记符语言用得最为广泛。

本书简单介绍顺序功能图,对梯形图语言和助记符语言作主要介绍。应该指出,由于 PLC 的设计和生产目前没有国际统一标准,因而不同厂家生产的 PLC 所用语言和符号也不尽相同。但它们的梯形图语言的基本结构和功能是大同小异的,所以了解其中一种就很容易学会其他语言。本节只介绍一些有关 PLC 编程语言的基本知识,在以后的章节中将结合具体产品详细介绍。

5.4.1 顺序功能图

顺序功能图也称为控制系统流程图,英文缩写为"SFC"。它是一种位于其他编程语言之上的图形语言,用来编制顺序控制程序。SFC 提供了一种组织程序的图形方法,在 SFC 中可以用别的语言嵌套编程。图 5-9 所示是一个采用顺序功能图(SFC)语言编程的例子。图 5-9(a)是表示该任务的示意图,要求控制电动机正反转,实现小车往返行驶。按钮 SB 控制启、停。SQ_{11}、SQ_{12}、SQ_{13} 分别为三个限位开关,控制小车的行程位置。图 5-9(b)是动作要求示意图;图 5-9(c)是按照动作要求画出的流程图。可以看到:整个程序完全按照动作的先后顺序直接编程,直观简便,思路清晰,很适合顺序控制的场合。由于控制系统流程图语言编译较为复杂,目前仅限于一些大公司生产的 PLC 中使用。

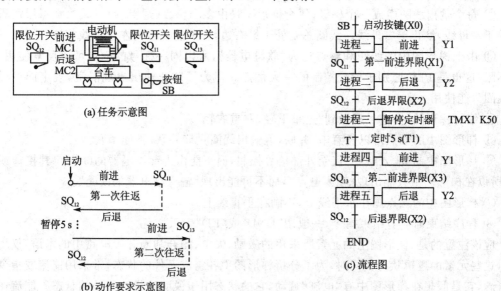

图 5-9　顺序功能图语言示意图

应当指出的是,对于目前大多数 PLC 来说,SFC 还仅仅作为组织编程的工具使用,尚需要用其编程语言(如梯形图)将它转换为 PLC 可执行的程序。因此,通常只是将 SFC 作为 PLC 的辅助编程工具,而不是一种独立的编程语言。

5.4.2　梯形图语言

梯形图编程语言是在继电器-接触器控制系统电路图基础上简化了符号演变而来的,在形式上沿袭了传统的继电接触器控制图,作为一种图形语言,它将 PLC 内部的编程元件(如继电器的触点、线圈、定时器和计数器等)和各种具有特定功能的命令用专用图形符号、标号定义,并按逻辑要求及连接规律组合和排列,从而构成了表示 PLC 输入及输出之间控制关系的图形。由于它在继电接触器的基础上加进了许多功能强大、使用灵活的指令,并将微机的特点结合进去,使逻辑关系清晰直观,编程容易,可读性强,所实现的功能也大大超过传统的继电接触器控制电路,所以很受用户欢迎。它是目前使用最为普遍的一种 PLC 编程语言。

1) 梯形图的基本符号

在梯形图中,分别用符号 ─┤ ├─、─┤/├─ 表示 PLC 编程元件(软继电器)的常开触点和常闭触点,用符号 ─[ ]─ 表示其线圈。与传统的控制图一样,每个继电器和相应的触点都有自己的特定标号,以示区别,其中有些对应 PLC 外部的输入、输出,有些对应内部的继电器和寄存器。它们并非是物理实体,而是"软继电器",每个"软继电器"仅对应 PLC 存储单元中的一位。该位状态为"1"时，对应的继电器线圈接通，其常开触点闭合、常闭触点断开；状态为"0"时，对应的继电器线圈不通，其常开、常闭触点保持原态。另外，有一些在 PLC 中进行特殊运算和数据处理的指令，也被看做是一些广义的、特殊的输出元件，常用类似于输出线圈的方括号加上一些特定符号来表示。这些运算或处理一般是以前面的逻辑运算作为其触发条件。

2) 梯形图的书写规则

① 梯形图必须按从左到右、从上到下的顺序书写，CPU 也是按此顺序执行程序。

② 每个输出线圈组成一个梯级，每个梯形图是由多个梯级（逻辑行）组成的。每层逻辑行起始于左母线，终止于右母线。线圈总是处于最右边，且不能直接与左边母线相连。

③ 由于梯形图中的线圈和触点均为"软继电器"，所以同一标号的触点可以反复使用，次数不限，这也是 PLC 区别于传统控制的一大优点。但为了防止输出出现混乱，规定同一标号的线圈只能使用一次。

④ 编写梯形图时，应尽量做到"上重下轻、左重右轻"。

⑤ 梯形图中的触点可以任意串、并联，但输出线圈只能并联，不能串联。

⑥ 梯形图中的"输入触点"仅受外部信号控制，而不能由内部继电器的线圈将其接通或断开，所以在梯形图中只能出现"输入触点"，而不可能出现"输入继电器的线圈"。

⑦ 梯形图中的触点画在水平线上，不画在垂直线上。

⑧ 程序结束时应有结束指令，一般用"END"或"ED"表示。

应该注意的是，梯形图上的元素所采用的激励、失电、闭合和断开等电路中的术语，仅用于表示这些元素的逻辑状态。同时，为了分析梯形图中各组成元件的状态，常采用能流或指令流的概念，它是假想在梯形图中有"电流"流动，它的状态用于说明该梯级所处的状态。能流在梯形图中只能作为单方向流动，规定从左到右，从上到下。

5.4.3 助记符语言

助记符语言类似于计算机汇编语言，它用一些简洁易记的文字符号描述 PLC 的各种指令。对于同一厂家的 PLC 产品，其助记符语言与梯形图语言是相互对应的，可互相转换。助记符语言常用于手持编程器中，因其显示屏幕小，不便于输入和显示梯形图。而梯形图语言则多用于计算机编程环境中。

思考题与习题

5-1 PLC 的主要特点是什么？

5-2 PLC 主要应用在哪些领域？

5-3 PLC 的硬件由哪几部分组成？各有什么用途？

5-4 PLC 的工作原理是什么？

5-5 什么是 PLC 的扫描周期？影响 PLC 扫描周期长短的因素是什么？

5-6 PLC 有哪些主要技术参数？

5-7 PLC 常用的存储器有哪几种？各有什么特点？

5-8 什么是 PLC 的滞后现象？它主要是由什么原因引起的？

5-9 PLC 的编程语言有几种？

5-10 梯形图的书写规则主要有哪些？

第 6 章 松下电工 FP0 系列 PLC

NAIS(松下电工)公司从 1982 年开始研制 PLC 产品,属于可编程控制器市场上的后起之秀。主要有 FP1、FP—M 和 FP0 等数十个系列的机型。其中 FP—M 是板式结构的 PLC,可镶嵌在控制机箱内,其指令系统与硬件配置均与 FP1 兼容;FP0 是超小型 PLC,是近几年开发的新产品。虽然松下电工的产品进入中国市场较晚,但由于其设计上有不少独到之处,所以一经推出就备受用户关注。其产品特点可归纳为以下几点。

1. 丰富的指令系统

在 FP 系列 PLC 中,即使是小型机,也具有近 200 条指令。除能实现一般逻辑控制外,还可进行运动控制、复杂数据处理,甚至可直接控制变频器实现电动机调速控制。中、大型机还加入了过程控制和模糊控制指令。而且其各种类型的 PLC 产品的指令系统都具有向上兼容性,便于应用程序的移植。

2. 快速的 CPU 处理速度

FP 系列 PLC 各种机型的 CPU 速度均优于同类产品,小型机尤为突出。如 FP1 型 PLC 的 CPU 处理速度为 1.6 毫秒/千步,超小型机 FP0 的处理速度为 0.9 毫秒/千步。而其大型机中由于使用了采用 RISC 结构设计的 CPU 芯片,其处理速度更快。

3. 大程序容量

FP 系列机的用户程序容量也较同类机型大,其小型机一般都可达 3 千步左右,最高可达到 5 千步,而其大型机则最高可达 60 千步。

4. 功能强大的编程工具

FP 系列 PLC 无论采用的是手持编程器还是编程工具软件,其编程及监控功能都很强。除手持编程器外,松下电工已陆续汉化推出若干版本的编程软件,目前基于 Windows 操作系统的新版编程软件 FPWIN GR 也已广泛应用。这些工具都为用户的软件开发提供了方便的环境。

5. 强大的网络通信功能

FP 系列机的各种机型都提供了通信功能,而且它们所采用的应用层通信协议又具有一致性,这为构成多级 PLC 网络,开发 PLC 网络应用程序提供了方便。松下电工提供了多种 PLC 网络产品,在同一子网中集成了几种通信方式,用户可根据需要选用。尽管这些网络产品的数据链路层与物理层各不相同,但都保持了应用层的一致性。特别值得一提的是,在其最高层的管理网络中采用了包含 TCP/IP 技术的 Ethernet 网,可通过它连接到计算机互联网上,这反映了工业局域网标准化的另一种趋势,也使它的产品具有更广阔的应用前景。

本章主要介绍 FP0 系列产品。

6.1 FP0 系列的产品类型及性能简介

与其他同型 PLC 相比，FP0 产品体积小巧但功能十分强大，它增加了许多大型机的功能和指令，例如 PID 指令和 PWM 脉宽调制输出功能；PID 指令可以进行过程控制，PWM 脉冲可直接控制变频器。它的编程口为 RS—232 口，可以直接和 PC 机相连，无需适配器。其 CPU 速度也比 FP1 快了近一倍。

6.1.1 FP0 的外形结构及特点

1. FP0 的主控单元外形结构

FP0 机型小巧精致，其主机外形结构如图 6-1 所示。其外形尺寸高 90 mm，长 60 mm，一个控制单元宽 25 mm，I/O 可扩充至 128 点，总宽度为 105 mm。其安装面积在同类产品中是最小的，所以 FP0 可安装在小型机器、设备及体积越来越小的控制板上。

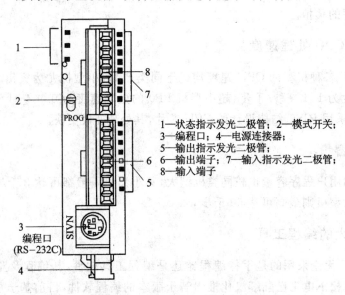

图 6-1 FP0 主机外形结构图

图 6-1 中所示各部分的用途如下所述。

① 状态指示发光二极管：用于对 PLC 的运行状态进行监视。运行程序时，"RUN"指示灯亮；当中止执行程序（如在编程）时，"PROG"指示灯亮；当发生自诊断错误时，"ERROR/ALARM"指示灯闪。

② 输入/输出端子：图示主机有 8 个输入端，编号分别为 X0～X7，共用一个公共端（COM）；8 个输出端，编号分别为 Y0～Y7，共用一个公共端（COM）。

③ 输入/输出指示发光二极管：各个 I/O 端子均有 LED 指示其（通、断）状态。

④ 模式开关：该开关有两挡，"RUN"挡为运行挡，"PROG"挡为编程挡，可通过该开关改变 PLC 的运行状态，也可通过编程工具改变 PLC 运行状态。

⑤ 编程口：用于连接编程工具（如使用编程软件的计算机）。
⑥ 电源连接器：用于为PLC提供电源支持。

2. FP0的特点

1）品种规格

FP0系列的产品型号及其含义如图6-2所示。

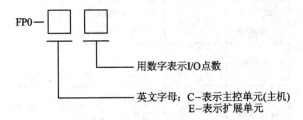

图6-2 FP0系列的产品型号及其含义

FP0主控单元有C10、C32等多种规格，扩展模块也有E8、E32等多种规格。表6-1列出了FP0的主要产品规格类型。其型号中后缀为R、T、P三种，它们的含义是：R是继电器输出型，T是NPN型晶体管输出型，P是PNP型晶体管输出型。

表6-1 FP0产品规格

系列	规格						部件号
	程序容量	I/O点	连接方法	操作电压	输入类型	输出类型	
1.控制单元							
FP0—C10	2.7千步	10 输入：6 输出：4	端子型	24 V DC	24 V DC Sink/source	继电器	FP0—C10RS
			MOLEX 连接器型	24 V DC	24 V DC Sink/source	继电器	FP0—C10RM
FP0—C14	2.7千步	14 输入：8 输出：6	端子型	24 V DC	24 V DC Sink/source	继电器	FP0—C14RS
			MOLEX 连接器型	24 V DC	24 V DC Sink/source	继电器	FP0—C14RM
FP0—C16	2.7千步	16 输入：8 输出：8	MIL 连接器型	24 V DC	24 V DC Sink/source	晶体管 (NPN)	FP0—C16T
			MIL 连接器型	24 V DC	24 V DC Sink/source	晶体管 (PNP)	FP0—C16P
FP0—C32	5千步	32 输入：16 输出：16	MIL 连接器型	24 V DC	24 V DC Sink/source	晶体管 (NPN)	FP0—C32T
			MIL 连接器型	24 V DC	24 V DC Sink/source	晶体管 (PNP)	FP0—C32P

续表 6-1

系列	规格					部件号
	I/O点数	连接方法	操作电压	输入类型	输出类型	
2. 扩展单元						
FP0—E8	8 输入：4 输出：4	端子型	24 V DC	24 V DC Sink/Source	继电器	FP0—E8RS
		MOLEX 连接器型	24 V DC	24 V DC Sink/Source	继电器	FP0—E8RM
FP0—E16	16 输入：8 输出：8	端子型	24 V DC	24 V DC Sink/source	继电器	FP0—E16RS
		MOLEX 连接器型	24 V DC	24 V DC Sink/source	继电器	FP0—E16RM
		MIL 连接器型	—	24 V DC Sink/Source	晶体管 （NPN）	FP0—E16T
		MIL 连接器型	—	24 V DC Sink/source	晶体管 （PNP）	FP0—E16P
FP0—E32	32 输入：16 输出：16	MIL 连接器型	—	24 V DC Sink/source	晶体管 （NPN）	FP0—E32T
		MIL 连接器型	—	24 V DC Sink/source	晶体管 （PNP）	FP0—E32P

FP0可单台使用，也可多模块组合，最多可增加3个扩展模块。I/O点从最小10点至最大128点，用户可根据自己的需要选取适合的组合。FP0机型可实现轻松扩展，扩展单元不需任何电缆即可直接连接到主控单元上。

2）运行速度

FP0的运行速度在同类产品中是最快的，每条基本指令执行速度为 $0.9\ \mu s$。500步的程序只需 $0.5\ ms$ 的扫描时间。FP0具有的脉冲捕捉功能还可读取短至 $50\ \mu s$ 的窄脉冲。

3）程序容量

FP0具有5 000步的大容量内存及大容量的数据寄存器，可用于复杂控制及大数据量处理。

4）特殊功能

FP0具备两路脉冲输出功能，可单独进行运动位置控制，互不干扰。具备双相、双通道高速计数功能。此外，FP0具备PWM（脉宽调制）输出功能，利用它可以很容易地实现温度控制，而且该PWM脉冲还可用来直接驱动松下电工微型变频器VF0，构成小功率变频调速系统。

5）通信功能

FP0可经 RS—232 口直接连接调制解调器，通信时若选用"调制解调器"通信方式，则FP0可使用AT命令自动拨号，实现远程通信。如果使用C-NET通信单元，还可将多个FP0单元连接在一起构成分布式控制网络。

松下电工的各种编程工具软件适用于任何 FP 系列可编程控制器。而且,由于 FP0 的编程工具接口是 RS—232C,所以连接个人电脑仅需一根电缆,不需适配器。

6) 其他性能

FP0 维护简单,程序内存使用 EEPROM,无需备用电池;此外,FP0 还增加了程序运行过程中的重写功能。

6.1.2 FP0 系列主控单元的技术性能

FP0 系列主控单元的技术性能如表 6-2 所列。

表 6-2 FP0 主控单元技术性能一览表

项　目		继电器输出型		晶体管输出型	
		C10RS/C10RM	C14RS/C14RM	C16T/C16P	C32T/C32P
编程方法/控制方法		继电器符号/循环操作			
可控 I/O 点	仅主控单元	10 (输入:6) (输出:4)	14 (输入:8) (输出:6)	16 (输入:8) (输出:8)	32 (输入:16) (输出:16)
	带扩展单元	最多 58	最多 62	最多 112	最多 128
程序存储器		内置 EEPROM(没有电池)			
程序容量		2 720 步		5 000 步	
指令条数	基本	83			
	高级	111			
指令执行速度		0.9 微秒/步(基本指令)			
操作存储器	继电器	外部输入继电器(X)	208 点(X0~X12F)		
		外部输出继电器(Y)	208 点(Y0~Y12F)		
		通用内部继电器(R)	1 008 点(R0~R62F)		
		特殊内部继电器(R)	64 点(R9000~R903F)		
		定时器/计数器(T/C)	总共 144 个,初始设置为 100 个定时器(TM0~99),44 个计数器(CT100~143)。定时时钟可选:1 ms、10 ms、100 ms、1 s		
	存储器	通用数据寄存器(DT)	1 660 字 (DT0~DT1659)	6 144 字 (DT0~DT6143)	
		特殊数据寄存器(DT)	112 字(DT9000~DT9111)		
		变址寄存器(IX,IY)	2 字		
微分点(DF,DF/)		无限多点			
主控点数(MC)		32 点			
标号数(JP,LOOP)		64 点			
步进级数		128 阶			
子程序数		16 个子程序			
中断程序数		7 个中断程序			

续表 6-2

项目		继电器输出型		晶体管输出型	
		C10RS/C10RM	C14RS/C14RM	C16T/C16P	C32T/C32P
特殊功能	脉冲捕捉输入	总共 6 个点(X0~X5)			
	中断输入				
	周期中断	0.5 ms~30 s 间隔			
	定时扫描	有			
	自我诊断功能	如看门狗定时器,程序检查			
	存储器备份	程序、系统寄存器及保持类型数据(内部继电器,数据寄存器和计数器) 由内置 EEPROM 备份			
	高速计数功能 计数器模式	加或减(单相)		双相/单个/方向判决(双相)	
	输入通道个数	最多四通道		最多两个通道(通道 0 和通道 2)	
	最高计数速度	单路输入最大 10 kHz 双相输入每路最大 5 kHz		单路输入最大 10 kHz 双相输入每路最大 2 kHz	
	所用的输入接点	X0、X1、X2、X3、X4、X5		X0、X1、X2、X3、X4、X5	
	最小输入脉冲宽度	X0、X1 50 μs(10 kHz) X3、X4 100 μs(5 kHz)			
	脉冲输出功能	—		输出点为 Y0 和 Y1,频率 为 40 Hz~10 kHz	
	PWM 输出功能	—		输出点为 Y0 和 Y1,频率 为 0.15~38 Hz	

6.2 FP0 的内部寄存器及 I/O 配置

在使用 FP0 可编程控制器之前,深入了解其内部寄存器的配置和功能,以及 I/O 分配情况是非常重要的。

6.2.1 FP0 的内部寄存器

从工业控制器的角度来看,PLC 的内部寄存器可视为功能不同的"软继电器",通过对这些软继电器进行编程和逻辑运算,来实现 PLC 的各种控制功能。每个"软继电器"可提供无数对常开和常闭触点供编程使用。

PLC 的 RAM 中除了存放用户编制的控制程序之外,其余的存储区可按其功能分为六个区:I/O 继电器区、通用内部继电器区、特殊内部继电器区、通用数据寄存器区、特殊数据寄存器区和系统寄存器区,每个区分配有一定数量的寄存器单元并进行编号。FP0 系列 PLC 主控单元所配置的内部寄存器如表 6-3 所列。

表 6-3 FP0 的内部寄存器一览表

符号	编号	功能
X	X0~X12F	输入继电器（位）
Y	Y0~Y12F	输出继电器（位）
R	R0~R62F	通用内部继电器（位）
	R9000~R903F	特殊内部继电器（位）
T	T0~T99	定时器（位）
C	C100~C143	计数器（位）
WX	WX0~WX12	输入寄存器（字）
WY	WY0~WY12	输出寄存器（字）
WR	WR0~WR62	通用内部寄存器（字）
DT	DT0~DT1659(C10~C16)	通用数据寄存器（字）
	DT0~DT6143(C32)	特殊数据寄存器（字）
SV	SV0~SV143	设定值寄存器（字）
EV	EV0~EV143	经过值寄存器（字）
IX	1个	索引寄存器（字）
IY	1个	索引寄存器（字）
K	K-32768~K32767	十进制常数寄存器（字）
	K-2147483648~K2147483647	十进制常数寄存器（双字）
H	H0~HFFFF	十六进制常数寄存器（字）
	H0~HFFFFFFFF	十六进制常数寄存器（双字）

由表 6-3 可见，FP0 的内部寄存器使用时可分为两类，一类称为"继电器"，以位（bit）寻址，如表中的 X 表示输入继电器；另一类称为"寄存器"，以字（1 字＝16 位）寻址，如 WX 则是以"字"寻址的输入寄存器，DT 表示数据寄存器。

FP0 的内部寄存器编号是由寄存器符号、字地址号和位地址号三部分结合起来表示的，如图 6-3 所示：

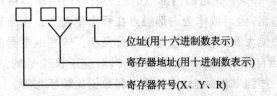

图 6-3 FP0 内部寄存器的地址编号规则

其中，以字寻址的寄存器的编号是由寄存器符号、字地址结合起来表示的，没有位址，如 WX0、DT100、SV0 等。特别要注意的是，输入、输出和内部寄存器按字寻址时，符号为 WX、WY、WR；而按位寻址时，符号为 X、Y、R。一个字由 16 个位（位号由低到高依次是 0~F）组成，其编号之间存在一定联系，如：X10 表示输入寄存器 WX1 中的第 0 位，而 X1F 则表示输入寄存器 WX1 中的第 F 位，如图 6-4 所示。

电气控制与PLC应用

寄存器	WX1															
位址	F	E	D	C	B	A	9	8	7	6	5	4	3	2	1	0
编号	X1F							……								X10

图 6-4 对应关系

字地址为 0 时,继电器编号时可省略前面字地址编号,只给位地址即可,如输出寄存器 WY0 中的各位则可表示为 Y0～YF。

下面是 FP0 各内部寄存器的功能及用法。

1. 输入继电器

输入继电器的作用是存储外部开关输入信号的状态,供 PLC 编程使用。输入继电器只能由外部信号驱动,而不能由内部指令驱动。

2. 输出继电器

输出继电器的作用是存储 PLC 执行程序的输出结果,供驱动各种执行电器动作使用。输出继电器必须由 PLC 执行控制程序产生的结果来驱动;作为输出变量,每个输出继电器只能使用一次,即当它作为 OT 和 KP 指令输出时,不允许重复使用同一输出继电器,否则 PLC 不予执行。如果需要重复输出,可通过修改系统寄存器 No.20 来设置。

3. 通用内部继电器

PLC 的通用内部继电器可供用户存放中间变量使用,其作用与继电器控制系统的中间继电器相似。通用内部继电器只供内部编程使用,而不提供给外部输出;但一个通用内部继电器可以提供无数对常开和常闭触点供编程使用,给用户编制控制程序带来极大方便。而且和输出继电器一样,在一般情况下当通用内部继电器作为输出变量时也只能使用一次,不允许重复输出,但同样可以通过修改系统寄存器 No.20 来设置。

4. 特殊内部继电器

FP0 中从地址编号 R9000 开始的内部继电器是有专门用途的特殊内部继电器,这些特殊内部继电器不能用于输出,但可以作为内部触点在程序中使用。由于这些继电器的存在,使得 FP0 可编程控制器的功能大为加强,编程变得十分灵活。这些继电器的主要用途如下所述。

① 标志继电器:当自诊断和操作发生错误时,对应于该编号的继电器触点闭合,产生标志。此外也用于产生一些强制性标志、设置标志和数据比较标志等。

② 特殊控制继电器:为了控制更加方便,FP0 提供了一些不受编程控制的特殊继电器。例如,初始运行 ON 继电器 R9013,其功能只是在第一个扫描周期闭合,从第二个扫描周期开始断开并保持断开状态。

③ 信号源继电器:R9018～R901E 这 7 个继电器都是不需编程就能自动产生脉冲信号的继电器。例如,R901C 就是一个 1 s 时钟脉冲继电器,用户在程序中使用 R901C 继电器的触点就可以获得一个以 1 s 为周期重复通/断动作(0.5 s 接通,0.5 s 断开)的信号。

各特殊内部继电器的名称及功能如表 6-4 所列。

表 6-4 FP0 的特殊内部继电器一览表

编号	名称	说明
R9000	自诊断标志	错误发生时：ON；正常时：OFF 结果被储存于 DT9000
R9004	I/O 校验异常标志	检测到 I/O 校验异常时置 ON
R9007	运算错误标志（保持型）	运算错误发生时：ON 错误发生地址被存放于 DT9017
R9008	运算错误标志（实时型）	运算错误发生时：ON 错误发生地址被存放于 DT9018
R9009	CY：进位标志	有运算进位时：ON 或由移位指令设定
R900A	＞标志	比较结果为大于时：ON
R900B	＝标志	比较结果为等于时：ON
R900C	＜标志	比较结果为小于时：ON
R900D	辅助定时器	执行 F137 指令，当经过值递减为 0 值时：ON
R900E	RS—422 异常标志	发生异常时：ON
R900F	扫描周期常数异常标志	发生异常时：ON
R9010	常 ON 继电器	常闭
R9011	常 OFF 继电器	常开
R9012	扫描脉冲继电器	每次扫描交替开闭
R9013	运行初期 ON 脉冲继电器	只在第一个扫描周期闭合，从第二个扫描周期开始断开并保持
R9014	运行初期 OFF 脉冲继电器	只在第一个扫描周期断开，从第二个扫描周期开始闭合并保持
R9015	步进初期 ON 脉冲继电器	仅在开始执行步进指令（SSTP）的第一个扫描周期内闭合，其余时间断开并保持
R9018	0.01 s 时钟脉冲继电器	以 0.01 s 为周期重复通/断动作，占空比 1∶2
R9019	0.02 s 时钟脉冲继电器	以 0.02 s 为周期重复通/断动作，占空比 1∶2
R901A	0.1 s 时钟脉冲继电器	以 0.1 s 为周期重复通/断动作，占空比 1∶2
R901B	0.2 s 时钟脉冲继电器	以 0.2 s 为周期重复通/断动作，占空比 1∶2
R901C	1 s 时钟脉冲继电器	以 1 s 为周期重复通/断动作，占空比 1∶2
R901D	2 s 时钟脉冲继电器	以 2 s 为周期重复通/断动作，占空比 1∶2
R901E	1 min 时钟脉冲继电器	以 1 min 为周期重复通/断动作，占空比 1∶2
R9020	RUN 模式标志	RUN 模式时：ON PROG 模式时：OFF
R9026	信息显示标志	当 F149（MSG）指令执行时：ON
R9027	遥控模式标志	当 PLC 工作方式转为 REMOTE 时：ON

续表 6-4

编号	名称	说明
R9029	强制标志	在强制 I/O 点通断操作期间：ON
R902A	外部中断许可标志	在允许外部中断时：ON
R902B	中断异常标志	当中断发生异常时：ON
R9032	选择 RS—232 口标志	通过系统寄存器 No.412 设置为使用串联通信时：ON
R9033	打印指令执行标志	在 F147(PR)指令执行过程中：ON
R9034	RUN 中程序编辑标志	在 RUN 模式下，执行写入、插入、删除时：ON
R9037	RS—232C 传输错误标志	传输错误发生时：ON 错误码被存放于 DT9059
R9038	RS—232C 接收完毕标志	执行串行通信指令 F144(TRNS) 接收完毕时：ON 接收时：OFF
R9039	RS—232C 传送完毕标志	执行串行通信指令 F144(TRNS) 传送完毕时：ON 传送请求时：OFF
R903A	高速计数器(CH0)控制标志	当高速计数器被 F166～F170 指令控制时：ON
R903B	高速计数器(CH1)控制标志	当高速计数器被 F166～F170 指令控制时：ON
R903C	高速计数器(CH2)控制标志	当高速计数器被 F166～F170 指令控制时：ON
R903D	高速计数器(CH3)控制标志	当高速计数器被 F166～F170 指令控制时：ON

5. 定时器/计数器

FP0 提供了 100 个定时器和 44 个计数器，而且每个定时器和计数器都有一个同编号的设定值寄存器(SV)和经过值寄存器(EV)与之相对应。定时器与计数器的编号是统一编排的，出厂时按照定时器在前，计数器在后进行编号。用户可以通过系统寄存器 No.5 改变其编号分配，但定时器/计数器的总数不能变。

6. 通用数据寄存器和特殊数据寄存器

数据寄存器是用于存储各种数据，如外设采集来的各种数据或程序运算、处理的中间结果等。每个数据寄存器由一个字组成，没有触点。

数据寄存器分为两种，一种是通用数据寄存器，可用来存放 PLC 任意内部数据；另一种是特殊数据寄存器(编号 DT9000～DT9111)，主要是作为工作状态或错误状态的寄存器，还可以作为时钟/日历寄存器,或作为高速计数器的寄存器等。详见表6-5。

表6-5 FP0特殊数据寄存器一览表

地 址	名 称	说 明
DT9000	自诊断错误码	当自诊断发现错误时,存放错误码
DT9010	I/O校验异常单元	当发生I/O校验异常时,将发生异常的I/O位存放到位0~位3
DT9014	运算用辅助寄存器(溢出位)	执行F105(BSR)、F106(BSL)指令时,存放溢出位(位3~位0)
DT9015	运算用辅助寄存器(除法余数)	二进制16位除法时存放余数 二进制32位除法时存放余数的低16位
DT9016	运算用辅助寄存器(除法余数)	二进制32位除法时存放余数的高16位
DT9017	操作错误地址寄存器(保持)	当检测出操作错误时,存放操作错误地址,且保持其状态
DT9018	操作错误地址寄存器(非保持)	当检测出操作错误时,存放最后的操作错误地址
DT9019	2.5 ms环形计数器	其数据每2.5 ms加1
DT9022	扫描时间的现在值	存储扫描时间的现在值(扫描时间=数据×0.1 ms)
DT9023	扫描时间的最小值	存储扫描时间的最小值(扫描时间=数据×0.1 ms)
DT9024	扫描时间的最大值	存储扫描时间的最大值(扫描时间=数据×0.1 ms)
DT9025	中断允许标志	存储中断屏蔽状态,由ICTL指令设定 0:禁止 1:允许 位0~位15对应中断输入0至中断输入15
DT9027	定时中断的中断间隔时间标志	存储定时中断间隔时间,由ICTL指令设定 0:禁止 Kn:K1~K3000(×10 ms)
DT9030	信息0	
DT9031	信息1	
DT9032	信息2	当执行信息显示指令F149时,指定信息被分别存放于DT9030~DT9035中
DT9033	信息3	
DT9034	信息4	
DT9035	信息5	
DT9037	搜寻指令用寄存器1	执行F96指令时,存放符合搜寻资料的数据个数
DT9038	搜寻指令用寄存器2	执行F96指令时,存放最先符合搜寻资料的数据所在相对地址
DT9044	HSC经过值(低16位)	存储高速计数器的经过值(CH0用)
DT9045	HSC经过值(高16位)	
DT9046	HSC预置值(低16位)	存储高速计数器的目标值(CH0用)
DT9047	HSC预置值(高16位)	
DT9048	HSC经过值	存储高速计数器的经过值(CH1用)
DT9049		
DT9050	HSC目标值	存储高速计数器的目标值(CH1用)
DT9051		
DT9052	HSC控制标志	高速计数器软复位或计数禁止控制码

续表 6-5

地 址	名 称	说 明
DT9059	串行通信异常码	发生通信错误时,存放异常码 低字节:RS—422 的内容　高字节:RS—232 的内容
DT9060	步进过程监视寄存器 (过程号 0~15)	工作:1　停止:0 位 0~位 15→步 0~15
DT9061	步进过程监视寄存器 (过程号 16~31)	工作:1　停止:0 位 0~位 15→步 16~31
DT9062	步进过程监视寄存器 (过程号 32~47)	工作:1　停止:0 位 0~位 15→步 32~47
DT9063	步进过程监视寄存器 (过程号 48~63)	工作:1　停止:0 位 0~位 15→步 48~63
DT9064	步进过程监视寄存器 (过程号 64~79)	工作:1　停止:0 位 0~位 15→步 64~79
DT9065	步进过程监视寄存器 (过程号 80~95)	工作:1　停止:0 位 0~位 15→步 80~95
DT9066	步进过程监视寄存器 (过程号 96~111)	工作:1　停止:0 位 0~位 15→步 96~111
DT9067	步进过程监视寄存器 (过程号 112~127)	工作:1　停止:0 位 0~位 15→步 112~127
DT9104 DT9105	HSC 经过值	存放高速计数器经过值(CH2)
DT9106 DT9107	HSC 目标值	存放高速计数器目标值(CH2)
DT9108 DT9109	HSC 经过值	存放高速计数器经过值(CH3)
DT9110 DT9111	HSC 目标值	存放高速计数器目标值(CH3)

7. 索引寄存器

在 FP0 可编程控制器的内部有两个索引寄存器,IX 和 IY,这是两个 16 位的寄存器(1 个字),可用于存放地址和常数的修正值。索引寄存器在编程中非常有用,它们的存在使得编程变得十分灵活、方便。许多其他类型的小型可编程控制器都不具备这种功能。

索引寄存器的作用分以下两类。

① 作为寄存器使用：当索引寄存器用做 16 位寄存器时，IX 和 IY 可单独使用。当索引寄存器用做 32 位寄存器时，IX 作为低 16 位，IY 作为高 16 位。当把它作为 32 位操作数编程时，如果指定 IX，则高 16 位自动指定为 IY。

② 作其他操作数的修正值：这一功能常用于常数 K 和 H，当索引寄存器与常数连在一起编程时，索引寄存器的值用做原常数（K 或 H）的修正值。

【例 6-1】有指令为[F0 MV, IXK50, DT100]，其执行结果为：

若 IX=K10, 传送至 DT100 的内容是 K60；

若 IX=K40, 传送至 DT100 的内容是 K90。

③ 地址修正功能：在高级指令和一些基本指令中，索引寄存器可用做其他寄存器（WX、WY、WR、SV、EV、DT）的地址修正值。有了该功能，可用一条指令替代多条指令来实现控制。这个功能类似计算机的变址寻址功能，当索引寄存器与另一操作数一起编程时，操作数的地址发生移动，移动量为索引寄存器（IX 或 IY）的值。当索引寄存器用做地址修正值时，IX 和 IY 可单独使用。

【例 6-2】有指令为[F0 MV, DT0, IXDT100]，其执行结果为：

若 IX=K10, DT0 中的内容被传送至 DT110；

若 IX=K40, DT0 中的内容被传送至 DT140。

使用索引寄存器时应注意：索引寄存器不能用索引寄存器来修正；当索引寄存器用做地址修正值时，要确保修正后的地址没有越限，当索引寄存器用做常数修正值时，修正后的值可能上溢或下溢。

8. 常数寄存器

在 FP0 可编程控制器中的常数使用十六进制数和十进制数。如果在数字的前面冠以字母 K 的话，为十进制数，如果数字的前面冠以字母 H 的话，则为十六进制数。K100 代表十进制数 100；H100 代表十六进制数 100。

9. 系统寄存器

在 FP0 可编程控制器的内部还有一些系统寄存器，作为系统设置使用，一般用于存放系统配置和特殊功能参数，以保证 PLC 正常工作。关于系统寄存器的介绍已经超出本书讨论的范围，读者若对此感兴趣，请参阅 FP0 可编程控制器的技术手册。

6.2.2 FP0 的 I/O 配置

表 6-6 是 FP0 的 I/O 地址分配。使用过程中，应该注意以下几点：

① 主控单元的 I/O 分配是固定的；

② 受接线端子和主机 CPU 寻址能力的限制，FP0 主控单元最多只能连接三级扩展单元，扩展至 128 点（C32 型），其余的 I/O 继电器可作为通用内部继电器使用；

③ 增加扩展单元时，FP0 主控单元可自动进行 I/O 分配，不需设定 I/O 编号；

④ 扩展单元的 I/O 分配根据安装位置确定；

⑤ FP0 主控单元可与任何晶体管和继电器扩展单元组合。

表 6-6 FP0 的 I/O 地址分配一览表

单元类型		输入编号	输出编号
控制单元	C10RS/C10RM	X0~X5	Y0~Y3
	C14RS/C14RM	X0~X7	Y0~Y5
	C16RS/C16RM	X0~X7	Y0~Y7
	C32T/C32P	X0~XF	Y0~YF
扩展单元	第一扩展 E8R	X20~X23	Y20~Y23
	第一扩展 E16R/E16T/E16P	X20~X27	Y20~Y27
	第一扩展 E32T/E32P	X20~X2F	Y20~Y2F
	第二扩展 E8R	X40~X43	Y40~Y43
	第二扩展 E16R/E16T/E16P	X40~X47	Y40~Y47
	第二扩展 E32T/E32P	X40~X4F	Y40~Y4F
	第三扩展 E8R	X60~X63	Y60~Y63
	第三扩展 E16R/E16T/E16P	X60~X67	Y60~Y67
	第三扩展 E32T/E32P	X60~X6F	Y60~Y6F

6.3 FP0 指令系统概述

6.3.1 概述

第 5 章已经介绍,可编程控制器来源于继电器控制系统和计算机系统,可以将其理解为计算机化的继电器控制系统。在学习可编程控制器的指令系统与编程之前,应重温继电器控制系统的控制特点。

继电器是现代电气控制系统中的重要元件,是一种用弱电信号控制强电信号传输的电磁元件。继电器主要由电磁部分(线圈和铁芯)和执行部分(触点和复位弹簧)组成,其中与控制直接有关的部件是电磁线圈和触点。在进行电气控制设计时,将这两部分抽象出来,电磁线圈作为输出,触点则作为输入或开关,运用触点的串、并连接实现电路通断的控制,而线圈反过来又控制触点的打开与闭合。

PLC 内部的编程资源多数是以继电器的概念出现的,但这只是概念上的继电器,均是 PLC 内部的逻辑电路或一些存储的逻辑量,在 PLC 中则使用这样的逻辑量代替实际的物理器件实现控制。由于 PLC 指令和编程比较抽象,如果结合继电器控制原理图的概念,以实际的电流流动来领会 PLC 梯形图中的信号流,则易于理解掌握。

6.3.2 FP0 指令系统分类

FP0 指令系统包含 190 多条指令,内容十分丰富,不仅可以实现继电器控制系统中的基本逻辑操作,还能完成算术运算、数据处理、中断、通信等复杂功能。考虑到实用性和学习的方便,本书将重点介绍一些常用的指令,并配合举例进行说明;对于其他指令,仅做简单说明。详细用法请参阅FP0可编程控制器的技术手册。表6-7中给出了松下电工FP系列PLC常用型号的指令统计表。

表6-7 FP系列指令统计表

分类名称		FP1			FP0
		C14/C16	C24/C40	C56/C72	C32
基本指令	顺序指令	19	19	19	19
	功能指令	7	7	8	10
	控制指令	15	18	18	18
	条件比较指令	0	36	36	36
高级指令	数据传输指令	11	11	11	13
	数据运算及比较指令	36	41	41	41
	数据转换指令	16	26	26	26
	数据移位指令	14	14	14	12
	位操作指令	6	6	6	6
	特殊功能指令	7	18	19	13
总 计		131	196	198	194

FP0的指令按照功能可分为两大类,即基本指令和高级指令。其中基本指令主要是指直接对输入/输出触点进行操作的指令。而扩展功能指令称为高级指令。

在松下FP0系列可编程序控制器中,FP0—C32的功能比较具有代表性,而且应用较广,因此,本书主要以该型号PLC为例进行介绍。掌握该型号的指令系统之后,其他型号与此大同小异,必要时可参考有关手册即可很快掌握。另外,各公司的PLC虽然各不相同,但是在原理上都是类似的,掌握一种之后,再根据实际需要学习其他的,也会相对容易得多。

6.4 FP0的基本指令

FP0的基本指令可分为四类,即

① 基本顺序指令:主要执行以二进制位(bit)为单位的逻辑操作,是继电器控制电路的基础。

② 基本功能指令:有定时器、计数器和移位寄存器指令。

③ 基本控制指令:可根据条件判断,来决定程序执行顺序和流程的指令。

④ 条件比较指令:进行数据比较,生成一个触点状态。

基本指令多数是构成继电器顺序控制电路的基础,所以使用软继电器的线圈和触点来进行编程。同时,该类指令还是可编程序控制器使用中最常见、使用得最多的指令。

6.4.1 基本顺序指令

基本顺序指令主要是对软继电器和其触点进行逻辑操作的指令。它是以位为单位的逻辑操作。基本顺序指令有的表示直接操作,如ST,OT等;有的用于构成复杂的程序结构,如ANS,ORS等。基本顺序指令表达式比较简单,由操作码和操作数构成,格式为:

操作码	操作数

其中,操作码规定了指令所执行的功能,如 AN X0,表示对 X0 进行与操作;操作数规定了指令进行某种操作时的信息,它包含了操作数的地址、性质和内容。操作数可以没有,也可以是一个、两个、三个甚至四个,随不同的指令而不同,如"/"指令就没有操作数。为了便于记忆和查找,表6-8列出了FP0的基本顺序指令(共19条),下面按照功能分组进行介绍。

表6-8 基本顺序指令表

名 称	助记符	操作数(可用的继电器类型)				
		X	Y	R	T	C
初始加载	ST	√	√	√	√	√
初始加载非	ST/	√	√	√	√	√
输出	OT	—	√	√	—	—
非	NOT(/)	—	—	—	—	—
与	AN	√	√	√	√	√
与非	AN/	√	√	√	√	√
或	OR	√	√	√	√	√
或非	OR/	√	√	√	√	√
组与	ANS	—	—	—	—	—
组或	ORS	—	—	—	—	—
压入堆栈	PSHS	—	—	—	—	—
读出堆栈	RDS	—	—	—	—	—
弹出堆栈	POPS	—	—	—	—	—
上升沿微分	DF	—	—	—	—	—
下降沿微分	DF/	—	—	—	—	—
置位	SET	—	√	√	—	—
复位	RST	—	√	√	—	—
保持	KP	—	√	√	—	—
空操作	NOP	—	—	—	—	—

由于在 PLC 构成的控制系统中外部开关一般都使用常开开关,所以 PLC 的指令也都是在这样的前提下使用。请读者注意这一点,以下不再特别说明。

1. 输入输出指令:ST、ST/、OT、/

ST(Start,初始加载) 用常开触点开始逻辑运算指令。

ST/(Start Not,初始加载非) 用常闭触点开始逻辑运算指令。

OT(Out,输出) 输出运算结果到指定的输出继电器或通用内部继电器,是软继电器线圈的驱动指令。

/(Not,非) 将该指令处的运算结果取反。

其中,ST 和 ST/用于开始一个新的逻辑行(或指令块)。

【例6-3】输入输出指令示例,如图6-5所示。

(a) 梯形图　　　　(b) 助记符　　　　(c) 时序图[1]

注:[1]时序图中,外部开关动作均为高电平,否则为低电平。以后各时序图均沿用此规定,不再特别说明。

图6-5　输入输出指令示例

例题说明:

Y0和Y1都受控于输入X0的常开触点,但是因为Y1前面有非指令,因此与Y0的状态正好相反。当输入X0接通时,Y0接通;当输入X0断开时,Y1接通。

此外,对于输出Y2,也是当输入X0断开时,其常闭触点接通,Y2接通,与Y1的状态一样。可见,常闭触点的功能可以用上述两种方式实现,这在时序图中可以更为直观地看到。

注意事项:

① /指令为逻辑取反指令,可单独使用,但是一般都与其他指令组合形成新指令使用,如ST/。

② OT不能直接从左母线开始,但是必须以右母线结束。

③ OT指令可以连续使用,构成并联输出。

④ 一般情况下,对于某个输出继电器Y或通用内部继电器R只能使用一次OT指令,否则,可编程控制器按照出错对待。

2. 逻辑操作指令:AN、AN/、OR、OR/

AN(与)　　串联一个常开触点。
AN/(与非)　串联一个常闭触点。
OR(或)　　并联一个常开触点。
OR/(或非)　并联一个常闭触点。

【例6-4】利用基本逻辑指令实现自锁控制,如图6-6所示。

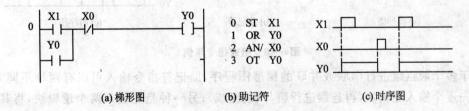

(a) 梯形图　　　　(b) 助记符　　　　(c) 时序图

图6-6　基本逻辑指令实现自锁控制

例题说明:

当输入X1接通时,Y0线圈接通,随之Y0的触点闭合,此后即使X1触点断开,Y0输出仍能保持接通,实现自锁;只有当输入X0接通时,其常闭触点断开时,Y0才断电,Y0触点也断开。若想再次启动 Y0,只有重新接通 X1。

这种自锁程序是控制电路中最基本的环节,用于以无保持功能的触点(如按钮)或只接通一个扫描周期的信号去启动一个持续动作的控制任务。相似的控制方式,读者可自行编制互锁控制程序。

注意事项:

AN,AN/,OR,OR/可连续使用。

3. 块逻辑操作指令:ANS、ORS

ANS(And Stack,组与) 执行多指令块的与操作,即实现多个逻辑块相串联。

ORS(Or Stack,组或) 执行多指令块的或操作,即实现多个逻辑块相并联。

ANS 和 ORS 指令的作用分别是两个触点组串联(组与)和两个触点组并联(组或)。它们常应用于复杂结构的梯形图。将两个并联结构的逻辑块串联时,可使用 ANS 指令(参见例 6-5)。其程序的书写顺序是,先用 ST、OR 指令分别构成各自的逻辑块,再用 ANS 指令将它们串起来。同理,将两个串联结构的逻辑块并联时,可使用 ORS 指令(参见例 6-6)。其程序的书写顺序是,先用 ST、AN 指令分别构成各自的逻辑块,再用 ORS 指令将它们并起来。

【例 6-5】组与指令示例,如图 6-7 所示。

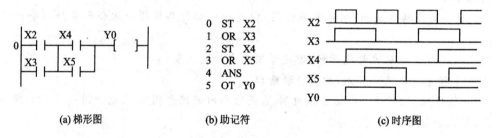

图 6-7 组与指令示例

【例 6-6】组或指令示例,如图 6-8 所示。

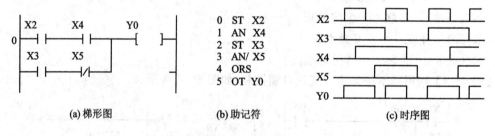

图 6-8 组或指令示例

对于多个触点组进行串联或并联的梯形图程序,助记符指令输入可以有两种不同方法:一种是先逐个输入逻辑块,再连续进行组与(或组或);另一种是先输入两个逻辑块,将其组与(或组或),然后输入第三个逻辑块,再组与(或组或),以此类推,直到将所有逻辑块全部输入完毕。参见例 6-7 中的助记符(一)和助记符(二),组与指令与之类似。

【例 6-7】多个触点组并联程序示例,如图 6-9 所示。

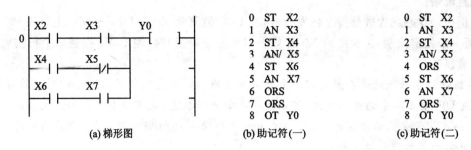

(a) 梯形图　　　　　(b) 助记符(一)　　　　　(c) 助记符(二)

图 6-9　多个触点组并联程序示例

4. 堆栈指令：PSHS、RDS、POPS

PSHS(Push Stack，压入堆栈)　将该指令处的操作结果压入堆栈存储，并执行下一步指令。

RDS(Read Stack，读取堆栈)　读出 PSHS 指令存储的操作结果，需要时可反复读出，堆栈的内容不变。

POPS(Pop Stack，弹出堆栈)　读出并清除由 PSHS 指令存储的操作结果。

堆栈指令主要用于构成具有分支结构的梯形图，使用时必须遵循规定的 PSHS、RDS、POPS 的先后顺序，并注意在所需结果使用完毕后，一定要出栈。

【例 6-8】堆栈指令示例，如图 6-10 所示。

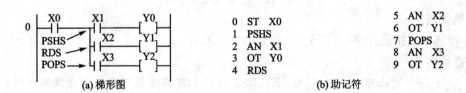

(a) 梯形图　　　　　　　　　　(b) 助记符

图 6-10　堆栈指令示例

5. 微分指令：DF、DF/

DF(Leading edge differential，上升沿微分)　当 PLC 检测到触发信号上升沿(由 OFF 到 ON 的跳变)时，使指定的对象(输出继电器或操作指令)接通一个扫描周期。

DF/(Trailing edge differential，下降沿微分)　当 PLC 检测到触发信号下降沿(由 ON 到 OFF 的跳变)时，使指定的对象接通一个扫描周期。

【例 6-9】微分指令示例，如图 6-11 所示。

(a) 梯形图　　　　　　(b) 助记符　　　　　　(c) 时序图

图 6-11　微分指令示例

例题说明：

本例中，X0 触点为微分指令触发信号，当 PLC 检测到 X0 由 OFF→ON（上升沿）时，输出 Y0 接通一个扫描周期；当检测到 X0 由 ON→OFF（下降沿）时，输出 Y1 接通一个扫描周期。

注意事项：

① 微分指令强调的是在触发信号上升沿或下降沿时刻发生作用，这里的"触发信号"指的是 DF 或 DF/前面指令的运算结果，可以是一个触点的状态，也可以是几个触点运算的结果。

② 触发信号变化沿出现时，只使指定的对象接通一个扫描周期，在实际应用中特别适用于那些只需触发执行一次的动作。

③ 在程序中，对微分指令的使用次数无限制。

6. 置位、复位指令：SET、RST

SET(Set,置位)　　当触发信号接通时，使输出继电器 Y 或通用内部继电器 R 接通并保持。

RST(Reset,复位)　　当触发信号接通时，使输出继电器 Y 或通用内部继电器 R 断开并保持。

【例 6-10】置、复位指令示例，如图 6-12 所示。

图 6-12　置、复位指令示例

例题说明：

X1 接通，Y0 接通并保持，直至 X0 接通时，Y0 断开。

注意事项：

① 与例 6-4 对比可以看出，利用 SET、RST 指令也可实现使线圈接通保持断开的功能，但需要注意的是 RST 指令的复位触发信号需在接通时才有效，因此使用的是 X0 的常开触点。

② 对于同一序号继电器 Y 或 R 的输出线圈，SET、RST 指令使用次数不限。

③ 对于同一序号的输出线圈，SET、RST 指令后面使用 OT 指令时，其最终状态由 OT 指令确定。

7. 保持指令：KP

KP(Keep,保持)　　使输出线圈接通并保持。

该指令有两个控制条件，一个是置位条件(S)，另一个是复位条件(R)。当满足置位条件，指定继电器(Y 或 R)接通，一旦接通后，无论置位条件如何变化，该继电器仍然保持接通状态，直至复位条件满足时断开。

【例 6-11】保持指令示例，如图 6-13。

例题说明：

X1 接通，Y0 接通并保持，直至 X0 接通时，Y0 断开。

注意事项：

① S 端与 R 端相比，R 端的优先权高，即如果两个信号同时接通，复位信号优先有效。

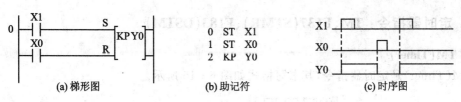

图6-13 保持指令示例

② 对同一序号的输出线圈,KP 指令不能重复使用。

8. 空操作指令:NOP

NOP(No operation,空操作) PLC 在执行 NOP 指令时,不产生任何实质性的操作,只是消耗该指令的执行时间。PLC 没有输入程序时,程序存储器中各地址单元均自动存放着 NOP 指令。在程序中常有意地插入 NOP 指令,编程系统会自动对其编号,此时 NOP 指令可用于对程序进行分段,或作为特殊标记,以便于检查、修改和调试程序。

【例 6-12】空操作指令示例,如图 6-14 所示。

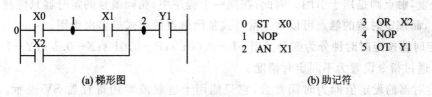

图 6-14 空操作指令示例

6.4.2 基本功能指令

基本功能指令主要包括定时、计数和移位三种功能的指令。其中,定时和计数本质上是同一功能。根据指令功能,将高级指令中的可逆计数指令 F118(UDC)、左右移位指令 F119(LRSR)以及辅助定时器指令 F137(STMR)、F183(DSTM)也包括在内。表 6-9 列出了基本功能指令的定义、功能和可使用的操作数。按照功能不同,下面分成 3 个部分进行介绍。

表6-9 基本功能指令表

名 称	助记符	步 数	说 明
0.001 s 定时器	TML	3	以 0.001 s 为单位的定时器
0.01 s 定时器	TMR	3	以 0.01 s 为单位的定时器
0.1 s 定时器	TMX	3	以 0.1 s 为单位的定时器
1 s 定时器	TMY	4	以 1 s 为单位的定时器
辅助定时器(16 位)	F137(STMR)	5	以 0.01 s 为单位的定时器
辅助定时器(32 位)	F183(DSTM)	7	以 0.01 s 为单位的定时器
计数器	CT	3	计数器
移位寄存器	SR	1	16 位数据左移位
可逆计数器	F118(UDC)	5	加减计数器
左右移位寄存器	F119(LRSR)	5	16 位数据区左移或右移 1 位

1. 定时器指令：TM、F137(STMR)、F183(DSTM)

1) TM(Timer)

TM(Timer)是定时器指令，其书写格式如图 6-15 所示。

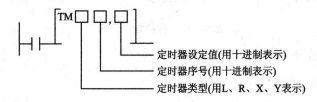

图 6-15 定时器指令书写格式

(1) 定时器指令使用说明

① 在 FP0 型 PLC 中初始定义有 100 个定时器，编号为 T0～T99。通过系统寄存器 No.5 可重新设置定时器的个数。

② 同输出继电器的概念一样，定时器也包括线圈和触点两个部分，采用相同编号，但是线圈用来设置，触点则是用于引用。因此，在同一个程序中，相同编号的定时器只能使用一次，即设置一次，而该定时器的触点可以通过常开或常闭触点的形式被多次引用。

③ 定时器按定时时钟分为四种类型：L—0.001 s；R—0.01 s；X—0.1 s；Y—1 s。每个定时器均可通过指令设置为不同定时精度。

④ 定时器的设定值即为时间常数，它只能用十进制或专用寄存器 SV 表示。其范围是 1～32767 内的任意值。在编程格式中时间常数前要加一个大写字母"K"。定时器的定时时间等于设定值乘以该定时器的定时时钟。例如，"TML 0,K5000"、"TMR 0,K500"、"TMX 0,K50"及"TMY 0,K5"的定时时间均为 5 s，差别仅在于定时的时间精度不同。

⑤ 定时器的设定值和经过值会自动存入相同编号的专用寄存器 SV 和 EV 中，因此可通过察看同一编号的 SV 和 EV 内容来监控该定时器的工作情况。

⑥ 由于定时器在定时过程中需持续接通，所以在程序中定时器的控制信号后面不能串联微分指令。

(2) 定时器的工作原理

定时器为减 1 计数。当程序进入运行状态后，输入触点接通瞬间定时器开始工作，先将设定值寄存器 SV 的内容装入经过值寄存器 EV 中，然后开始计数。每来一个时钟脉冲，经过值减 1，直至 EV 中内容减为 0 时，该定时器对应触点动作，即常开触点闭合、常闭触点断开。而当输入触点断开时，定时器复位，对应触点恢复原来状态，其经过值寄存器 EV 清零，但 SV 不变。若在定时器未达到设定时间时断开其输入触点，则定时器停止计时，其 EV 被清零，且定时器对应触点不动作，直至输入触点再接通，重新开始定时。其动作情况参见例 6-13。

【例 6-13】定时器指令示例，如图 6-16 所示。

例题说明：

当 X0 接通时，定时器开始定时，10 s 后，定时时间到，定时器对应的常开触点 T1 接通，使输出继电器 Y0 导通为 ON；当 X0 断开时，定时器复位，对应的常开触点 T1 断开，输出继电器 Y0 断开为 OFF。

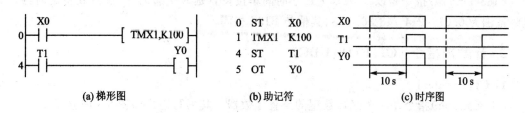

图 6-16 定时器指令示例

【例 6-14】基于定时器指令的延时接通断开控制程序,如图 6-17 所示。

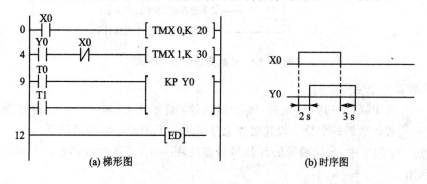

图 6-17 基于定时器指令的延时接通断开控制程序

例题说明:

当 X0 接通时,定时器 T0 开始定时;2 s 后,定时时间到,定时器 T0 对应的常开触点 T0 接通,通过 KP 指令使输出继电器 Y0 接通并保持;当 X0 断开时,定时器 T0 复位,但是定时器 T1 开始计时;3 s 后,定时时间到,定时器 T1 对应的常开触点 T1 接通,使 Y0 断开。

在实际的 PLC 程序中,定时器的使用是非常灵活的,如将若干个定时器串联可扩大定时范围,或由两个定时器互锁使用可构成方波发生器,还可以在程序中利用高级指令 F0(MV)直接在 SV 寄存器中写入设定值,从而实现可变定时时间控制。

2) F137(STMR)

F137(STMR)是以 0.01 s 为最小时间单位设置延时接通的 16 位减数型定时器,其延时范围为 0.01～327.67 s。该定时器与 TM 类似,但是设置方式上有所区别。下面举例说明。

【例 6-15】F137 指令示例,如图 6-18 所示。

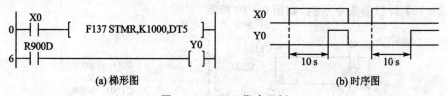

图 6-18 F137 指令示例

例题说明:

该例与上例中使用 TMX 实现的定时结果类似,指令中 K1000 为设定值,时间单位为 0.01 s,因此该定时器的定时时间为 10 s。F137 辅助定时器的触点是 R900D,当用 R900D 作为定时器的触点编程时,务必将 R900D 编写在紧随 F137(STMR)指令之后。此外,这里的 DT5 起到与经过值寄存器 EV 类似的作用。

F183(DSTM)指令是以 0.01 s 为最小时间单位设置延时接通的 32 位减数型定时器。其延时范围为 0.01～214 748 36.47 s，其他与 F137 相同。

2. 计数器指令：CT、F118(UDC)

1) CT(Counter)

CT(Counter)指令是一个减计数型的预置计数器。其书写格式如图 6-19 所示。

图 6-19 计数器指令书写格式

(1) 计数器指令使用说明

① 在 FP0 型 PLC 中初始定义有 44 个定时器，编号为 C100～C143。通过系统寄存器 No.5 可重新设置计数器的个数。设置时注意 TM 和 CT 的编号要前后错开。

② 在同一个程序中，相同编号的计数器只能使用一次，而该计数器的常开或常闭触点可以被多次引用。

③ 计数器有两个输入端，即计数脉冲输入端 CP 和复位端 R，分别由两个输入触点控制，R 端比 CP 端优先权高。

④ 与定时器一样，每个计数器都对应有相同编号的 16 位专用寄存器 SV 和 EV，以存储设定值和经过值。计数器的设定值即为计数器的初始值，该值为 0～32 767 间的任意十进制数，书写时前面一定要加字母"K"。

(2) 计数器的工作原理

计数器为减 1 计数。程序一进入"运行"方式，计数器就自动进入初始状态，此时 SV 的值被自动装入 EV，当计数器的计数输入端 CP 检测到一个脉冲上升沿时，经过值 EV 被减 1，当经过值被减为 0 时，计数器相应的触点动作，即常开触点闭合，常闭触点断开。计数器的另一输入端为复位输入端 R，当 R 端接收到一个脉冲上升沿时计数器复位，经过值寄存器 EV 被清零，其常开触点断开，常闭触点闭合；当 R 端接收到脉冲下降沿时，将设定值数据再次从 SV 传送到 EV 中，计数器重新开始工作。下面举例说明。

【例 6-16】计数器指令示例，如图 6-20 所示。

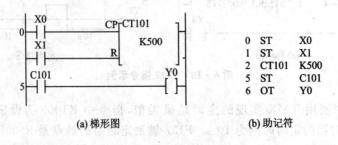

图 6-20 计数器指令示例

例题说明：

程序开始运行时，计数器自动进入计数状态。当检测到 X0 的上升沿 500 次时，计数器对应的常开触点 C101 接通，使输出继电器 Y0 导通；当 X1 接通时，计数器复位清零，对应的常开触点 C101 断开，输出继电器 Y0 断开。

2) F118(UDC)可逆计数指令

FP0 高级指令中有一条 F118(UDC)指令，也起到计数器的作用。与 CT 不同的是：该指令可以根据参数设置，分别实现加/减计数的功能，下面举例说明。

【例 6-17】 可逆计数指令示例，如图 6-21 所示。

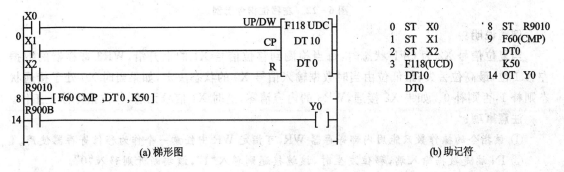

图 6-21 可逆计数指令示例

例题说明：

使用 F118(UDC)指令编程时，一定要有加/减控制、计数脉冲和复位 3 个信号。当检测到复位触发信号 X2 的下降沿时，DT10 中的数据被传送到 DT0 中，计数器开始工作；当检测到 X2 的上升沿时，即复位信号有效，DT0 被清零，计数器停止工作。X0 为加/减控制信号，当其为 ON 时，进行加计数；为 OFF 时，进行减计数。X1 为计数脉冲信号，检测到其上升沿时，根据 X0 的状态，执行加 1 或减 1 计数。

DT10 相当于 CT 指令中的设定值寄存器 SV，其值需要提前用程序输入，DT0 相当于经过值寄存器 EV。这里，使用 F60(CMP)指令(见高级指令部分)，将 DT0 中的数据与 K50 进行比较，如果 DT0=K50，特殊内部继电器 R900B 接通，输出继电器 Y0 接通。

注意事项：

① 计数器的初始值和经过值可以存放在除 WX 之外的任意寄存器中，而不像 TM 和 CT 只能存放在指定的专用寄存器 SV 和 EV 中。其初始值既可以是常数(十进制或十六进制数)，也可以是存放常数的寄存器。

② 可逆计数器没有对应的触点，若要利用计数结果进行控制，只能通过比较指令或其他高级指令实现(参见例 6-17)。

③ 标志的状态：当使用特殊内部继电器 R900B 和 R9009 作为 F118 指令的标志时，应将 R900B 和 R9009 紧跟在 F118 指令的后面，其中，当经过值变为"0"时，R900B 立即接通，当经过值超出 16 位数范围时，R9009 立即接通。

3. 移位指令：SR、F119(LRSR)

1) SR(Shift register)

左移移位指令。其梯形图符号如例 6-18 中梯形图所示。图中 IN 为数据输入端；CP 为移位脉冲输入端;R 为移位寄存器的复位端。

【例 6-18】左移位指令示例,如图 6-22 所示。

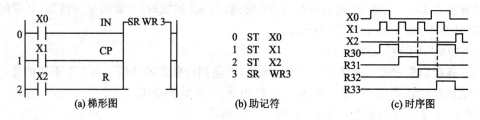

图 6-22 左移位指令示例

例题说明：

当复位信号 X2 为 OFF 状态时,每当检测到移位信号 X1 的上升沿,WR3 寄存器的数据左移 1 位,最高位丢失;最低位由当时数据输入信号 X0 的状态决定,如果当时 X0 处于接通状态则补 1,否则补 0。如果 X2 接通,WR3 的内容清零,这时 X1 信号无效,移位指令停止工作。

注意事项：

① 该指令的操作数只能用内部寄存器 WR,可指定 WR 中任意一个作为移位寄存器使用。

② IN 端是数据输入端,移位发生时,该端接通则移入"1",该端断开则移入"0"。

③ CP 端是移位脉冲输入端,该端每接通一次（上升沿有效）,指定寄存器的内容左移 1 位。

④ R 比 CP 端优先权高,该端为 OFF 时,移位有效。

2) F119(LRSR)左/右移位寄存器指令

F119 的作用是使指定内部寄存器区域 D1～D2 中的数据向左或向右移动 1 位。其书写格式如图 6-23 所示。

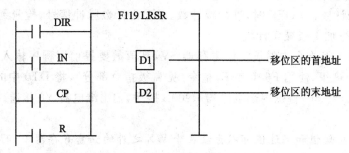

图 6-23 左/右移位寄存器指令书写格式

注意事项：

① 指令可以使用 WY、WR、SV、EV 和 DT 作为移位区域。表中 D1 为移位区内首地址寄存器,D2 为移位区内末地址寄存器。注意移位区内的首地址和末地址要求是同一种类型的寄存器,并满足 D1≤D2。

② DIR 端是移位方向控制端,移位发生时,该端接通则左移,该端断开则右移。

③ IN 端是数据输入端,移位发生时,该端接通则移入"1",该端断开则移入"0"。移出位传送到特殊内部继电器 R9009（进位标志）中。

④ CP 端是移位脉冲输入端,该端每接通一次（上升沿有效）,指定寄存器的内容按 DIR 端要求的方向移动一位。

⑤ R 比 CP 端优先权高,该端为 OFF 时,移位有效。该端为 ON 时,移位停止,移位区清零。

【例 6-19】左/右移位指令示例,如图 6-24 所示。

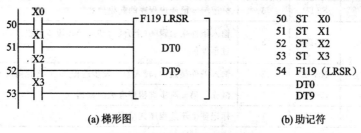

图 6-24 左/右移位指令示例

例题说明:

F119(LRSR)指令需要有 4 个输入信号,即左/右移位控制信号、数据输入、移位脉冲信号和复位信号,分别对应例中 X0～X3 共 4 个触点。DT0 指定移位区首地址,DT9 指定末地址。当 X3 为 ON 时,复位信号有效,DT0～DT9 均被清零,移位寄存器停止工作。当 X3 为 OFF 时,移位寄存器正常工作。这时,由移位触发信号 X2 的上升沿触发移位操作,移动的方向由 X0 决定,若 X0 为 ON,表示进行数据左移;为 OFF,表示进行数据右移。至于移入的数据为 1 还是为 0,则取决于 X1 的状态,若 X1 接通,移入数据为 1,否则,移入数据为 0。

这里,DT0～DT9 构成了连续的 10 个 16 位寄存器区,移位操作时所有位同时进行,整个区域按照高位在左侧、低位在右侧的顺序排列。

6.4.3 控制指令

从程序的执行顺序上看,基本顺序指令和基本功能指令是按照其存放先后顺序执行的,直到程序结束为止;而控制指令则可以改变程序的执行顺序和流程,产生跳转和循环,构成复杂的程序及逻辑结构。因此,控制指令在 PLC 的指令系统中占有重要的地位,用好控制指令,能够使程序更加整齐、清晰,增加程序的可读性和编程的灵活性。控制指令的功能、操作数要求详见表 6-10。

表 6-10 控制指令表

名称	助记符	步数	说明
结束	ED	1	程序结束
条件结束	CNDE	1	只有当输入条件满足时,才能结束此程序
主控继电器开始	MC	2	当输入条件满足时,执行 MC 到 MCE 间的指令
主控继电器结束	MCE	2	
跳转	JP	2	当输入条件满足时,跳转执行同一编号 LBL 指令后面的指令
跳转标记	LBL	1	与 JP 和 LOOP 指令配对使用,标记跳转程序的起始位置
循环跳转	LOOP	4	当输入条件满足时,跳转到同一编号 LBL 指令处,并重复执行 LBL 指令后面的程序,直至指定寄存器中的数减为 0
调用子程序	CALL	2	调用指定的子程序
子程序入口	SUB	1	标记子程序的起始位置
子程序返回	RET	1	由子程序返回原主程序

续表 6-10

名称	助记符	步数	说明
步进开始	SSTP	3	标记第 n 段步进程序的起始位置
脉冲式转入步进	NSTP	3	输入条件接通瞬间(上升沿)转入第 n 段步进程序,并将此前的步进过程复位
扫描式转入步进	NSTL	3	输入条件接通后,转入第 n 段步进程序,并将此前的步进过程复位
步进清除	CSTP	3	清除与第 n 段步进程序有关的数据
步进结束指令	STPE	1	标记整个步进程序区结束
中断控制	ICTL	5	执行中断的控制命令
中断入口	INT	1	标记中断处理程序的起始位置
中断返回	IRET	1	中断处理程序返回原主程序

为了更好理解控制指令,在此先分析一下 PLC 指令的执行特点。前面已经说过,PLC 采用的是扫描执行方式,这里就存在扫描和执行的关系问题;对于一段代码,扫描并执行是正常的步骤,但是也存在另外一种情况,就是扫描但不执行,从时间上看,仍然要占用 CPU 时间,但从结果上看,什么也没有做,相当于忽略了这段代码。因此,这种情况比较特殊,在控制指令部分会经常遇到,要注意区别。

另外,触发信号的概念在这部分经常用到,实际上与前文提到的控制信号是一样的,可以是一个触点,也可以是多个触点运算的结果,用于控制(触发)相关程序的执行。

1. 结束指令:ED、CNDE(End、Conditional End)

ED:无条件结束指令,表示主程序结束。

CNDE:条件结束指令,当控制触点闭合时,PLC 不再继续执行该指令之后的程序段,结束当前扫描周期,返回起始地址;否则,继续执行该指令后面的程序段。该指令在进行程序调试时很有用。

结束指令书写格式参见例 6-20 中的图 6-25 所示。

【例 6-20】结束指令示例。

功能说明:

① 当控制触点 X0 断开时,CPU 执行完程序段 1 后并不结束,继续执行下面的程序段 2,当遇到 ED 指令,才结束当前的扫描周期。

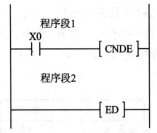

图 6-25 结束指令示例

② 当控制触点 X0 闭合时,条件结束指令 CNDE 起作用,CPU 执行完程序段 1 后,返回程序起始地址,当前的扫描周期结束,进入下一次扫描。

2. 主控继电器指令:MC、MCE(Master Control Relay、Master Control Relay End)

MC:主控继电器指令。

MCE:主控继电器结束指令。

指令功能:

用于在程序中将某一段程序单独界定出来。当 MC 前面的控制触点闭合时,执行 MC 至

MCE 间的程序;当该触点断开时,不执行 MC 至 MCE 间的程序。

【例 6-21】主控指令示例,如图 6-26 所示。

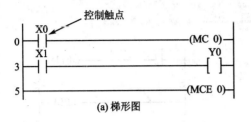
(a) 梯形图

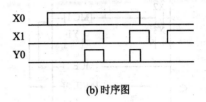
(b) 时序图

图 6-26 主控指令示例

功能说明:

当控制触点 X0 接通时,执行 MC0 到 MCE0 之间的程序;否则,不执行 MC0 到 MCE0 之间的程序。

注意事项:

① 当主控继电器控制触点断开时,在 MC 至 MCE 之间的程序,遵循扫描但不执行的规则,可编程控制器仍然扫描这段程序,不能简单地认为可编程控制器跳过了这段程序,而且,在该程序段中不同指令的状态变化情况也有所不同,具体情况如表 6-11 所示。

表 6-11 控制触点断开时对 MC 与 MCE 之间指令的影响

指令或寄存器	状态变化	指令或寄存器	状态变化
OT(Y,R 等)	全部 OFF 状态	CT, F118(UCD)	保持控制触点断开前经过值,但停止工作
KP,SET,RST	保持控制触点断开前对应各继电器的状态	SR, F119(LRSR)	保持控制触点断开前原有值,但停止工作
TM,F137(STMR)	复位,即停止工作	其他指令	扫描但是不执行

② MC 和 MCE 在程序中应成对出现,每对编号相同,编号范围为 0~31 之间的整数,而且,同一编号在一个程序中只能出现一次。

③ MC 和 MCE 的顺序不能颠倒。

④ MC 指令不能直接从母线开始,即必须有控制触点。

⑤ 在一对主控继电器指令(MC,MCE)之间可以嵌套另一对主控继电器指令。如图 6-27 所示。

3. 跳转指令:JP、LBL(Jump、Label)

JP:跳转指令。

LBL:跳转标记指令。

跳转指令书写格式如图 6-28 所示。

指令功能:

当控制触点闭合时,跳转到和 JP 指令编号相同的 LBL 处,不执行 JP 和 LBL 之间的程序,转而执行 LBL 指令之后的程序。与主控指令不同,在执行跳转指令时,遵循不扫描不执行的原则,JP 和 LBL 之间的指令略过,所以可使整个程序的扫描周期变短。

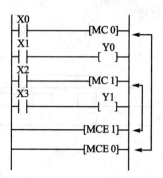

图 6-27 主控指令嵌套

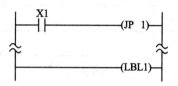

图 6-28 跳转指令书写格式

注意事项：

跳转指令与主控指令有类似之处，但是有一些关键性的区别，在学习时要注意对比掌握。

① JP 和 LBL 指令应成对使用，LBL 指令可以放在 JP 指令的后面，也可放在 JP 指令的前面。

② 可以使用多个编号相同的 JP 指令，即允许设置多个跳向一处的跳转点，编号可以是 0～63 以内的任意整数，但不能出现相同编号的 LBL 指令，否则程序将无法确定将要跳转的位置。

③ JP 指令不能直接从母线开始，即前面必须有触发信号。

④ 在一对跳转指令之间可以嵌套另一对跳转指令。

⑤ 不能从结束指令 ED 以前的程序跳转到 ED 以后的程序中去；不能在子程序或中断程序与主程序之间跳转；不能在步进区和非步进区之间进行跳转。

⑥ 在执行跳转指令时，在 JP 和 LBL 之间的定时器 TM 复位；计数器 CT 和左移位寄存器 SR 保持原有经过值，不继续工作；微分指令无效。

4. 循环跳转指令：LOOP、LBL(Loop, Label)

LOOP：循环跳转指令。

LBL：循环标记指令。

循环跳转指令书写格式如图 6-29 所示。

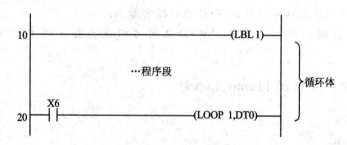

图 6-29 循环跳转指令书写格式

指令功能：

当执行条件 X6 成立时，循环次数(DT0)减 1，如果 DT0 中内容不为 0，跳转到与 LOOP 相同编号的 LBL 处，执行 LBL 指令后的程序。重复上述过程，直至 DT0 为 0，停止循环；当 X6

断开时,不执行循环。

注意事项:

① LOOP 和 LBL 指令必须成对使用,且编号应相同,编号可以是 0~63 以内的任意整数,但不能出现相同编号的 LBL 指令,否则程序将无法确定循环区间。此外,使用该指令时尽量避免与 JP 指令共用相同编号的 LBL 指令。

② LBL 指令与同编号的 LOOP 指令的前后顺序不限,但工作过程不同。一般将 LBL 指令放于 LOOP 指令的上面,此时,执行循环指令的整个过程都是在一个扫描周期内完成的,所以整个循环过程不可太长,否则扫描周期变长,影响了 PLC 的响应速度,有时甚至会出错。

③ LOOP 指令不能直接从母线开始,即必须有触发信号。当某编号的 LOOP 指令对应的触发信号接通时,与同编号的 LBL 指令即构成一个循环。

④ 循环跳转指令可以嵌套使用。

⑤ 不能从结束指令 ED 以前的程序跳转到 ED 以后的程序中去;也不能在子程序或中断程序与主程序之间跳转;不能在步进区和非步进区进行跳转。

5. 子程序调用指令:CALL、SUB、RET

CALL:子程序调用指令,执行指定的子程序。

SUB:子程序开始标志指令,用于定义子程序。

RET:子程序结束指令,执行子程序完毕返回到主程序。

其书写格式如图 6-30 所示。

指令功能:

CPU 执行到主程序段 1 中(CALL 1)指令处时,若调用子程序条件 X0 成立,程序转至子程序起始指令(SUB 1)处,执行(SUB 1)到 RET 之间的第 1 号子程序。当执行到 RET 指令,子程序结束并返回到 CALL 1 的下一条指令处,继续执行主程序段 2。

CPU 执行到(CALL 1)处时,若 X0 断开,则不调用子程序,按顺序继续执行主程序段 2。

注意事项:

① FP0—C32 可用子程序的个数为 16 个,即子程序编号范围为 SUB0~SUB15,不同子程序的编号不能相同。

② 子程序必须编写在主程序的 ED 指令后面,由子程序入口标志 SUB 开始,最后由 RET 指令表示返回主程序,SUB 和 RET 必须成对使用。

③ 子程序调用指令 CALL 可以在主程序、子程序或中断程序中使用,而且两个或多个相同标号的 CALL 指令可以调用同一子程序。

④ 子程序可以嵌套调用,但最多不超过 5 层。

⑤ 当控制触点为 OFF 时,子程序不执行。这时,子程序内的指令状态如表 6-12 所列。

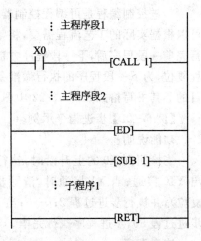

图 6-30 子程序调用指令书写格式

表 6-12 控制触点断开时对子程序内指令状态的影响

指令或寄存器	状态变化	指令或寄存器	状态变化
OT,KP,SET,RST	保持控制触点断开前对应各继电器的状态	CT,F118(UDC);SR,F119(LRSR)	保持控制触点断开前原有值,但停止工作
TM、F137(STMR)	不执行	其他指令	不执行

6. 步进指令：SSTP、NSTP、NSTL、CSTP、STPE(Start step、Next step(pulse)、Next step(scan)、Clear step、End step)

SSTP：步进开始指令,表明该段步进程序开始。

NSTP、NSTL：转入指定步进过程指令。这两条指令的功能一样,都是当触发信号到来时,程序转入下一段步进程序段,并将此前的步进过程所用过的数据区清除,输出 OT 关断、定时器 TM 复位。两者区别在于触发方式不同,前者为脉冲式,仅当控制触点闭合瞬间动作,即检测控制触点的上升沿时动作,类似于微分指令；后者为扫描式,每次扫描检测到控制触点闭合都要动作。

CSTP：复位指定的步进过程。

STPE：步进结束指令,结束整个步进过程。

步进控制编程是可编程控制器应用非常重要的一个方面,尤其适用于顺序控制。编程时可以根据实际的工艺流程需要,将整个系统的控制程序划分为一段段相对独立的程序,只有执行完前一段程序后,下一段程序才能被激活。在执行下一段程序之前,PLC 要将此前步进过程复位,为下一段程序的执行做准备。使用步进指令分段执行这些程序段,以达到顺序控制的目的。其书写格式如例 6-22 中图 6-31 所示。

【例 6-22】步进指令示例。

功能说明：

当检测到 X0 的上升沿时,执行步进过程 1,输出 Y10 接通；当 X1 接通时,清除步进过程 1（Y10 复位）,并执行步进过程 2；……；当 X3 接通时,清除步进过程 50,步进程序执行完毕。

注意事项：

① 步进程序必须严格按照图示格式书写。

② 步进指令按严格的顺序分别执行各个程序段,每一段程序都有自己的编号,编号可以取 0~127 中的任意数字,但各段编号不能相同。步进指令可以不按编号顺序进行书写,因为 PLC 执行步进程序时是按梯形图排列的顺序来执行各段程序的,与编号的大小无关。

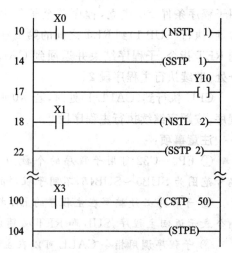

图 6-31 步进指令书写格式

③ 步进程序中允许输出 OT 直接同母线相连。

④ 步进程序中不能使用 MC 和 MCE,JP 和 LBL,LOOP 和 LBL,ED 和 CNDE 指令。

⑤ 在步进程序区中,识别一个过程是从一个 SSTP 指令开始到下一个 SSTP 指令,或一

个 SSTP 指令到 STPE 指令(即步进程序区全部结束)。

⑥ 当 NSTP 或 NSTL 前面的控制触点接通时,程序进入下一段步进程序,该指令必须有控制触发信号。步进控制程序区结束应有 STPE 指令。

⑦ 尽管每个步进程序段都是相对独立的,但在各段程序中所用的输出继电器、内部继电器、定时器、计数器等都不允许出现相同编号,否则按出错处理。

⑧ 标志状态:在刚刚打开一个步进过程的第一个扫描周期,特殊内部继电器 R9015 接通,若使用 R9015 触发步进时,应将 R9015 写在步进过程的开头。

使用步进指令可以实现多种控制,如顺序控制、选择分支控制、并行分支控制等。

【例 6-23】步进指令用于顺序控制。图 6-32 所示的顺序控制任务是液压动力滑台的自动工作控制,包括了三个步进过程 0~2,每个过程实现的动作分别是快进(Y0)、工进(Y1)、快退(Y2),由按钮 SB1(X1)作为步进启动信号,行程开关 SQ1(X4)作为步进结束信号,SQ2(X2)、SQ3(X3)作为过程 0、过程 1、过程 2 之间的转换控制信号。实现这一步进控制的流程图如图 6-33 所示,梯形图程序如图 6-34 所示。

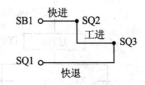

图 6-32 顺序控制任务示意图

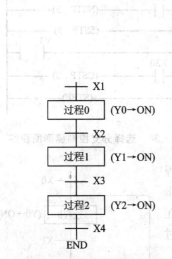

图 6-33 顺序控制流程图

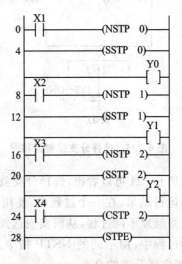

图 6-34 顺序控制梯形图程序

X1 闭合的瞬间(上升沿)触发 NSTP 0,开始执行顺序控制程序。首先转入过程 0(快进)的步进程序(梯形图中的第 4 步到第 8 步之间的程序),于是 Y0 被接通,实现第一个过程的控制。当 X2 闭合瞬间,开始执行过程 1(工进)步进程序,先清除前一段所使用的数据区,并将输出断开,所以此时 Y0 立即被断开,而 Y1 被接通,从而实现过程 1 的控制。依此类推,当行程开关触点依次闭合时,则 Y0~Y2 被顺序接通。按照工艺流程实现了对液压动力滑台的进给控制。随后,当 X4 闭合瞬间执行 CSTP 指令,清除由最后一段程序占用的数据区,断开输出 Y2,并由 STPE 指令结束整个步进过程。

【例 6-24】步进指令用于选择分支控制。

图 6-35 是一个选择分支控制系统的流程图。在该系统中,X0 闭合后执行过程 0,过程 0 完成后,根据条件 X1 和 X2 的状态来选择执行 1、2 两个过程中的其中一个(X1 满足则执行过

程1,X2满足则执行过程2),两者不能同时进行;而且只有当1或2过程进行完(X3或X4闭合)后才能进行3过程。其中1、2、3每个过程实现的动作分别是Y1、Y2、Y3。X1、X2、X3、X4分别作为选择分支部分各过程之间的转换控制信号。实现这一步进控制的梯形图程序如图6-36所示。

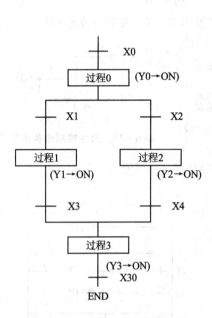

图6-35 选择分支控制流程图

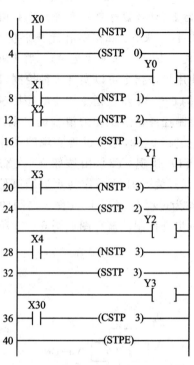

图6-36 选择分支控制梯形图程序

从例6-24可以看出,选择分支就是根据某个特定过程的不同运行结果,在一个过程中,使用两个或多个NSTP指令选择并触发不同过程,从而实现选择分支控制。也可以在不同的过程中,用不同的NSTP指令选择并触发同一个过程,从而实现分支的合并。

【例6-25】步进指令用于并行分支控制。

并行分支控制就是在一个过程中,多个NSTP指令可使用同一个触发信号,该触发信号接通时,同时触发两个或多个过程分支。每个分支过程完成各自的任务后,在转换到下一个过程之前,又重新合并在一起。

图6-37所示的并行分支控制系统包含了0~5六个步进控制过程,其中1、3和2、4是两个并行分支,这两组控制是同时触发进行的,但1与3是顺序控制关系,只有执行完1过程(X2闭合)才能执行3;同样2与4也是顺序控制关系。当两个分支都完成后方可进入5过程。控制系统中仍选用了一组输入设备(X2~X6)作为各过程之间的转换控制

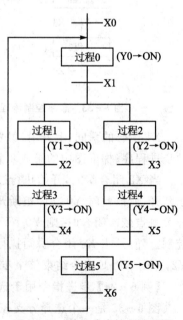

图6-37 并行分支控制流程图

信号。实现这一步进控制的梯形图程序如图6-38所示。

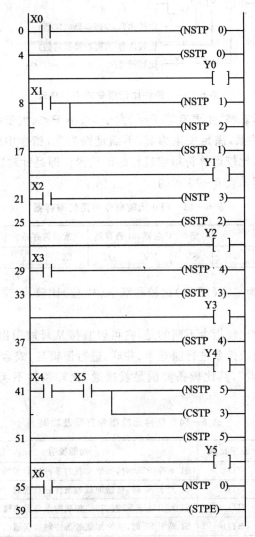

图6-38 并行分支控制梯形图程序

注意事项：

① 此程序中,两分支程序段书写的先后顺序调换,执行结果不受影响,即两分支程序可以同时运行互不干扰。

② 当执行完最后一段步进程序(过程5)时,该程序并没有结束,而是又返回到过程0,即自动实现循环控制,所以在程序中没有使用CSTP。这一编程方法请读者注意。

6.4.4 条件比较指令

条件比较指令是带有逻辑运算功能的比较指令。它们既有基本指令的逻辑功能,又有高级指令的运算功能,这些指令在程序中非常有用,FP0的所有机型都能使用。条件比较指令的书写格式如图6-39所示。

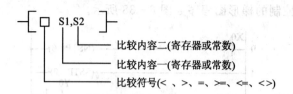

图 6-39 条件比较指令的书写格式

比较指令中的比较运算符,主要有等于＝、大于＞、小于＜、大于等于＞＝、小于等于＜＝以及不等于＜＞共 6 种关系,满足关系为真,不满足则为假;指令中的比较操作数,可以为常数,也可以为寄存器的值,比较运算符指定进行的比较操作即是针对这两个数。FP0 中条件比较指令中可使用的寄存器如表 6-13 所列。

表 6-13 FP0 比较指令可用的寄存器

继电器			定时/计数器		寄存器	索引寄存器		常 数	
WX	WY	WR	SV	EV	DT	IX	IY	K	H

另外,比较指令还分为单字(16 位)比较和双字(32 位)比较,语法完全一样,差别只是参与比较的数据字长度不同。

条件比较指令与一般比较指令不同的是,它可以直接从母线引出,作为逻辑运算开始,也可以与其他触点或条件比较指令进行随意串、并联,进行逻辑与、或运算,也就是说可以把它们看作是一个"有条件的触点",其比较条件满足就接通,比较条件不满足就断开。具体指令如表 6-14 所列。

表 6-14 条件比较指令符号及功能

单字比较	双字比较	功能说明
ST<>	STD<>	S1 不等于 S2 时,初始加载的条件触点接通
ST>	STD>	S1 大于 S2 时,初始加载的条件触点接通
ST>=	STD>=	S1 大于等于 S2 时,初始加载的条件触点接通
ST=	STD=	S1 等于 S2 时,初始加载的条件触点接通
ST<	STD<	S1 小于 S2 时,初始加载的条件触点接通
ST<=	STD<=	S1 小于等于 S2 时,初始加载的条件触点接通
AN<>	AND<>	S1 不等于 S2 时,串联的条件触点接通
AN>	AND>	S1 大于 S2 时,串联的条件触点接通
AN>=	AND>=	S1 大于等于 S2 时,串联的条件触点接通
AN=	AND=	S1 等于 S2 时,串联的条件触点接通
AN<	AND<	S1 小于 S2 时,串联的条件触点接通
AN<=	AND<=	S1 小于等于 S2 时,串联的条件触点接通
OR<>	ORD<>	S1 不等于 S2 时,并联的条件触点接通
OR>	ORD>	S1 大于 S2 时,并联的条件触点接通
OR>=	ORD>=	S1 大于等于 S2 时,并联的条件触点接通
OR=	ORD=	S1 等于 S2 时,并联的条件触点接通
OR<	ORD<	S1 小于 S2 时,并联的条件触点接通
OR<=	ORD<=	S1 小于等于 S2 时,并联的条件触点接通

由上述分析可见,比较指令虽然数量较多,但规律性很强,因此只需掌握其典型用法和规律,很容易触类旁通。下面简单举例说明。

【例 6-26】条件比较指令示例,如图 6-40 所示。

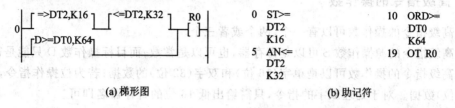

图 6-40 条件比较指令示例

功能说明:

该程序的功能是根据 DT2 中的数据范围,或(DT1,DT0)中的内容,来决定 R0 的输出状态。设 DT2 中数据用 x 表示,(DT1,DT0)中数据用 y 表示,则当 $16 \leqslant x \leqslant 32$,或者 $y \geqslant 64$ 时,R0 导通,输出为 ON;否则,R0 断开,输出为 OFF。

从该例可以看出,条件比较指令实际上相当于一个条件触点,根据条件是否满足,决定该触点的通断。

注意事项:

① 单字比较为 16 位数据,双字比较为 32 位数据,用寄存器寻址时,后者采用两个相邻寄存器联合取值,如例中(DT1,DT0),表示由 DT1 和 DT0 联合构成 32 位数据。书写双字比较指令程序时,只需给出低 16 位的寄存器名即可(如上例中的 DT0)。

② 在构成梯形图时,ST,AN,OR 与基本顺序指令中用法类似,区别仅在于操作数上,前者对两个操作数进行比较决定触点状态,而后者为直接取触点状态。

6.5 FP0 的高级指令

从表 6-7 可见,FP0 系列 PLC 除基本指令以外,还有 100 多条高级指令,使得编程能力大大扩展,所以高级指令又称为扩展功能指令。高级指令有 F 和 P 两种类型。F 型是当触发信号闭合时,每个扫描周期都执行的指令;而 P 型是当检测到触发信号闭合的上升沿时执行一次,实际等效于触发信号的 DF 指令与 F 型指令串联,因此 P 型指令很少应用。

6.5.1 FP0 高级指令的一般格式及操作数

1. FP0 高级指令的一般格式

与基本功能指令书写格式不同,高级指令是用功能编号表示的,由大写字母"F"、指令功能号、助记符和操作数组成,其书写格式如图 6-41 所示。

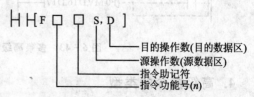

图 6-41 FP0 高级指令的书写格式

图 6-41 中:Fn 是指令功能号,不同的功能号规定了指令的不同功能。指令助记符是用指

令功能的英文缩写表示,如高级指令 F0,助记符 MV 是英文 MOVE(移动)的缩写。S 是源操作数或源数据区,D 是目的操作数或目的数据区,分别指定操作数或其地址、性质和内容。

2. 高级指令的操作数

① 高级指令的操作数可以有一个、两个或者三个。
② 高级指令的源操作数 S 可以是寄存器,也可以是常数;而目标操作数 D 只能是寄存器。
③ 高级指令的操作数可以是单字(16 位)和双字(32 位)的数据;若为位操作指令,还可以是位(1 位)数据。对于处理双字的指令,只需给出低 16 位的寄存器名即可。
④ 部分指令中所使用的数据长度二进制位(bit)、十六进制位(digit)、字节(byte)与字(word)之间的关系如例 6-27 中图 6-42 所示。

【例 6-27】高级指令操作数长度示例。

若数据寄存器 DT0 中存放的数据为十六进制常数 HABCD,则 DT0 作为操作数在不同高级指令中使用时,各长度单位(bit、digit、字节与字)之间的关系为:

字数据DT0（HABCD）			
高字节		低字节	
digit3	digit2	digit1	digit0
A	B	C	D
bit（15～12）	bit（11～8）	bit（7～4）	bit（3～0）
1 0 1 0	1 0 1 1	1 1 0 0	1 1 0 1

图 6-42 高级指令操作数长度示例

3. 在使用高级指令时的注意事项

① 高级指令不能直接从左母线引出,前面必须加控制触点,当控制触点闭合时,每个扫描周期执行一次高级指令,高级指令后边不能再串接控制触点,只能并接输出点或其他高级指令。
② 在编程时,如果多条高级指令连续使用同一触发信号,则不必每次都写出该触发信号。如图 6-43 所示。
③ 输入高级指令时,不需输入助记符;输入功能号后,助记符自动生成。
④ 如果指令只在触发信号触发时执行一次,可用微分指令 DF 或 DF/。

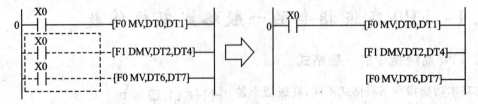

图 6-43 多条高级指令使用同一触发信号

4. 高级指令的类型

按照指令的功能,高级指令可分为以下 8 种类型。
① 数据传输指令:16 位、32 位数据以及位数据的传送、复制和交换等功能。

② 算术运算指令：二进制数和 BCD 码的加、减、乘、除算术运算。
③ 数据比较指令：16 位或 32 位数据的比较。
④ 逻辑运算指令：16 位数据的"与"、"或"、"异或"和"异或非"运算。
⑤ 数据转换指令：16 位或 32 位数据按指定格式进行转换。
⑥ 数据移位指令：16 位数据左移、右移、循环移位和数据块移位等。
⑦ 位操作指令：16 位数据以位为单位，进行置位、复位、求反、测试以及位状态统计等操作。
⑧ 特殊功能指令：包括时间单位的变换、I/O 刷新、进位标志的置位和复位、串口通信及高速计数器指令等。

高级指令内容很多，而同一类指令的功能和用法却大同小异。为了节省篇幅，下面每类指令均给出列表，但只介绍 1~2 条常用的指令。便于大家对高级指令有个全面的了解。

6.5.2 数据传输指令

数据传输指令及操作数如表 6-15 所列。该类指令包括单字、双字传送；二进制位、十六进制位传送；块传送或复制以及数据在寄存器之间交换等。

表 6-15 数据传输指令

指令格式	步数	操作数定义	功能说明	可使用的寄存器
[F0 MV,S,D]	5	S：被传输数据（地址） D：传输数据的目的地址	16 位传输	S：所有寄存器均可用 D：除 WX 和常数外均可用
[F1 DMV,S,D]	7	S：被传输数据（首地址） D：传输数据的目的地址（首地址）	32 位传输	S：除 IY 外均可用 D：除 WX、IY 和常数外均可用
[F2 MV/,S,D]	5	S：被传输数据（地址） D：传输数据的目的地址	16 位取反传输	S：所有寄存器均可用 D：除 WX 和常数外均可用
[F3 DMV/,S,D]	7	S：被传输数据（首地址） D：传输数据的目的地址（首地址）	32 位数取反传输	S：除 IY 外均可用 D：除 WX、IY 和常数外均可用
[F5 BTM,S,n,D]	7	S：被传输数据（地址） D：传输数据的目的地址 n：指定原 bit 号和目的 bit 号	二进制位传输	S：所有寄存器均可用 D：除 WX 和常数外均可用
[F6 DGT,S,n,D]	7	S：被传输数据（地址） D：传输数据的目的地址 n：指定原 digit 号和目的 digit 号	十六进制位传输	S：所有寄存器均可用 D：除 WX 和常数外均可用
[F10 BKMV,S1,S2,D]	7	S1：被传输数据（首地址） S2：被传输数据（末地址） D：传输数据的目的地址（首地址）	区块传输	S1,S2：除 IX、IY 和常数外均可用 D：除 WX、IX、IY 和常数外均可用

续表 6-15

指令格式	步数	操作数定义	功能说明	可使用的寄存器
[F11 COPY,S,D1,D2]	7	S：被传输数据（地址） D1：传输数据的目的首地址 D2：传输数据的目的末地址	块复制	S：所有寄存器均可用 D1、D2：除WX、IX、IY和常数外均可用
[F15 XCH,D1,D2]	5	D1：待交换的数据1（地址） D2：待交换的数据2（地址）	两个单字数据交换	D1：除WX、IY外均可用 D2：除WX、IY和常数外均可用
[F16 DXCH,D1,D2]	5	D1：待交换的数据1（首地址） D2：待交换的数据2（首地址）	两个双字数据交换	D1、D2：除WX、IY和常数外均可用
[F17 SWAP,D]	3	D：待交换高低字节的数据（地址）	16位数据高低字节互换	D：除WX和常数外均可用

1. 数据传输：F0(MV)、F1(DMV)、F2(MV/)、F3(DMV/)

【例6-28】16位数据传输示例（如图6-44所示）。

说明：当触发信号X0接通时，将定时器0的经过值寄存器EV0中的数据传输到内部寄存器WR0中。

【例6-29】32位数据取反传输示例（如图6-45所示）。

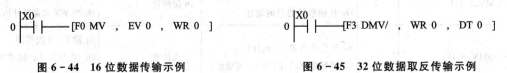

图6-44 16位数据传输示例　　　　图6-45 32位数据取反传输示例

功能说明：

当触发信号X0接通时，将内部寄存器(WR1,WR0)中的数据（32位）取反后传输到数据寄存器(DT1,DT0)中。如(WR1,WR0)中数据为H5555，则执行指令后，(DT1,DT0)中数据为HAAAA。

2. 位传输指令：F5(BTM)、F6(DGT)

这两条指令的功能将一个16位数的任意指定位（二进制位bit或十六进制位digit），复制到另一个16位数据的任意指定位中去。源操作数和目的操作数所指定的位址，由n来设置。如图6-46和图6-47所示。

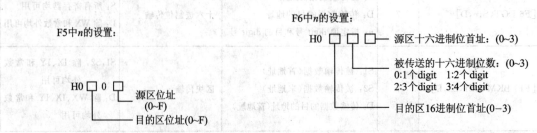

图6-46 F5中操作数n的设置及含义　　　　图6-47 F6中操作数n的设置及含义

【例6-30】16位数据的二进制位传输指令F5示例(如图6-48所示)。

功能说明：

当触发信号X0接通时，数据寄存器DT0中位址为4的数据被传输到数据寄存器DT1的位址为E的位上。

若数据寄存器DT0中数据原为H9ABC(二进制为1001 1010 101<u>1</u> 1100)，DT1中数据原为H2345(二进制为0 <u>0</u>10 0011 0100 0101)，则指令执行后DT1中数据变为H6345(二进制为0 <u>1</u>10 0011 0100 0101)。

【例6-31】16位数据的十六进制位传输指令F6示例(如图6-49所示)。

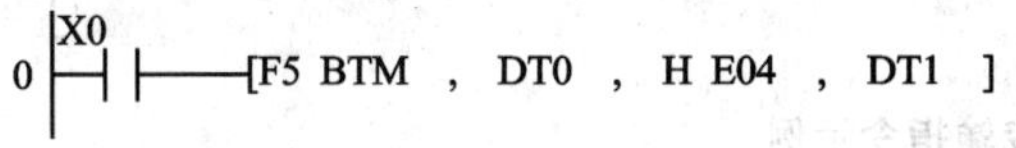

```
0 X0
  ├┤────[F5 BTM , DT0 , H E04 , DT1 ]      0 X0
                                             ├┤────[F6 DGT , DT100 , H0 , WY0 ]
```

图6-48 F5示例 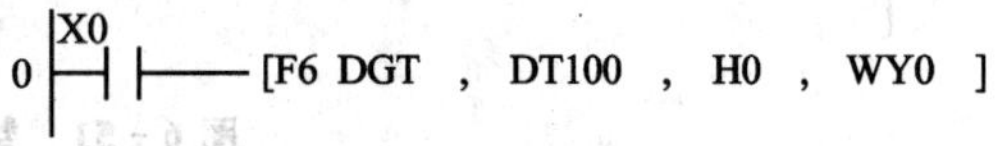   图6-49 F6示例

功能说明：

当触发信号X0接通时，数据寄存器DT100中第0号十六进制位的内容被传输到数据寄存器WY0的第0号十六进制位上，在这种情况下，仅WY0的低4bit(bit3~bit0)的值变化。

若数据寄存器DT0中数据原为H4321(二进制为0100 0011 0010 <u>0001</u>)，WY0中数据原为HABCD(二进制为1010 1011 1100 <u>1101</u>)，则指令执行后WY0中数据变为HABC1(二进制为1010 1011 1100 <u>0001</u>)。

3. 块传输指令：F10(BKMV)、F11(COPY)

①区块传输指令：F10(BKMV)将指定的区块数据复制到另一指定区域上。

数据段采用的是"首地址+尾地址"的表示方式，即将指定的以S1为起始地址、S2为终止地址的数据块复制到以D为起始地址的目的区中。要求S1和S2为同一类型的寄存器，且S2≥S1。

②块复制指令：F11(COPY)将由S指定的16位数据重复复制到以D1为起始地址、D2为终止地址的1个或多个16位寄存器构成的区块中。要求D1和D2为同一类型的寄存器，且D2≥D1。

4. 数据交换指令：F15(XCH)、F16(DXCH)、F17(SWAP)

① F15(XCH)：将D1和D2寄存器中的16位数据互相交换。

② F16(DXCH)：将32位寄存器(D1+1,D1)和(D2+1,D2)中的数据交换。

③ F17(SWAP)：16位数据的高低字节互换。

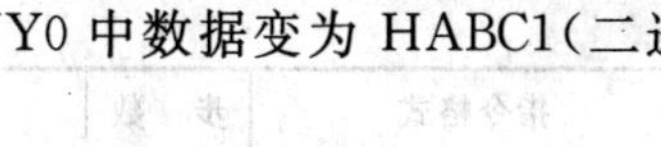

```
       X0
       ├┤────[F17 SWAP , WY1 ]
```

图6-50 高低字节互换示例

【例6-32】高低字节互换示例(如图6-50所示)。

功能说明：

当触发信号X0接通时，外部输出字寄存器WY1高字节(高8位)与其低字节(低8位)互换。若指令执行前WY1中存储数据为H04D2，则高低字节互换后WY1中的数据为HD204。

【例6-33】用数据传输指令实现当X0=ON时，将常数"H19491001"、"K10"、"K1"这组数据分别送入 DT0～DT3 中，X1=ON 时又可全清零且清零优先。其梯形图如图 6-51 所示。

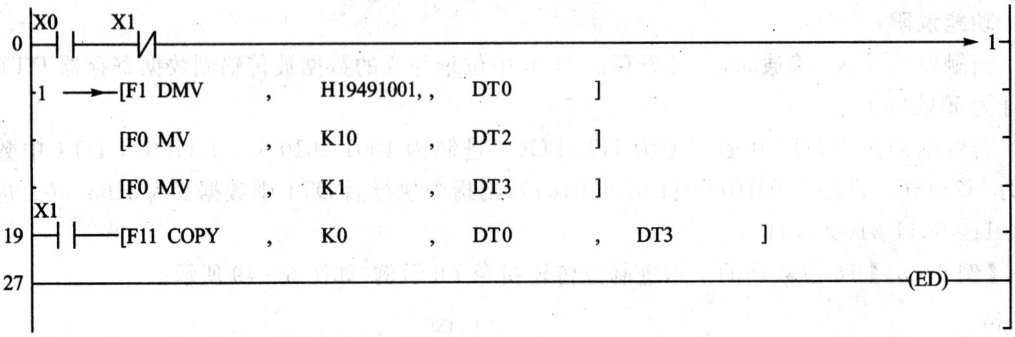

```
    X0   X1
0  ─┤├──┤/├─────────────────────────────────────────1
    ─[F1 DMV  ,  H19491001, ,  DT0      ]
     [F0 MV   ,  K10       ,  DT2      ]
     [F0 MV   ,  K1        ,  DT3      ]
    X1
19 ─┤├──[F11 COPY , K0 , DT0 , DT3   ]
27                                                (ED)
```

图 6-51 数据传输指令示例

6.5.3 算术运算指令

算术运算指令共有 32 条，其中二进制(BIN)算术运算指令和 BCD 算术运算指令各 16 条，这类指令规律性很强，因此，书中仅对其规律加以总结分析，掌握规律后，结合表 6-16 和表 6-17，不难掌握这类指令。

表 6-16 二进制(BIN)算术运算指令

指令格式	步数	操作数定义	功能说明	可使用的寄存器
[F20 +,S,D]	5	S：加数(地址) D：被加数及结果(地址)	(S)+(D)→D	S：所有寄存器均可用 D：除 WX 和常数外均可用
[F21 D+,S,D]	7	S：加数(首地址) D：被加数及结果(首地址)	(S+1,S)+(D+1,D)→(D+1,D)	S：除 IY 外均可用 D：除 WX、IY 和常数外均可用
[F22 +,S1,S2,D]	7	S1：被加数(地址) S2：加数(地址) D：结果(地址)	(S1)+(S2)→D	S1,S2：所有寄存器均可用 D：除 WX 和常数外均可用
[F23 D+,S1,S2,D]	11	S1：被加数(首地址) S2：加数(首地址) D：结果(首地址)	(S1+1,S1)+(S2+1,S2)→(D+1,D)	S1,S2：除 IY 外均可用 D：除 WX、IY 和常数外均可用
[F25 -,S,D]	5	S：减数(地址) D：被减数及结果(地址)	(D)-(S)→D	S：所有寄存器均可用 D：除 WX 和常数外均可用
[F26 D-,S,D]	7	S：减数(首地址) D：被减数及结果(首地址)	(D+1,D)-(S+1,S)→(D+1,D)	S：除 IY 外均可用 D：除 WX、IY 和常数外均可用
[F27 -,S1,S2,D]	7	S1：被减数(地址) S2：减数(地址) D：结果(地址)	(S1)-(S2)→D	S1,S2：除 IY 外均可用 D：除 WX、IY 和常数外均可用
[F28 D-,S1,S2,D]	11	S1：被减数(首地址) S2：减数(首地址) D：结果(首地址)	(S1+1,S1)+(S2+1,S2)→(D+1,D)	S1,S2：除 IY 外均可用 D：除 WX、IY 和常数外均可用

续表 6-16

指令格式	步 数	操作数定义	功能说明	可使用的寄存器
[F30 *,S1,S2,D]	7	S1：被乘数(地址) S2：乘数(地址) D：结果(首地址)	(S1)×(S2)→(D+1,D)	S1,S2：所有寄存器均可用 D：除WX和常数外均可用
[F31 D*,S1,S2,D]	11	S1：被乘数(首地址) S2：乘数(首地址) D：结果(首地址)	(S1+1,S1)×(S2+1,S2)→(D+3~D)	S1,S2：除IY外均可用 D：除WX、IY和常数外均可用
[F32 %,S1,S2,D]	7	S1：被除数(地址) S2：除数(地址) D：结果(地址)	(S1)÷(S2)→D 余数→DT9015	S1,S2：所有寄存器均可用 D：除WX和常数外均可用
[F33 D%,S1,S2,D]	11	S1：被除数(首地址) S2：除数(首地址) D：结果(首地址)	(S1+1,S1)/(S2+1,S2)→(D+1,D) 余数→(DT9016,DT9015)	S1,S2：除IY外均可用 D：除WX、IY和常数外均可用
[F35 +1,D]	3	D：+1的数值及结果(地址)	(D)+1→D	D：除WX和常数外均可用
[F36 D+1,D]	3	D：+1的数值及结果(首地址)	(D+1,D)+1→(D+1,D)	D：除WX、IY和常数外均可用
[F37 -1,D]	3	D：-1的数值及结果(地址)	(D)-1→D	D：除WX和常数外均可用
[F38 D-1,D]	3	D：-1的数值及结果(首地址)	(D+1,D)-1→(D+1,D)	D：除WX、IY和常数外均可用

表 6-17 BCD码算术运算指令

指令格式	步 数	操作数定义	功能说明	可使用的寄存器
[F40 B+,S,D]	5	S：加数(地址) D：被加数及结果(地址)	$(S)_B+(D)_B→D$	S：所有寄存器均可用 D：除WX和常数外均可用
[F41 BD+,S,D]	7	S：加数(首地址) D：被加数及结果(首地址)	$(S+1,S)_B+(D+1,D)_B→(D+1,D)$	S：除IY外均可用 D：除WX、IY和常数外均可用
[F42 B+,S1,S2,D]	7	S1：被加数(地址) S2：加数(地址) D：结果(地址)	$(S1)_B+(S2)_B→D$	S1,S2：所有寄存器均可用 D：除WX和常数外均可用
[F43 BD+,S1,S2,D]	11	S1：被加数(首地址) S2：加数(首地址) D：结果(首地址)	$(S1+1,S1)_B+(S2+1,S2)_B→(D+1,D)$	S1,S2：除IY外均可用 D：除WX、IY和常数外均可用
[F45 B-,S,D]	5	S：减数(地址) D：被减数及结果(地址)	$(D)_B-(S)_B→D$	S：所有寄存器均可用 D：除WX和常数外均可用

续表 6-17

指令格式	步数	操作数定义	功能说明	可使用的寄存器
[F46 BD−,S,D]	7	S：减数（首地址） D：被减数及结果（首地址）	$(D+1,D)_B − (S+1,S)_B → (D+1,D)$	S：除 IY 外均可用 D：除 WX、IY 和常数外均可用
[F47 B−,S1,S2,D]	7	S1：被减数（地址） S2：减数（地址） D：结果（地址）	$(S1)_B − (S2)_B → D$	S1,S2：除 IY 外均可用 D：除 WX、IY 和常数外均可用
[F48 BD−,S1,S2,D]	11	S1：被减数（首地址） S2：减数（首地址） D：结果（首地址）	$(S1+1,S1)_B + (S2+1,S2)_B → (D+1,D)$	S1,S2：除 IY 外均可用 D：除 WX、IY 和常数外均可用
[F50 B*,S1,S2,D]	7	S1：被乘数（地址） S2：乘数（地址） D：结果（首地址）	$(S1)_B × (S2)_B → (D+1,D)$	S1,S2：所有寄存器均可用 D：除 WX 和常数外均可用
[F51 BD*,S1,S2,D]	11	S1：被乘数（首地址） S2：乘数（首地址） D：结果（首地址）	$(S1+1,S1)_B × (S2+1,S2)_B → (D+3～D)$	S1,S2：除 IY 外均可用 D：除 WX、IY 和常数外均可用
[F52 B%,S1,S2,D]	7	S1：被除数（地址） S2：除数（地址） D：结果（地址）	$(S1)_B ÷ (S2)_B → D$ 余数→DT9015	S1,S2：所有寄存器均可用 D：除 WX 和常数外均可用
[F53 BD%,S1,S2,D]	11	S1：被除数（首地址） S2：除数（首地址） D：结果（首地址）	$(S1+1,S1)_B / (S2+1,S2)_B → (D+1,D)$ 余数→（DT9016,DT9015）	S1,S2：除 IY 外均可用 D：除 WX、IY 和常数外均可用
[F55 B+1,D]	3	D：+1 的数值及结果（地址）	$(D)_B + 1 → D$	D：除 WX 和常数外均可用
[F56 BD+1,D]	3	D：+1 的数值及结果（首地址）	$(D+1,D)_B + 1 → (D+1,D)$	D：除 WX、IY 和常数外均可用
[F57 B−1,D]	3	D：−1 的数值及结果（地址）	$(D)_B − 1 → D$	D：除 WX 和常数外均可用
[F58 BD−1,D]	3	D：−1 的数值及结果（首地址）	$(D+1,D)_B − 1 → (D+1,D)$	D：除 WX、IY 和常数外均可用

1. 指令分类

按照进位制可分为二进制 BIN 算术运算指令和 BCD 码算术运算指令，各为 16 条指令，后者在指令中增加大写字母"B"以示区别。这两类指令除码制不同外，概念及格式上是一一对应的，甚至在指令功能编号上均相差 20。对于同样的运算，在 BIN 码指令中，参与运算的是 16 位或 32 位二进制数，而在 BCD 码指令中，参与运算的是 4 位或 8 位 BCD 码数据，对应的也是 16 位或 32 位二进制数，如[F20 +,S,D]和[F40 B+,S,D]：前者表示将 S 和 D 中的 16 位二进制(BIN)数相加,结果送到 D 中去;后者表示将 S 和 D 中的 4 位 BCD 码数据相加,结果送到 D 中去。这两条指令在功能上十分类似,仅是操作数采用的码制不同,其规律性是显而易见的。

按照参与运算的数据长度(位数)可以分为单字(16 位)和双字(32 位)指令。后者在助记符中以大写字母"D"区别,在 FP0 的其他指令中也是采用这种方式,如[F25-,S,D]和[F26 D-,S,D];前者是 16 位的减法运算,可表示为(D)-(S)→(D),即将 D 寄存器中的数减去 S 寄存器中的数,然后将结果存到 D 寄存器中;后者为 32 位减法运算,这时虽然只有低 16 位寄存器被指定,操作数寄存器的高 16 位的寄存器就要自动参与计算,可以表示为(D+1,D)-(S+1,S)→(D+1,D),含义是将(D+1,D)中的 32 位数据减去(S+1,S)中的 32 位数据,结果存于(D+1,D)中。

按照运算规则可分为加、减、乘、除四则运算以及加 1、减 1 共 6 种基本运算。其中,加 1 和减 1 可以看做是加、减运算的特例,但执行步数比普通加、减运算少 2 步,因此,在有些程序中适当选用加 1 和减 1 指令可起到提高扫描速度的作用。

按照参与运算的操作数的多少可分为一个操作数、两个操作数和三个操作数。一个操作数的情况仅见于加 1 和减 1 指令,类似于递增或递减计数器的功能。两个操作数的情况仅用于加、减运算,以 D 表示被加数或被减数,以 S 表示加数或减数,同时运算结果直接存于 D 中,将覆盖原有的计算内容。三个操作数则分别用于加、减、乘、除四种运算,以 S1 表示被加(减、乘、除)数,以 S2 表示加(减、乘、除)数,运算结果存于 D 中。含有两个操作数的指令要比含有含有三个操作数的指令执行步数少两步。

2. 操作数的数据范围

① 16 位二进制数:K-32768~K32767 或 H8000~H7FFF。
② 32 位二进制数:K-2147483648~K2147483647 或 H80000000~H7FFFFFFF。
③ 4 位 BCD 码数:数值范围 K0~K9999(BCD 码:H0~H9999)。
④ 8 位 BCD 码数:数值范围 K0~K99999999(BCD 码:H0~H99999999)。

3. 运算标志

算术运算要影响标志继电器,包括 R9008,R9009 和 R900B。
① R9008 是错误标志,当有操作错误发生时,R9008 接通一个扫描周期,并把发生错误的地址存入 DT9018 中。
② R9009 是进位、借位或溢出标志。当运算结果溢出或由移位指令将其置 1 时,R9009 接通一个扫描周期。
③ R900B 是 0 结果标志。当比较指令中比较结果相同,或是算术运算结果为 0 时,R900B 接通一个扫描周期。

4. 注意事项

算术运算指令一般都是一次性的,而 PLC 采用的是循环扫描工作方式,因此该类指令常常和微分指令(DF)配合使用。

【例 6-34】16 位 BCD 数据减法指令示例(如图 6-52 所示)。

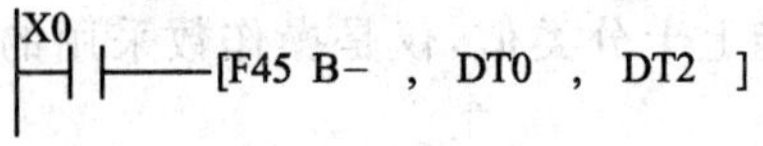

```
     X0
─────┤ ├──────[F45 B─  ,  DT0  ,  DT2  ]
```

图 6-52 16 位 BCD 数据减法指令示例

功能说明：

当触发信号 X0 接通时，把数据寄存器 DT2 中的内容减去数据寄存器 DT0 的内容，相减的结果存储在数据寄存器 DT2 中。若指令执行前 DT2 中存储的数据为 H893（BCD 码常数），DT0 中存储的数据为 H452（BCD 码常数），则相减后 DT2 中的数据为 H441。

【例 6-35】用算术运算指令完成下列算式，各步结果存放在 DT0～DT6 中，要求 X1 闭合开始运算，X0 闭合各单元清零且清零优先。

$$\frac{(1\,234+4\,321)\times 123-4\,565}{1\,234}$$

可用 BIN 算术运算指令和 BCD 算术运算指令完成该算式。图 6-53 是用 BIN 算术运算指令编写的程序，考虑到乘法运算后，目的操作数变为 32 位，因此后面的减法及除法指令均采用 32 位数据运算指令。

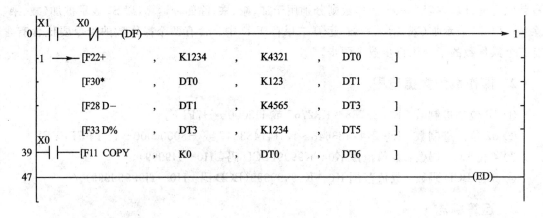

图 6-53 算术运算梯形图程序

需要注意的是，由于加法运算的两个源操作数都是常数，因此必须使用 F22 指令，而不能使用 F20 指令。

另外，如使用 BCD 算术运算指令完成该程序，则需注意在指令中，表示常数需使用其 BCD 码，如 1 234 的 BCD 码为 H1234（H 码）。

6.5.4 数据比较指令

数据比较指令（如表 6-18 所列）是一类比较常用的指令，包括 16、32 位数据比较和 16、32 位数据区段比较等五条指令。比较的结果影响特殊内部继电器 R9009、R900A、R900B、R900C 的状态。表 6-19 列出了由比较数据 S1 和 S2 的大小决定的 R9009～R900C 的输出。

表 6-18 数据比较指令

指令格式	步数	操作数定义	功能说明	可使用的寄存器
[F60 CMP,S1,S2]	5	S1：比较数据1（地址） S2：比较数据2（地址）	S1＞S2→R900A=ON S1=S2→R900B=ON S1＜S2→R900C=ON	S1,S2：所有寄存器均可用
[F61 DCMP,S1,S2]	9	S1：比较数据1（首地址） S2：比较数据2（首地址）	(S1+1,S1)＞(S2+1,S2) →R900A=ON (S1+1,S1)=(S2+1,S2) →R900B=ON (S1+1,S1)＜(S2+1,S2) →R900C=ON	S1,S2：除IY外均可用
[F62 WIN,S1,S2,S3]	7	S1：比较数据1（地址） S2：比较数据2区段下限（地址） S3：比较数据2区段上限（地址）	S1＞S3→R900A=ON S2≤S1≤S3→900B=ON S1＜S2→R900C=ON	S1,S2,S3：所有寄存器均可用
[F63 DWIN,S1,S2,S3]	13	S1：比较数据1（首地址） S2：比较数据2区段下限（首地址） S3：比较数据2区段上限（首地址）	(S1+1,S1)＞(S3+1,S3) →R900A=ON (S2+1,S2)≤(S1+1,S1) ≤(S3+1,S3)→R900B=ON (S1+1,S1)＜(S2+1,S2) →R900C=ON	S1,S2,S3：除IY外均可用
[F64 BCMP,S1,S2,S3]	7	S1：digit0,1-指定比较的字节数 digit2-指定S2起始字节位置 digit3-指定S3起始字节位置 S2：比较数据块1的首地址 S3：比较数据块2的首地址	S2=S3→R900B=ON	S1：所有寄存器均可用 S2,S3：除IX、IY和常数外均可用

表 6-19 数据比较指令对标志位的影响

S1和S2比较结果		标志			
		R900A	R900B	R900C	R9009
有符号数比较	S1＜S2	OFF	OFF	ON	↕
	S1=S2	OFF	ON	OFF	OFF
	S1＞S2	ON	OFF	OFF	OFF
无符号数比较	S1＜S2	↕	OFF	↕	ON
	S1=S2	OFF	ON	OFF	OFF
	S1＞S2	↕	OFF	↕	OFF

注：↕表示根据情况ON或OFF。

【例6-36】F60指令示例（如图6-54所示）。

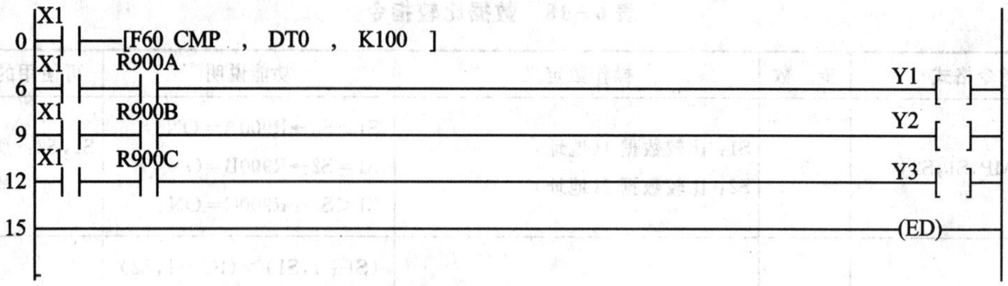

电气控制与PLC应用

```
     X1
 0   ├─┤├──┤[F60 CMP  , DT0  , K100 ]├
     X1  R900A
 6   ├─┤├──┤├────────────────────────( Y1 )
     X1  R900B
 9   ├─┤├──┤├────────────────────────( Y2 )
     X1  R900C
12   ├─┤├──┤├────────────────────────( Y3 )
15   ─────────────────────────────────(ED)
```

图 6-54 F60 指令示例

功能说明:

当 X1 接通时,将寄存器 DT0 的内容与十进制数 100 比较,当 DT0 的内容大于 100 时接通 Y1;等于 100 时接通 Y2;小于 100 时接通 Y3。

注意事项:

① 指令中的 S1、S2 既可以是常数,也可以是存放数据的寄存器。

② 由于 PLC 中只有一组比较标志继电器 R900A～R900C,所以当程序中使用多条比较指令时,标志继电器的状态总是取决于前面最近的比较指令。为了保证使用中不出现混乱,一个办法是将用于控制的标志位紧跟在比较指令的后面;另一个办法是标志继电器前应使用与比较指令相同的触发信号,以防止控制结果受到其他指令的影响。

【例 6-37】F62 指令示例(如图 6-55 所示)。

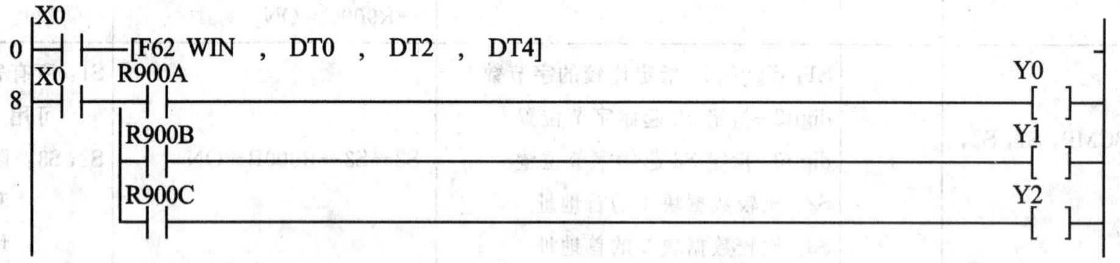

```
     X0
 0   ├─┤├──[F62 WIN  , DT0  , DT2  , DT4]
     X0  R900A
 8   ├─┤├──┤├────────────────────────( Y0 )
         R900B
         ├├─────────────────────────( Y1 )
         R900C
         ├├─────────────────────────( Y2 )
```

图 6-55 F62 指令示例

功能说明: 当 X0 接通后,将数据寄存器 DT0 中的内容与数据寄存器 DT2 中的内容(数据区段的下限)和 DT4 中的内容(数据区段的上限)相比较。比较的结果存储在特殊内部继电器 R900A～R900C 中。

当 DT0 数据＞DT4 数据时,R900A 接通,输出继电器 Y0 接通。

当 DT2 数据≤DT0 数据≤DT4 数据时,R900B 接通,输出继电器 Y1 接通。

当 DT0 数据＜DT2 数据时,R900C 接通,输出继电器 Y2 接通。

【例 6-38】利用比较指令实现炉温控制。

控制功能要求:实际炉温由温度传感器检测,再由 A/D 转换后送到 PLC 的输入寄存器 WX2 中。DT0 中为炉温下限所对应的数据,DT1 中为炉温上限所对应的数据。当实际炉温低于下限时,红灯 Y0 亮,同时电加热器 Y1 开始加热;当实际炉温在上限和下限值之间时,绿灯 Y2 亮,表示可以饮用;当实际炉温高于上限时,发出警铃 Y3,并切断电源 Y4。梯形图程序如图 6-56 所示。

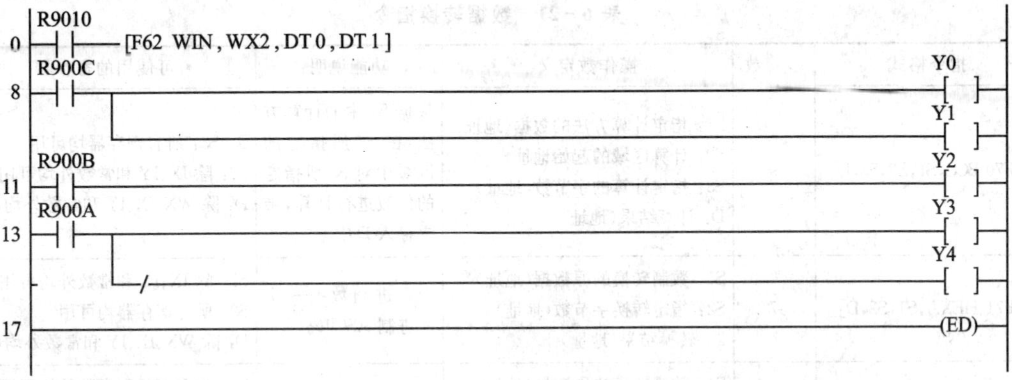

```
 0 ├─R9010─┤ [F62 WIN,WX2,DT0,DT1]
         │
 8 ├─R900C─┤                                                [Y0]
         │                                                  [Y1]
11 ├─R900B─┤                                                [Y2]
13 ├─R900A─┤                                                [Y3]
         │/                                                 [Y4]
17                                                          (ED)
```

图 6-56 炉温控制梯形图程序

6.5.5 逻辑运算指令

FP0 的逻辑运算指令(如表 6-20 所列)包括逻辑"与"、"或"、"异或"、"异或非"指令,其指令功能为当触发信号接通时,将 S1 和 S2 指定的 16 位常数或 16 位数据"逐位"进行逻辑运算,运算的结果存储在由 D 指定的 16 位区中。当 S1 和 S2 指定为常数时,运算时将它转换为 16 位二进制形式。

表 6-20 逻辑运算指令表

指令格式	步数	操作数定义	功能说明	可使用的寄存器
[F65 WAN,S1,S2,D]	7	S1:运算数据1(地址) S2:运算数据2(地址) D:运算结果(地址)	(S1)·(S2)→D 16位各自对应进行逻辑与运算	S1,S2:所有寄存器均可用 D:除WX和常数外均可用
[F66 WOR,S1,S2,D]	7	S1:运算数据1(地址) S2:运算数据2(地址) D:运算结果(地址)	(S1)+(S2)→D 16位各自对应进行逻辑或运算	S1,S2:所有寄存器均可用 D:除WX和常数外均可用
[F67 XOR,S1,S2,D]	7	S1:运算数据1(地址) S2:运算数据2(地址) D:运算结果(地址)	(S1)⊕(S2)→D 16位各自对应进行逻辑异或运算	S1,S2:所有寄存器均可用 D:除WX和常数外均可用
[F68 XNR,S1,S2,D]	7	S1:运算数据1(地址) S2:运算数据2(地址) D:运算结果(地址)	$\overline{(S1)⊕(S2)}$→D 16位各自对应进行逻辑异或非运算	S1,S2:所有寄存器均可用 D:除WX和常数外均可用

6.5.6 数据转换指令

数据转换指令(F70~F96)包括各种数制、码制之间的相互转换以及数据求反、求补、取绝对值、编码、译码、组合和分离等数据变换指令(如表 6-21 所列)。通过这些指令,在程序中可以较好地解决 PLC 输入或输出的数据类型与内部运算数据类型不一致的问题。这些指令运用得当还可以实现各种复杂的控制。

表 6-21 数据转换指令

指令格式	步数	操作数定义	功能说明	可使用的寄存器
[F70 BCC,S1,S2,S3,D]	9	S1：指定计算方法的数据(地址) S2：计算区域的起始地址 S3：指定计算的字节数(地址) D：计算结果(地址)	根据 S1 中的计算方法，在 S2 所指定的区域中对 S3 所指定的位数进行计算，结果存入 D 中	S1,S3：所有寄存器均可用 S2：除 IX、IY 和常数均可用 D：除 WX、IX、IY 和常数外均可用
[F71 HEXA,S1,S2,D]	7	S1：数制转换的原数据(地址) S2：指定转换字节数(地址) D：转换结果(地址)	十六进制数据→十六进制 ASCII 码	S1：除 IX、IY 和常数外均可用 S2：所有寄存器均可用 D：除 WX、IX、IY 和常数外均可用
[F72 AHEX,S1,S2,D]	7	S1：数制转换的原数据(地址) S2：指定转换字节数(地址) D：转换结果(地址)	ASCII 码→十六进制	S1：除 IX、IY 和常数外均可用 S2：所有寄存器均可用 D：除 WX、IX、IY 和常数外均可用
[F73 BCDA,S1,S2,D]	7	S1：数制转换的原数据(地址) S2：指定转换字节数(地址) D：转换结果(地址)	BCD 数据→ASCII 码	S1：除 IX、IY 和常数外均可用 S2：所有寄存器均可用 D：除 WX、IX、IY 和常数外均可用
[F74 ABCD,S1,S2,D]	9	S1：数制转换的原数据(地址) S2：指定转换字节数(地址) D：转换结果(地址)	ASCII 码→BCD 数据	S1：除 IX、IY 和常数外均可用 S2：所有寄存器均可用 D：除 WX、IX、IY 和常数外均可用
[F75 BINA,S1,S2,D]	7	S1：数制转换的原数据(地址) S2：指定转换字节数(地址) D：转换结果(地址)	16 位二进制数→ASCII 码	S1,S2：所有寄存器均可用 D：除 WX、IX、IY 和常数外均可用
[F76 ABIN,S1,S2,D]	7	S1：数制转换的原数据(地址) S2：指定转换字节数(地址) D：转换结果(地址)	ASCII 码→16 位二进制数	S1：除 IX、IY 和常数外均可用 S2：所有寄存器均可用 D：除 WX、IX、IY 和常数外均可用
[F77 DBIA,S1,S2,D]	11	S1：数制转换的原数据(地址) S2：指定转换字节数(地址) D：转换结果(地址)	32 位二进制数→ASCII 码	S1,S2：除 IY 外均可用 D：除 WX、IX、IY 和常数外均可用
[F78 DABI,S1,S2,D]	11	S1：数制转换的原数据(地址) S2：指定转换字节数(地址) D：转换结果(地址)	ASCII 码→32 位二进制数	S1：除 IX、IY 和常数外均可用 S2：所有寄存器均可用 D：除 WX、IX、IY 和常数外均可用
[F80 BCD,S,D]	5	S：数制转换原数据(地址) D：转换结果(地址)	16 位二进制数→4 位 BCD 数据	S：所有寄存器均可用 D：除 WX 和常数外均可用
[F81 BIN,S,D]	5	S：数制转换原数据(地址) D：转换结果(地址)	4 位 BCD 数据→16 位二进制数	S：所有寄存器均可用 D：除 WX 和常数外均可用
[F82 DBCD,S,D]	7	S：数制转换原数据(地址) D：转换结果(地址)	32 位二进制数→8 位 BCD 数据	S：除 IY 外均可用 D：除 WX、IY 和常数外均可用
[F83 DBIN,S,D]	7	S：数制转换原数据(地址) D：转换结果(地址)	8 位 BCD 数据→32 位二进制数	S：除 IY 外均可用 D：除 WX、IY 和常数均可用(常数范围：K0~K99999999)
[F84 INV,D]	3	D：转换源数据及结果的地址	16 位二进制数求反	D：除 WX 和常数外均可用
[F85 NEG,D]	3	D：转换源数据及结果的地址	16 位二进制数求补	D：除 WX 和常数外均可用
[F86 DNEG,D]	3	D：转换源数据及结果的首地址	32 位二进制数求补	D：除 WX、IY 和常数外均可用

续表 6-21

指令格式	步数	操作数定义	功能说明	可使用的寄存器
[F87 ABS,D]	3	D：转换源数据及结果的地址	16位二进制数取绝对值	D：除WX和常数外均可用
[F88 DABS,D]	3	D：转换源数据及结果的首地址	32位二进制数取绝对值	D：除WX、IY和常数外均可用
[F89 EXT,D]	3	D：转换源数据及结果的地址	16位二进制数位数扩展 D⇒(D+1,D) (D+1)中各位均等于D中的符号位	D：除WX、IY和常数外均可用
[F90 DECO,S,n,D]	7	S：待解码数据（地址） n：digit0—指定解码的位数（H0~H8） digit2—指定待解码的起始位（H0~HF） digit1,3—任意值 D：解码结果（首地址）	解码 S⇒(…,D) 若S中待解码范围对应的数为m，则解码结果D中只有第m位为"1"，其余为"0"	S,n：所有寄存器均可用 D：除WX和常数外均可用
[F91 SEGT,S,D]	5	S：待解码数据（地址） D：七段显示解码结果（首地址）	16位二进制数七段显示解码	S：除IY外均可用 D：除WX、IY和常数外均可用
[F92 ENCO,S,n,D]	7	S：待编码数据（首地址） n：digit0—指定待编码区的有效长度(2的幂值 H0~H8) digit2—指定存放编码区的起始位（H0~HF） digit1,3—任意值 D：编码结果（首地址）	编码 (…,S)⇒(…,D) 若S待编码范围内为"1"的最高位号为m，则从D的指定位开始写入m值（二进制）	S：除IX、IY和常数外均可用 n：所有寄存器均可用 D：除WX和常数外均可用
[F93 UNIT,S,n,D]	7	S：待组合数据（首地址） n：指定被组合数据的个数（K0~K4） D：存放组合结果（地址）	16位二进制数组合	S：除IX、IY和常数外均可用 n：所有寄存器均可用 D：除WX和常数外均可用
[F94 DIST,S,n,D]	7	S：待分离数据（地址） n：指定分离数据的个数（K0~K4） D：存放分离数据（首地址）	16位二进制数分离	S,n：所有寄存器均可用 D：除WX、IX、IY和常数外均可用
[F95 ASC,S,D]	15	S：字符常数（最多12个字符） D：存放6个字ASCII码（首地址）	字符→ASCII码 （每个字符对应D中8个十六进制位）	S：只有16进制常数可用 D：除WX、IY和常数外均可用
[F96 SRC,S1,S2,S3]	7	S1：要查找的数据（地址） S2：待查找区域的首地址 S3：待查找区域的末地址	表数据查找 查找(S3…S2)区域中等于S1数据的个数→DT9037	S1：所有寄存器均可用 S2,S3：除WX、IX、IY和常数外均可用

1. 区块检查码计算指令：F70（BCC）

这条指令常用于数据通信时检查数据传输是否正确。该指令是FP0指令系统中唯一的四操作数的指令。

指令功能：

根据 S1 中的值所指定的计算方法，计算由 S2 指定首地址，长度为 S3（字节数）的数据区的检查码 BCC，区块检查码结果存放在 D 指定的 16 位寄存器的低 8 位中。

该指令用于检测信息传输过程中的错误，其中：S1 指定了计算区块检查码 BCC 的方法，当 S1=K0 时，作加法运算；当 S1=K1 时，作减法运算；当 S1=K2 时，作异或运算。

【例 6-39】区块检查码计算指令示例（如图 6-57 所示）。

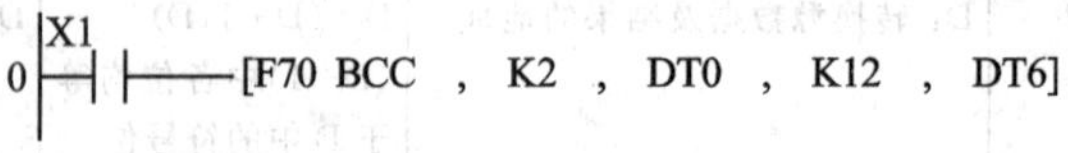

```
     X1
0 ───┤ ├────[F70 BCC , K2 , DT0 , K12 , DT6]
```

图 6-57 区块检查码计算指令示例

功能说明：

当 X1 接通时，将以 DT0 开始的 12 字节的数据进行异或运算，结果（即区块检查码）存放在数据寄存器 DT6 中。

2. 码制变换指令：F71~F83

① F71~F78 是 8 条三操作数的码制变换指令，分别实现十六进制数据、BCD 码、16 位二进制数据、32 位二进制数据与 ASCII 码间的互换。

② F80~F83 是 4 条双操作数的码制变换指令，分别实现 16 位和 32 位二进制数据与 BCD 码数据间的互换。

【例 6-40】数据转换指令 F80、F81 示例，如图 6-58 所示程序。

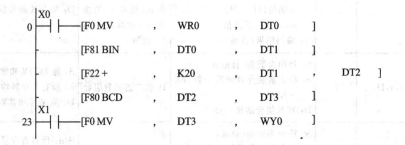

图 6-58 例 6-40 梯形图程序

设中间继电器 WR0 原存有十六进制数据 H20（00100000B），该程序功能是当 X0 接通时，将 WR0 的数据转存入 DT0，并将其作为一串 BCD 码转换为二进制数存入 DT1；然后加上十进制数 K20 存入 DT2，再转换回 BCD 码存入 DT3，当 X1 接通时由 WY0 输出。数据转换过程如表 6-22 所列。

表 6-22 例 6-40 数据转换过程

寄存器名		WR0	DT0	DT1	DT2	DT3	WY0
数据内容	二进制数（低 8 位）	00100000B	00100000B	00010100B	00101000B	01000000B	01000000B
	十进制数	—	—	K20	K40	—	—
	BCD 码	—	20H	—	—	40H	—

3. 数据计算指令：F84～F88

F84～F88 这 5 条指令是对指定的 16 位或 32 位二进制数据分别求反、求补、取绝对值计算。

4. 16 位数据符号位扩展指令：F89

指令功能：

将 D 指定的 16 位数据的符号位全部复制到 D+1 寄存器的各个位中，保留 D 寄存器，扩展结果作为 32 位数据存储于 (D+1, D) 中。用该指令可将 16 位数据转变为 32 位数据。

【例 6-41】F89 指令示例（如图 6-59 所示）。

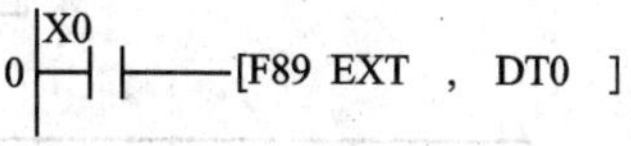

功能说明：

当触发信号 X0 接通时，将数据寄存器 DT0 符号位复制到 DT1 中，存放在 (DT1, DT0) 中的数据可作为 32 位数据来处理。若指令执行前 DT0 中存储的数据为 H4DB9，则指令执行后 DT1 中存储的数据为 H0，而 (DT1, DT0) 中存储的 32 位二进制数为 H4DB9。

```
        X0
0 ─────┤ ├───────[F89 EXT , DT0 ]
```

图 6-59 F89 指令示例

5. 编码/解码指令：F90～F92

1) F90 DECO(Decode), 解码指令

所谓解码，就是将若干位二进制数转换成具有特定意义的信息，即类似于数字电路中的 3～8 译码器的功能，将 S 指定的 16 位二进制数根据 n 规定的规则进行解码，解码的结果存放于以 D 指定的 16 位寄存器作为首地址的连续区域中。其中，S 为待解码的数据或寄存器，n 为 16 位解码控制字或存放控制字的寄存器，用于规定源操作数中待解码数据的起始位和位数，其格式如图 6-60 所示。

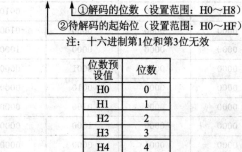

位数预设值	位数
H0	0
H1	1
H2	2
H3	3
H4	4
H5	5
H6	6
H7	7

起始位预设值	起始位
H0	0
H1	1
H2	2
H3	3
H4	4
H5	5
H6	6
H7	7
H8	8
H9	9
HA	10
HB	11
HC	12
HD	13
HE	14
HF	15

图 6-60 解码控制字 n 的设定

【例 6-42】解码指令示例（如图 6-61 所示）。

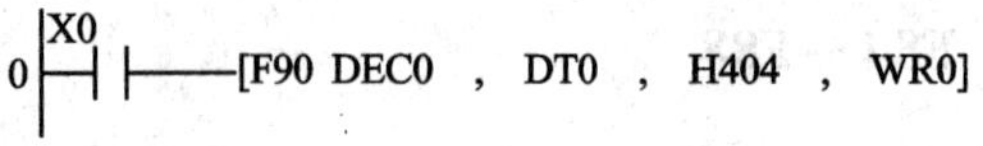

```
  0 ─┤X0├──────[F90 DEC0 , DT0 , H404 , WR0]
```

图 6-61 解码指令示例

功能说明：

当触发信号 X0 接通时，将数据寄存器 DT0 第 4 位起的 4 位数据（1101）解码。解码结果是将内部字继电器 WR0 中位地址为 13 的这一位置 1，如图 6-62 所示。

位址	15～12	11～8	7～4	3～0	将位地址4～7的4位解码
DT0	0100	0101	1101	1010	待解码二进制数：1101（十进制数：K13）

  X0：ON

位址	15～12	11～8	7～4	3～0	解码结果"1（ON）"存储在内部字继电器WR0的
WR0	0010	0000	0000	0000	第13位中，除该位外，WR0其他位均为0

图 6-62 解码过程示意图

如果解码控制字 n=H4，则规定起始位址：H0（位址为 0），解码的位数：H4（4 位），即对 4 位数据解码时，解码结果（16 位数据）如表 6-23 所列。

表 6-23 n=H4 的解码结果

待解码的二进制数据（十进制）	解码结果			
	15～12	11～8	7～4	3～0
0000(K0)	0000	0000	0000	0001
0001(K1)	0000	0000	0000	0010
0010(K2)	0000	0000	0000	0100
0011(K3)	0000	0000	0000	1000
0100(K4)	0000	0000	0001	0000
0101(K5)	0000	0000	0010	0000
0110(K6)	0000	0000	0100	0000
0111(K7)	0000	0000	1000	0000
1000(K8)	0000	0001	0000	0000
1001(K9)	0000	0010	0000	0000
1010(K10)	0000	0100	0000	0000
1011(K11)	0000	1000	0000	0000
1100(K12)	0001	0000	0000	0000
1101(K13)	0010	0000	0000	0000
1110(K14)	0100	0000	0000	0000
1111(K15)	1000	0000	0000	0000

不同的待解码位数与解码结果的关系如表6-24所列。

表6-24 待解码的位数与解码结果的关系

待解码的位数	存放解码结果需要的数据区长度	结果区的有效位数	待解码的位数	存放解码结果需要的数据区长度	结果区的有效位数
1	1word	2①	5	2word	32
2	1word	4①	6	4word	64
3	1word	8①	7	8word	128
4	1word	16	8	16word	256

注：① 解码结果占用的数据区无效位设置为"0"。

2) F91 SEGT,16位数据七段解码指令

将S指定的16位数据转换为七段显示码,转换结果存储于以D为首地址的寄存器区。其中,S为待解码的数据或寄存器,D为存放解码结果的寄存器首地址。

在执行该指令时,将每4位二进制数译成7位的七段显示码,数码的前面补0变成8位。七段转换结果如表6-25所列。

【例6-43】七段解码指令示例(如图6-63所示)。

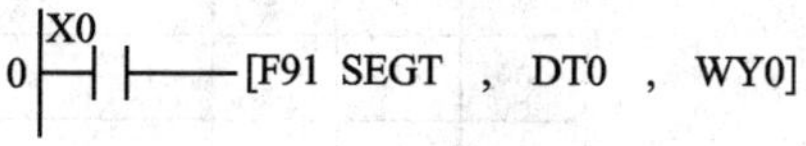

```
   ┃X0
0 ──┤ ├────[F91 SEGT , DT0 , WY0]
```

图6-63 七段解码指令示例

功能说明：

当触发信号X0接通时,数据寄存器DT0的内容转换为用于七段显示的4数字位数据,转换结果存储在外部字输出继电器WY1和WY0中,如图6-64所示。

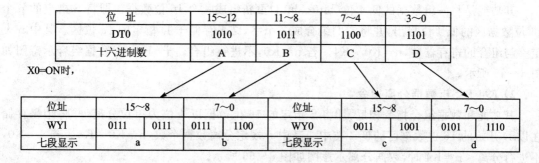

图6-64 七段解码过程示意图

3) F92 ENCO,编码指令

所谓编码,就是将具有特定意义的信息变成若干位二进制数。将S指定的16位二进制数据根据n的规定进行编码,编码结果存储于D指定的寄存器中。

表 6-25 七段转换表

待解码的数据		七段显示的组成	用于七段显示的 8 位数据								七段显示
十六进制	二进制		/	g	f	e	d	c	b	a	
H0	0000		0	0	1	1	1	1	1	1	0
H1	0001		0	0	0	0	0	1	1	0	1
H2	0010		0	1	0	1	1	0	1	1	2
H3	0011		0	1	0	0	1	1	1	1	3
H4	0100		0	1	1	0	0	1	1	0	4
H5	0101		0	1	1	0	1	1	0	1	5
H6	0110		0	1	1	1	1	1	0	1	6
H7	0111		0	0	0	0	0	1	1	1	7
H8	1000		0	1	1	1	1	1	1	1	8
H9	1001		0	1	1	0	1	1	1	1	9
HA	1010		0	1	1	1	0	1	1	1	A
HB	1011		0	1	1	1	1	1	0	0	b
HC	1100		0	0	1	1	1	0	0	1	C
HD	1101		0	1	0	1	1	1	1	0	d
HE	1110		0	1	1	1	1	0	0	1	E
HF	1111		0	1	1	1	0	0	0	1	F

6. 数据组合/分离指令：F93、F94

1) F93 UNIT，数据组合指令

其功能是将一组数据的低 4 位(bit0～bit3)重新组成一个 16 位数据。即将 S 指定的 n 个 16 位数据区的低 4 位提出，并将它们组合成一个字，结果存储于 D 指定的 16 位区。其中 n 设定参与组合的寄存器数，n＝K0～K4。若 n＝K0，不进行组合。n＝K4 时，数据组合示意图如图 6-65 所示。

2) F94 DIST，数据分离指令

其功能和数据组合指令相反，即将 S 指定的 16 位数据以 4 位为单位分离，并将结果存储在以 D 开始的 16 位数据区的低 4 位中。其中 n 规定分离数据个数，n＝K0～K4。若 n＝K0，不进行分离。n＝K4 时，数据分离示意图如图 6-66 所示。

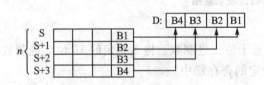

图 6-65 数据组合示意图

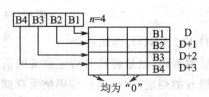

图 6-66 数据分离示意图

7. 字符→ASCⅡ码转换指令：F95(ASC)

将 S 指定的字符常数转换为 ASCⅡ码，转换后的结果存储于以 D 指定的 16 位寄存器为首地址的区域中。规定字符个数不得多于 12 个，即 D 指定的 16 位寄存器区不得多于 6 个。

8. 表数据查找指令：F96(SRC)

在 S2(首地址)和 S3(末地址)指定的数据区查找与 S1 的内容相同的数据，并将查找到的数据的个数存储在 DT9037 中，第一次发现该数据的相对位置存储在 DT9038 中。需要特别指出的是，S2 和 S3 必须为同一类型的寄存器，且数据在 S2～S3 之间进行搜索。其指令书写格式参见例 6－44。

【例 6－44】表数据查找指令 F96 示例(如图 6－67 所示)。

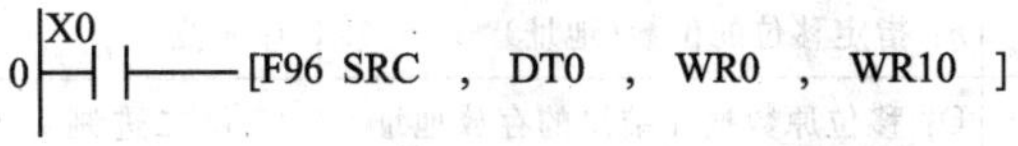

```
    X0
0 ──┤├──[F96 SRC , DT0 , WR0 , WR10 ]
```

图 6－67 表数据查找指令 F96 示例

功能说明：

当触发信号 X0 接通时，在内部字继电器 WR0～WR10 区域中查找与数据寄存器 DT0(H1234)内容相同的值。

查找完成后，结果(查找到的次数和位置)存储如下：查找到与 DT0 内容相同数据的次数(十进制数 K3)存储于特殊数据寄存器 DT9037。从 WR0 算起，第一次发现该数据的相对位置(十进制数 K2)存储在特殊数据寄存器 DT9038，如图 6－68 所示。

寄存器	DT0			
位址	15～12	11～8	7～4	3～0
十六进制数	1	2	3	4

位址	15～12	11～8	7～4	3～0	相对位置
WR0	1	2	1	1	0
WR1	1	2	F	F	1
WR2	1	2	3	4	2
WR3	7	F	F	F	3
WR4	F	5	4	3	4
WR5	1	2	4	5	5
WR6	2	2	3	4	6
WR7	3	5	7	F	7
WR8	F	A	B	3	8
WR9	1	2	3	4	9
WR10	1	2	3	4	10

X0=ON 时，

位址	15～12	11～8	7～4	3～0
DT9037(K3)	0000	0000	0000	0011
DT9038(K2)	0000	0000	0000	0010

图 6－68 表数据查找示意图

6.5.7 数据移位指令

FP0 高级指令中包含了 16 位数据的左/右移位、4 位 BCD 码的左/右移位、字数据的左/右移位、16 位数据的左/右循环移位等 12 条指令，如表 6-26 所列。其中位移位指令有进位标志位参与移位，并分为非循环移位指令（普通移位）和循环移位指令两种。这些移位指令比前文介绍过的 SR 指令的功能强大得多，且不像 SR 那样每次只能移动 1 位，而是可以根据需要，在指令中设置一次移动若干位。此外，各种通用寄存器都可以参与多种移位操作，其操作结果影响特殊内部继电器 R9009（进位标志）或特殊数据寄存器 DT9014。

表 6-26 数据移位指令

指令格式	步数	操作数定义	功能说明	可使用的寄存器
[F100 SHR, D, n]	5	D：移位原数据和结果的存放地址 n：指定移位的位数（地址）	16 位二进制数右移 n 位	D：除 WX 和常数外均可用 n：所有寄存器均可用
[F101 SHL, D, n]	5	D：移位原数据和结果的存放地址 n：指定移位的位数（地址）	16 位二进制数左移 n 位	D：除 WX 和常数外均可用 n：所有寄存器均可用
[F105 BSR, D]	3	D：移位原数据和结果的存放地址	16 位数据右移 1 个十六进制位	D：除 WX 和常数外均可用
[F106 BSL, D]	3	D：移位原数据和结果的存放地址	16 位数据左移 1 个十六进制位	D：除 WX 和常数外均可用
[F110 WSHR, D1, D2]	5	D1：待移位数据的首地址 D1：待移位数据的末地址 （要求：D1≤D2 且同属一种寄存器）	16 位数据区右移 1 个字	D1、D2：除 WX、IX、IY 和常数外均可用
[F111 WSHL, D1, D2]	5	D1：待移位数据的首地址 D1：待移位数据的末地址 （要求：D1≤D2 且同属一种寄存器）	16 位数据区左移 1 个字	D1、D2：除 WX、IX、IY 和常数外均可用
[F112 WBSR, D1, D2]	5	D1：待移位数据的首地址 D1：待移位数据的末地址 （要求：D1≤D2 且同属一种寄存器）	16 位数据区右移 1 个十六进制位	D1、D2：除 WX、IX、IY 和常数外均可用
[F113 WBSL, D1, D2]	5	D1：待移位数据的首地址 D1：待移位数据的末地址 （要求：D1≤D2 且同属一种寄存器）	16 位数据区左移 1 个十六进制位	D1、D2：除 WX、IX、IY 和常数外均可用
[F118 UDC, S, D]	5	S：计数初始值（地址） D：计数经过值（地址）	可逆计数	S：除 IX、IY 外均可用 D：除 WX、IX、IY 和常数外均可用
[F119 LRSR, D1, D2]	5	D1：待移位数据的首地址 D1：待移位数据的末地址 （要求：D1≤D2 且同属一种寄存器）	双向移位（1 位）	D1、D2：除 WX、IX、IY 和常数外均可用
[F120 ROR, D, n]	5	D：循环移位原数据和结果的地址 n：指定要位移的位数（地址）	16 位数循环右移 n 位	D：除 WX 和常数外均可用 n：所有寄存器均可用
[F121 ROL, D, n]	5	D：循环移位原数据和结果的地址 n：指定要位移的位数（地址）	16 位数循环左移 n 位	D：除 WX 和常数外均可用 n：所有寄存器均可用

续表 6-26

指令格式	步数	操作数定义	功能说明	可使用的寄存器
[F122 RCR, D, n]	5	D：循环移位原数据和结果的地址 n：指定要位移的位数(地址)	16位数循环右移n位(包括进位标志位)	D：除WX和常数外均可用 n：所有寄存器均可用
[F123 RCL, D, n]	5	D：循环移位原数据和结果的地址 n：指定要位移的位数(地址)	16位数循环左移n位(包括进位标志位)	D：除WX和常数外均可用 n：所有寄存器均可用

1. 16位数据的左/右移位指令

该类移位指令只是针对16位二进制数据，根据循环情况的不同又可分为普通(非循环)移位指令、循环移位指令和包含进位标志的循环移位指令三种情况。其区别主要在于移入位的数据处理上，简单地说，普通(非循环)移位指令不循环，移入位直接依次补0；循环移位指令的移入位则由移出位补入；包含进位标志的循环移位指令移入位由进位标志依次补入。

这里要注意的是，为了便于理解，也可将一次移动n位的过程理解成移动n次，每次移动1位，实际上指令是一次完成移位的。

1) 普通(非循环)移位指令：F100、F101

F100：将寄存器D中的16位数据右移n位，高位侧移入数据均为0，低位侧向右移出n位，且第n位移入进位标志位CY(R9009)中。n的范围为K0～K255或H0～HFF。

F101：将寄存器D中的16位数据左移n位，高位侧向左移出n位，且第n位移入进位标志位CY(R9009)中，低位侧移入数据均为0。n的范围为K0～K255或H0～HFF。

【例6-45】数据右移指令示例(如图6-69所示)。

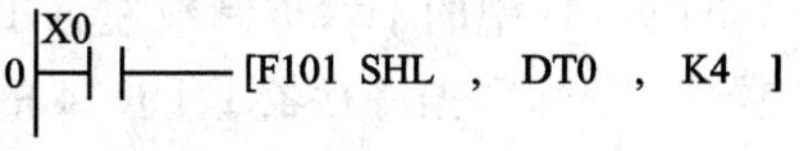

功能说明：当触发信号X0接通时，将数据寄存器DT0中数据左移4位。当左移4位后，DT0的高4位(15位～12位)移出，位址为12的数据传送到特殊继电器R9009(进位标志)中，DT0的低4位(3位～0位)为0。若DT0中的值原来是H1234，则移位一次后DT0中的值变为H2340，特殊继电器R9009中内容为1。其移位动作示意图如图6-70所示。

```
    X0
 0 ─┤├──[F101 SHL , DT0 , K4 ]
```

图6-69 数据右移指令示例

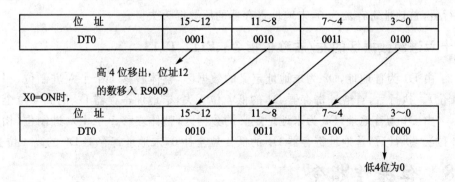

图6-70 数据右移动作示意图

2) 循环移位指令：F120、F121

F120：寄存器 D 中的 16 位数据循环右移 n 位，低位侧移出的 n 位依次移入高位侧，同时移出的第 n 位复制到进位标志位 CY(R9009)中。

F121：寄存器 D 中的 16 位数据循环左移 n 位，高位侧移出的 n 位依次移入低位侧，同时移出的第 n 位复制到进位标志位 CY(R9009)中。

【例 6-46】循环右移指令示例（如图 6-71 所示）。

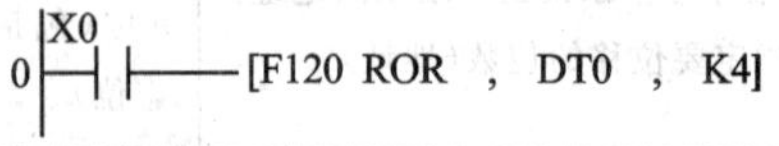

```
0 ─┤X0├── [F120 ROR , DT0 , K4]
```

图 6-71 循环右移指令示例

功能说明：

当触发信号 X0 接通时，将数据寄存器 DT0 中数据循环右移 4 位。当循环右移 4 位后，位址为 3 的数据传送到特殊继电器 R9009（进位标志）中，DT0 的低 4 位（0 位～3 位）向右移出，再到高 4 位（12 位～15 位）中。若 DT0 中的值原来是 H1234，则移位一次后 DT0 中的值变为 H4123，特殊继电器 R9009 中内容为 0。

3) 包含进位标志的循环移位指令：F122、F123

F122：寄存器 D 中的 16 位数据和进位标志位数据一起循环右移 n 位。

F123：寄存器 D 中的 16 位数据和进位标志位数据一起循环左移 n 位。

2. 十六进制数的左/右移位指令：F105、F106

F105：D 中的十六进制数右移 1 个十六进制位，相当于右移二进制的 4 位，移出的低 4 位数据送到特殊数据寄存器 DT9014 的低 4 位，同时 D 的高 4 位变为 0。

F106：D 中的十六进制数左移 1 个十六进制位，相当于左移二进制的 4 位，移出的高 4 位数据送到特殊数据寄存器 DT9014 的低 4 位，同时 D 的低 4 位变为 0。

3. 数据区按字左/右移位指令：F110、F111

F110：由 D1 为首地址，D2 为末地址定义的数据区，整体右移一个字（相当于二进制的 16 位）。执行后，首地址寄存器的原数据丢失，末地址寄存器为 0。

F111：由 D1 为首地址，D2 为末地址定义的数据区，整体左移一个字（相当于二进制的 16 位）。执行后，首地址寄存器为 0，末地址寄存器的原数据丢失。

4. 十六进制数据区的左/右移位指令：F112、F113

F112：由 D1 为首地址，D2 为末地址定义的数据区，整体右移 1 个十六进制位（相当于二进制的 4 位）。执行后，首地址寄存器 D1 的低 4 位丢失，末地址寄存器 D2 的高 4 位全补 0。

F113：由 D1 为首地址，D2 为末地址定义的数据区，整体左移 1 个十六进制位（相当于二进制的 4 位）。执行后，首地址寄存器 D1 的低 4 位全补 0，末地址寄存器 D2 的高 4 位丢失。

6.5.8 位操作指令

位操作就是指被操作的对象不是字，而是字中的某一位或几位。FP0 系列 PLC 具有较强的位操作能力,可以进行 16 位数据的位置位(置 1)、位复位(清零)、位求反以及位测试,还可计算 16 位或 32 位数据中值为"1"的位数。位操作指令共有 6 条,可分为位处理指令和位计算指令两类,如表 6-27 所列。

由于这些指令可以对寄存器中数据的任意位进行控制和运算,所以在编程中有时可以起到重要作用。同样一种控制要求,用一般的基本指令实现,程序往往比较复杂;如果利用好位操作指令,可取得很好的效果,使程序变得更为简洁。

表 6-27 位操作指令

指令格式	步数	操作数定义	功能说明	可使用的寄存器
[F130 BTS, D, n]	5	D: 位操作原数据和结果的地址 n: 低 4bit 指定位操作的位置(地址)	位设置	D: 除 WX 和常数外均可用 n: 所有寄存器均可用
[F131 BTR, D, n]	5	D: 位操作原数据和结果的地址 n: 低 4bit 指定位操作的位置(地址)	位清除	D: 除 WX 和常数外均可用 n: 所有寄存器均可用
[F132 BTI, D, n]	5	D: 位操作原数据和结果的地址 n: 低 4bit 指定位操作的位置(地址)	位求反	D: 除 WX 和常数外均可用 n: 所有寄存器均可用
[F133 BTT, D, n]	5	D: 位操作原数据和结果的地址 n: 低 4bit 指定位操作的位置(地址)	位测试	D: 除 WX 和常数外均可用 n: 所有寄存器均可用
[F135 BCU, S, D]	5	S: 位计算原数据(地址) D: 计算结果的存放地址	16 位数据位计算 计算 S 中为"1"的位个数→D	S: 所有寄存器均可用 D: 除 WX 和常数外均可用
[F136 DBCU, S, D]	7	S: 位计算原数据(地址) D: 计算结果的存放地址	32 位数据计算 计算(S+1, S)中为"1"的位个数→D	S: 除 IY 外均可用 D: 除 WX、IY 和常数外均可用

1. 位处理指令: F130~F133

F130~F132 这三条指令的功能是分别对 D 中位地址为 n 的数据位进行置位(置 1)、复位(清零)、求反。其中,由于 n 用来表示 16 位数据的位地址,因此取值范围为 K0~K15,超过此范围时无效。

F133 指令用于测试 16 位数据 D 中位址为 n 的状态为"0"还是为"1"。测试的结果存储在内部继电器 R900B 中,如果测试结果为 0,则 R900B=1;测试结果为 1,则 R900B=0。

【例 6-47】位复位指令示例(如图 6-72 所示)。

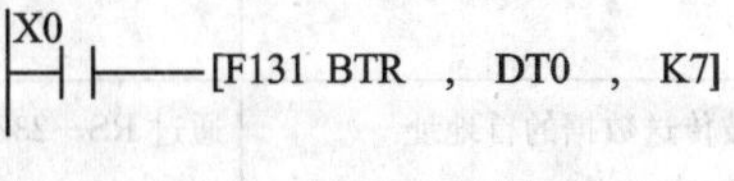

```
X0
─┤├──[F131 BTR , DT0 , K7]
```

图 6-72 位复位指令示例

功能说明:当触发信号 X0 接通时,将数据寄存器 DT0 的位址为 7 的内容复位(置 0)。若指令执行前 DT0 中存储的数据为 HDCBA(1101 1100 1011 1010),则复位后 DT0 中的数据为 HDC3A(1101 1100 0011 1010)。

【例 6-48】位测试指令示例(如图 6-73 所示)。

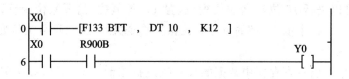

图 6-73 位测试指令示例

功能说明：

当触发信号 X0 接通时，检查数据寄存器 DT10（HA03D）的位地址 12 的状态，位地址 12 的内容为 0 即为 OFF 状态，则特殊内部继电器 R900B 接通（ON），使输出继电器 Y0 接通。

2. 位计算指令：F135、F136

位计算指令就是分别统计 S 指定的 16 位和 32 位数据中值为"1"的总个数，并把统计的结果存储于 D 指定的存储区中。

6.5.9 特殊指令

FP0 型 PLC 除具有以上高级指令外，还包括一些能完成某些特定功能的指令，如进位标志位的置位、清零、串行通信以及并行打印输出等，如表 6-28 所列。

表 6-28 特殊指令

指令格式	步数	操作数定义	功能说明	可使用的寄存器
[F137 STMR, S, D]	5	S：设定值寄存器 D：经过值寄存器	设定值×0.01s 后，将指定输出和 R900D 置 ON	S：所有寄存器均可用 D：WY、WR、SV、EV、DT
[F183 DSTM, S, D]	7	S：设定值寄存器（首地址） D：经过值寄存器（末地址）	设定值×0.01s 后，将指定输出和 R900D 置 ON	S：除 IY 外，均可用 D：WY、WR、SV、EV、DT
[F140 STC]	1	R9009：CY 进位标志位的专用寄存器	进位标志位置位：令 R9009=ON	
[F141 CLC]	1	R9009：CY 进位标志位的专用寄存器	进位标志位复位：令 R9009=OFF	
[F143 IORF, D1, D2]	5	D1：待刷新 I/O 的首地址 D2：待刷新 I/O 的末地址 （要求 D1、D2 为同一类寄存器且 D1≤D2）	刷新指定编号的 WX、WY 中的内容	D1、D2：只有 WX、WY 可用
[F144 TRNS, S, n]	3	S：存储被传送数据的首地址 n：指定被传送字的字节数（地址）	通过 RS—232C 串行口与外设通信	S：只有 DT 可用 n：所有寄存器均可用
[F147 PR, S, D]	5	S：存储 12 字节 ASCⅡ码（6 字）的首地址 D：用于输出 ASCⅡ码的字输出继电器	将（S+5…S）中 12 个字符的 ASCⅡ码→（…，D）输出	S：除 IX、IY 和常数外均可用 D：只有 WY 可用

续表 6-28

指令格式	步数	操作数定义	功能说明	可使用的寄存器
[F148 ERR, n]	3	n：指定自诊断错误代码号（有效范围：0 和 100～299）	自诊断错误设定	n：只有常数可用
[F149 MSG, S]	13	S：将作为信息显示的字符	在手持编程器上显示指定字符，并将其存入 DT9030～DT9035（只有编程器上无显示时方可执行）	S：只可用带有 M 的字符常数

1. 进位标志(CY)的置位和复位指令：F140(STC)、F141(CLC)

这两条指令是 FP0 高级指令中仅有的两条无操作数的指令，其功能是将特殊内部继电器 R9009(进位标志位)置位和复位，即将 R9009 置为 1 或者清 0。

2. 刷新部分 I/O 指令：F143(IORF)

第 5 章讲过，PLC 采用循环扫描方式，会产生输入/输出的滞后现象，甚至有时会丢失信号，这对一些控制时间要求比较严格、响应速度较快的场合不能符合其要求。为此，FP0 型 PLC 设置了 I/O 口部分刷新功能，可根据用户的需要，在扫描周期的执行阶段也能对部分 I/O 口进行刷新，从而提高了响应速度。

指令功能：当触发信号接通时，刷新指定的部分 I/O 点。D1 和 D2 为同一类型操作数，且 D1≤D2。

3. 串行数据通信指令：F144(TRNS)

通过 RS—232C 串行口与外设通信，以字节为单位，发送或接收数据。一般型号末端带"C"的 PLC 带有 RS—232 串行口。

其中，S 为发送或接收数据的寄存器区首地址，且 S 只能使用数据寄存器 DT。寄存器 S 用做发送或接收监视之用，之后的寄存器 S+1，S+2，……存放着发送或接收的数据。也就是说，S+1 为发送和接收数据的首地址，数据存放在 S+1 及以后的寄存器中。n 则用来设定要发送的字节数。

① 数据发送：特殊内部继电器 R9039 是发送标志继电器，发送过程中 R9039 为 OFF 状态，发送结束后，为 ON 状态。其间，S 用来监控将要发送的字节数，从 S+1 开始存放要发送的数据，n 用来设定要发送的字节数。当执行指令时，首先将 n 装入 S 中，每发送一个字节，S 寄存器的内容减 1，直至 S 的内容为 0，发送完毕。

② 数据接收：特殊内部继电器 R9038 是接收标志继电器，接收过程中 R9038 为 OFF 状态，接收结束后，为 ON 状态。其间，从外设传来的数据存放在接收缓冲区第二个字开始的区域中，即从 S+1 开始的寄存器中。接收缓冲区的第一个字，即 S 用来监控接收到的字节数，缓冲区由系统寄存器 No.417 和 No.418 指定。其中 No.417 用于设置接收缓冲区的起始地址，No.418 用于设置接收缓冲区的大小(字数)。例如 No.417=K200，No.418=K4，则表示从外

设接收的 8 个字节(4 个字)的数据存放于数据寄存器 DT201 开始的区域中,DT200 用于记录接收到的字节数。此时,操作数 S 无实际意义,n 应设置成 0。当执行指令时,首先将 0 装入缓冲区第一个寄存器中,每接收 1 字节,该寄存器的内容加 1,当接收到由系统寄存器 No.413 指定的结束符后,数据接收完毕,S 中的数据即是接收到的字节数。

在使用 F144 指令进行数据传送时,需要对系统寄存器 No.412～No.418 进行设置,此外还要对一些有关参数,如波特率等进行设置,详情请参阅 FP0 可编程控制器的技术手册。

4. 并行打印输出指令：F147(PR)

通过并行通信口打印输出字符。

5. 自诊断错误设置指令：F148(ERR)

根据任意设置的检知条件,检测自诊断错误,或者将由自诊断错误 E45,E50 或 E200～E299 引起的错误状态复位。F148 指令的运行由 n 决定,n 为自诊断错误代码,设置范围为 0 和 100～299。

$n=0$：清除由自诊断错误 E45,E50 或 E200～E299 引起的错误状态；

$n=100～299$：将指令的触发信号设置为第 n 号自诊断错误。具体内容请参见 FP0 可编程控制器的技术手册的"错误代码表"。

6. 信息显示指令：F149(MSG)

将 S 指定的字符常数(以 M 开始的字符串)显示在 FP 编程器 II 的屏幕上。

在本章中对松下 PLC 的指令系统进行大体的分类介绍,为了加深读者对指令使用的理解,还针对各类指令举了一些实际的例子加以说明。但由于篇幅的限制,只能重点介绍其中的一些常用和典型的指令,对于其他没有具体介绍的指令,其格式和编程方法可参考书中列表查询使用,更详细情况可查阅 FP0 相关技术手册。

另外,高级指令中还有一些具有特殊功能的指令(如高速计数、速度控制、脉冲输出和脉宽调制等),这一部分放在第 7 章详述。

思考题与习题

6-1 松下 FP0 型 PLC 有什么特点？

6-2 "软继电器"的含义是什么？编程中如何使用？

6-3 如何理解"位"与"字"之间的关系？WX0、X0、X10 表示的意义有何不同？

6-4 索引寄存器有什么作用？

6-5 使用 OT、SET、RST、KP 指令时应注意哪些问题？

6-6 简述 TM 指令和 CT 指令的工作原理。

6-7 简述 CT 指令和 F118 指令的区别与联系。

6-8 简述 SR 指令和 F119 指令的区别与联系。

6-9 何为"顺序控制"？如何利用步进指令实现顺序控制？

6-10 如何理解"条件触点"？简述条件比较指令和 F60 指令在用法上的区别。

6-11 高级指令的操作数分为几类？在使用时有什么要求？

6-12 第一个扫描周期,把 DT0~DT30 全部清零;当 X0=ON 时,把 101~110 一组数分别存在 DT21~DT30 中,试编写这段程序。

6-13 运用 F6 指令实现十六进制数位传送时,若 n=H0130,画图说明源区的数据如何传送到目的区?

6-14 F20 指令和 F22 指令在应用时有什么区别?

6-15 F35 指令和 F55 指令在应用时有什么区别?

6-16 绘出下列语句表的梯形图程序,并分析输入触点 X1、X0 在程序中的控制功能以及执行该程序所实现的功能。

```
ST      X1                          DT      2
AN/     X0                   ST     X0
F1(DMV)                      F11(COPY)
H       20070101             K      0
DT      0                    DT     0
F0(MV)                       DT     2
K       1                    ED
```

6-17 分析图 6-74 所示梯形图程序所实现的功能。

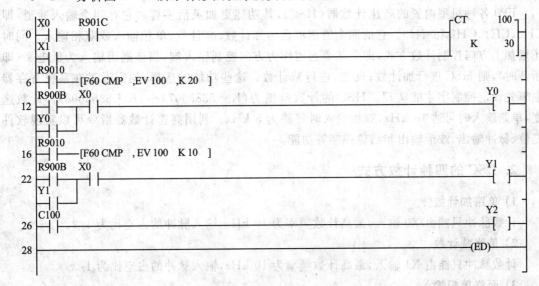

图 6-74 习题 6-17 梯形图程序

· 185 ·

第 7 章 FP0 的特殊功能及高级模块

7.1 FP0 的特殊功能简介

FP0 PLC 虽属于超小型机,却具备了许多中、大型 PLC 的特殊功能,其特殊功能主要包括两部分。一是其他 FP 系列机也具有的特殊功能,如高速计数功能、脉冲输出功能、脉冲捕捉功能、中断功能等。这些功能在 FP0 中也进一步被扩展了,使用更加方便。二是 FP0 所特有的特殊功能,如 PID 指令、PWM 输出、方向控制、JOG(点动)控制等。

7.1.1 高速计数(HSC)功能

1. HSC 的功能概述

FP0 各种机型内置的高速计数器(HSC),其功能更加灵活多样。它有四个输入通道,即 CH0、CH1、CH2 和 CH3。它的四个通道可设为加计数、减计数、单相输入或双相输入。同时还增加了方向控制计数方式,即令某个通道作为方向控制输入端,当该通道输入为低电平(即断开时),则 HSC 进行加计数;反之,进行减计数。这些功能的选择,均需通过在系统寄存器中事先设定控制字才能实现。HSC 的计数范围为 $(K-8388607) \sim (K+8388608)$。计数速度,单路输入时可达 10 kHz,双相输入时每路为 5 kHz。利用高速计数器指令可以实现软件复位、脉冲输出、波形输出和凸轮控制等功能。

2. HSC 的四种计数方式

1) 单路加计数

计数脉冲只能由 X0 输入,最高计数频率为 10 kHz,输入脉冲的占空比为 1/2。

2) 单路减计数

计数脉冲只能由 X1 输入,最高计数频率为 10 kHz,输入脉冲的占空比为 1/2。

3) 两路单相输入

两路计数脉冲分别由 X0、X1 输入,HSC 对 X0 和 X1 进行分时计数,X0 为加计数,X1 为减计数,最高计数频率仍为 10 kHz。

4) 两路双相输入

要求由 X0 和 X1 输入两路相位差为 90°的正交脉冲序列,此时 HSC 对 X0 和 X1 进行交替计数,故每一路的最高计数频率为 5 kHz。

3. HSC 控制字的设定

HSC 的四个通道分为完全独立的两组,CH0 和 CH1 是一组,CH2 和 CH3 是一组。两组计数方式由系统寄存器 No.400 和 No.401 中的控制字决定,其设定方式和控制含义是完全一样的,故这里只介绍第一组,其他请读者查阅有关手册。

No.400 是一个 16 位的寄存器,其高 8 位为一组,主要用来设定 CH1 的控制字,低 8 位为一组,主要用来设定 CH0 的控制字。设定说明分别如表 7-1 和表 7-2 所列。

表 7-1 FP0 内置 HSC 控制字高 8 位的设定

工作方式	控制字	是否硬复位	工作方式	控制字	是否硬复位
X1 不使用	H00		X1 减计数输入	H05	否
X1 加计数输入	H03	否	X1 减计数输入	H06	X2 为硬复位
X1 加计数输入	H04	X2 为硬复位			

表 7-2 FP0 内置 HSC 控制字低 8 位的设定

工作方式	控制字	是否硬复位	工作方式	控制字	是否硬复位
X0 不使用	H00		X0 减计数	H06	X2 为硬复位
两相输入(X0,X1)	H01	否	X0 加计数,X1 减计数	H07	否
两相输入(X0,X1)	H02	X2 为硬复位	X0 加计数,X1 减计数	H08	X2 为硬复位
X0 加计数	H03	否	X0 加减计数,X1 方向控制	H09	否
X0 加计数	H04	X2 为硬复位	X0 加减计数,X1 方向控制	HA	X2 为硬复位
X0 减计数	H05	否			

说明:

① 两相输入方式,要求 X0 和 X1 输入正交脉冲,且当 X0 的相位超前于 X1 时,为加计数方式;而当 X0 的相位落后于 X1 时,为减计数方式。

② 控制字设为 H07、H08 时,X0 和 X1 为独立输入方式,此时 HSC 对两路输入分时计数,但 X0 只能加计数,X1 只能减计数。

③ 控制字设为 H09、HA 时,X0 为加减计数方式,此时 X1 为方向控制端,当 X1 为低电平(即断开时),则 X0 为加计数;而当 X1 为高电平(即接通时),X0 为减计数。

④ 凡是被设为不使用的输入端均可作为一般输入端子来用,而凡是已被设为使用的端子则不能再作他用。

⑤ No.401 的设置及控制字与上表完全相同,只要将表中 X0 改为 X3,X1 改为 X4,X2 改为 X5 即可。

⑥ 控制字设定时只要将高 8 位和低 8 位组合在一起,存入系统寄存器即可。例如,当设 X1 为加计数,X0 为减计数,且 X2 为硬复位时,则 No.400 中控制字应设定为 H0406,也可简写为 H406。

4. HSC 占用的 I/O 和寄存器(继电器)

表 7-3 是 FP0 的 HSC 所占用的 I/O 及寄存器分配表。

表 7-3 FP0 内置 HSC 占用的 I/O 及寄存器分配表

通道号	输入	硬复位	标志继电器	经过值寄存器	目标值寄存器
CH0	X0	X2	R903A	DT9044~DT9045	DT9046~DT9047
CH1	X1	X2	R903B	DT9048~DT9049	DT9050~DT9051
CH2	X3	X5	R903C	DT9104~DT9105	DT9106~DT9107
CH3	X4	X5	R903D	DT9108~DT9109	DT9110~DT9111

说明：

表 7-3 中特殊继电器 R903A、R903B、R903C 和 R903D 分别作为 CH0、CH1、CH2 和 CH3 的标志继电器。当某通道的 HSC 计数时，则相应通道的标志继电器接通，而当 HSC 停止计数时，则该标志继电器断开。HSC 的经过值存储在特殊寄存器 DT9045（高位）和 DT9044（低位）中，目标值存储在 DT9047（高位）和 DT9046（低位）中。

5. HSC 的运行控制

HSC 的运行控制由特殊寄存器 DT9052 的低 4 位来设置，其设置规定如图 7-1 所示。

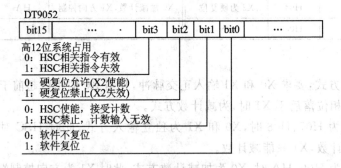

图 7-1 HSC 运行控制设置规定

7.1.2 脉冲输出功能（仅晶体管输出型）

FP0 的输出端 Y0 和 Y1 可以独立地输出两路脉冲。其脉冲频率可以通过编程调节，频率范围可在 40 Hz~5 kHz 之间变化。关于这一特殊功能的使用将在下面结合特殊指令加以介绍。

7.1.3 脉冲捕捉功能

PLC 采用的循环扫描工作方式可使输出对输入的响应速度受扫描周期的影响。这在一般情况不会有问题，但有些特殊情况则会出现问题。特别当一些输入信号较为短暂时，往往被遗漏。为了防止这种情况的发生，在 FP0 中设计了脉冲捕捉功能。它可以随时捕捉瞬间脉冲，最小脉冲宽度达 0.5 ms，且不受扫描周期影响。PLC 内部电路将此脉冲记忆下来，在下一个扫描周期的 I/O 刷新期间得到响应。只有输入端 X0~X5 才具有脉冲捕捉功能。

脉冲捕捉功能的实现有以下步骤。

① 先在系统寄存器 No.402 中设定控制字，格式如图 7-2 所示。

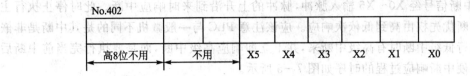

图 7-2 控制字格式

其低 6 位分别对应外部 I/O 端子 X0~X5，该位设为 0 则不使能，为 1 则使能。如设 X3~X5 为有脉冲捕捉功能，则应在 No.402 中置入 16 进制常数 H38。其对应低 8 位如图 7-3 所示。

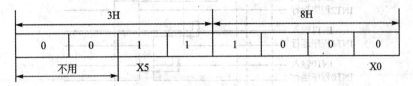

图 7-3 低 8 位格式

② 脉冲捕捉时序图如图 7-4 所示。从图中可以看到一个窄脉冲在 T1 的 I/O 刷新时间过去后到来，若无捕捉功能则此脉冲漏掉。有捕捉功能则 PLC 内部电路将此窄脉冲延时，一直到 T2 的 I/O 刷新结束，使得 PLC 可以响应此脉冲。

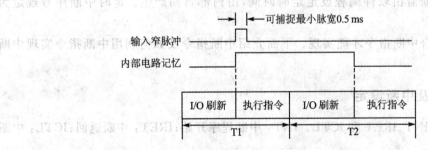

图 7-4 脉冲捕捉时序图

7.1.4 中断功能

为了提高 PLC 的实时控制能力，提高 PLC 与外部设备配合运行时的工作及应付突发事件的能力，FP0 各机型设置了中断功能。所谓中断，就是中止当前正在运行的程序，去执行为要求立即响应的信号而专门编制的程序（称为中断服务程序）；执行完中断服务程序再返回被中止执行的程序继续运行。

FP0 中断有两种类型：一种是外部硬中断；一种是内部定时中断，也可以称为"软中断"。外部中断可带 6 个中断源。输入端子 X0~X5 作为外部中断输入，分配如下：

X0——INT0 X1——INT1
X2——INT2 X3——INT3
X4——INT4 X5——INT5

中断优先权为 INT0 最高，INT5 最低。

中断响应过程如下。

外部硬中断信号经 X0~X5 输入脉冲,脉冲的上升沿到来时响应中断。此时停止执行主程序,并按中断优先权由高到低依次响应。应该注意 PLC 与一般微机不同的是其中断是非嵌套的,即当执行低级中断时有高级中断来,并不立即响应高级中断,而是要执行完当前中断后才响应,外部硬中断响应过程的时序如图 7-5 所示。

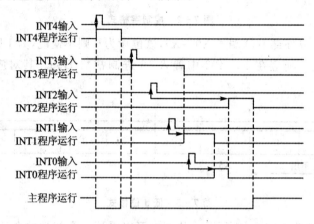

图 7-5 外部中断响应时序图

外部中断源的脉冲宽度应大于 0.2 ms。

FP0 的定时中断需由软件编程设定定时时间,由内部自动产生。定时中断序号规定为 INT24。

中断功能需配合中断指令才能实现。下面介绍中断指令及如何利用中断指令实现中断功能。

1. 中断指令及中断设定

中断指令包括 INT、IRET 和 ICTL。INT:中断程序开始;IRET:中断返回;ICTL:中断控制。

实现中断功能需先进行中断设定。

中断设定分两步,第一步设定系统寄存器,第二步设定中断控制字。下面分别介绍其设定方法。

1) 系统寄存器设定

中断使用的系统寄存器为 No. 403,其格式如图 7-6 所示。

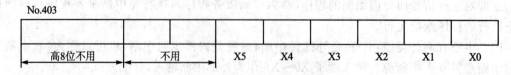

图 7-6 中断使用的系统寄存器格式

No. 403 的低 6 位作为中断设定用,从低位到高位依次对应 6 个外部中断源。某位为"1",则该中断源使能,为"0"则不使能。被设定为中断输入端的端子,当无中断时仍可当作一般输入端使用。

2）中断控制字的设定

用中断控制指令 ICTL 设定中断控制字,格式如图 7-7 所示。

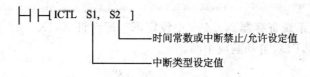

图 7-7 中断控制字格式

其中,S1 和 S2 可以是常数也可以是存放数据的寄存器,S1 和 S2 均为 16 位的数据或寄存器。下面分别介绍 S1 和 S2 的数据代码及其含义。

① S1 的高 8 位数据决定了所用中断是屏蔽还是清除状态。高 8 位为 H00 时,则设为屏蔽状态;高 8 位为 H01 时则设为清除状态。S1 的低 8 位数据决定了是外部"硬中断"还是内部定时中断(即"软中断")。S1 的低 8 位为 H00 时则设为外部硬中断方式,为 H02 或 H03 时则设为定时中断方式。

② S2 的低 6 位(bit0～bit5)分别对应外部中断输入 X0～X5,当该位为 1 时,则相应的外部中断源被允许中断;反之,当该位为 0 时,则相应的外部中断源被禁止中断。S2 的高 8 位不使用。

当 S1 设定为定时中断方式时,S2 中的数即为定时时间常数,取值范围为 K1～K3000,其定时时间为该时间常数乘以计时单位,即当 S1=H02 时,定时时间为时间常数乘以 10 ms,其定时范围为 10 ms～30 s。当 S1=H03 时,定时时间为时间常数乘以 0.5 ms,其定时范围为 0.5 ms～1.5 s。

2. 中断程序书写格式

中断程序必须按规定格式书写,如图 7-8 所示。

注意:

① 为保证中断触发信号的上升沿到来时,只执行一次 ICTL 指令,ICTL 应和 DF 连用。

② 两个或多个 ICTL 指令可使用同一个中断触发信号。

③ 中断程序必须放在 ED 后面,最多放 7 个。

④ INT 和 IRET 必须成对出现。

⑤ 在中断服务程序中,一般不使用带延时功能的指令,如 TM 和 CT 等。

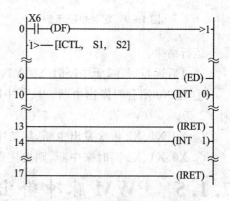

图 7-8 中断程序书写格式

⑥ 可以在中断程序中使用 CALL—SUB(子程序)指令。

⑦ 中断程序的执行时间不受扫描周期的限制。

⑧ 要终止 INT24 中断程序时,将 S2 中的时间常数写为 0 即可。

3. 中断程序示例

【例 7-1】 定时中断(如图 7-9 所示)示例。

运行结果:

X0 变为 ON 后,Y0 亮 3 s,灭 3 s,如此反复直至 X0 变为 OFF 后停止。

【例 7-2】 外部中断,多个中断源(如图 7-10 所示)示例。

程序运行前先在系统寄存器 No.403 中设定 K7,即允许 X0、X1、X2 中断,于是当外部开关 X0、X1、X2 闭合时,PLC 自动响应中断。

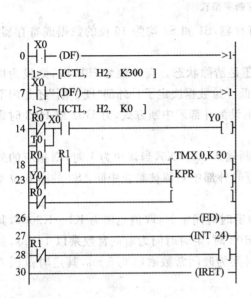

图 7-9 定时中断示例

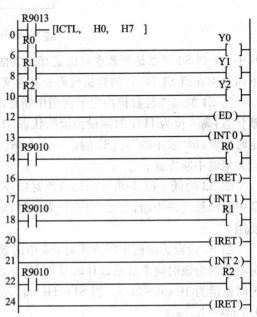

图 7-10 外部中断示例

运行结果:

通电后运行程序,无中断时 Y0、Y1、Y2 全灭。中断时则作如下响应:

① 当 X0 闭合时发出中断。执行中断程序"INT0",则 Y0 亮;X1 中断则 Y1 亮;X2 中断则 Y2 亮。

② X0、X1、X2 依次发出中断,则按中断到来先后响应之。

③ X0、X1、X2 同时来中断,则按优先权排队顺次响应之。

7.1.5 PWM 脉冲输出功能(仅晶体管输出型)

FP0 的输出 Y0 和 Y1 可以独立地输出 PWM(脉宽调制波)信号,且该 PWM 脉冲的周期和占空比均可以通过编程调节。关于这一特殊功能的使用将在下面结合特殊指令加以介绍。

7.2 FP0 的特殊指令

上面介绍的各种特殊功能都必须配合特殊指令才可应用。在 FP0 中与 HSC 有关的指令是 F166~F170,其中 F168~170 指令需配合脉冲输出功能方可使用。这些指令的编号及代码如表 7-4 所列。

第7章 FP0的特殊功能及高级模块

表 7-4 FP0 的特殊指令

指令格式	步 数	操作数定义	功能说明	可使用的寄存器
[F0 MV,S,DT9052]	5	S：规定高速计数器运行的数据（地址） DT9052：存高速计数器运行模式的地址	高速读数器控制字写入：将 S 中经过值→DT9052	S：所有寄存器均可用
[F1 DMV,S,DT9044]	7	S：高速计数器待修改的经过值（首地址） DT9044：存高速计数器经过值的寄存器（首地址）	高速计数经过值写入：将 (S+1,S) 中经过值→(DT9045,DT9044)	S：除 IY 外均可用 D：除 WX、IY 和常数外均可用
[F0 DMV,DT9044,D]	7	DT9044：存高速计数器经过值的寄存器（首地址） D：读高速计数器经过值的寄存器（首地址）	高速计数经过值读出：将 (DT9045,DT9044) 中经过值→(D+1,D)	
[F166 HC1S,n,S,D]	11	S：存高速计数器经过值的首地址设置范围： (K-8388608)~(K+8388607) D：指定的外部输出继电器（Y0~Y7） n：高速计数器的通道数	高速计数器输出置位（带通道指定） 当 (DT9045,DT9044)=(S+1,S)→Yn=ON 执行条件：R903A=OFF n：K0~K3 Yn：Y0~Y7	S：除 IY 外均可用
[F167 HC1R,n,S,D]	11	S：存高速计数器经过值的首地址设置范围： (K-8388608)~(K+8388607) D：指定的外部输出继电器（Y0~Y7） n：高速计数器的通道数	高速计数器输出复位（带通道指定） 当 (DT9045,DT9044)=(S+1,S)→Yn=OFF 执行条件：R903A=OFF n：K0~K3 Yn：Y0~Y7	S：除 IY 外均可用
[F168 SPD1,S,n]	5	S：存储参数表的首地址 n：指定脉冲输出通道 Yn(n：K0 或 K1)	速度控制指令：根据参数表中的设置，从指定通道（Y0 或 Y1）输出一个脉冲序列	S：只有 DT 可用
[F169 PLS,S,n]	5	S：存储参数表的首地址 n：指定脉冲输出通道 Yn(n：K0 或 K1)	脉冲输出指令：根据参数表中的设置，从指定通道（Y0 或 Y1）输出一个脉冲	S：只有 DT 可用
[F170 PWM,S,n]	5	S：存储控制数据的首地址	PWM 输出指令：根据参数表中的设置，从指定外部输出(Yn)输出相应参数的 PWM 波形	S：只有 DT 可用
[F355 PID,S]	4	S：存储 PID 运算模式和参数	PID 运算指令：根据参数表中的数据进行 PID 过程控制输出： (S+2)~S 存储 PID 模式和参数 S+3 存储结果	S：WR,SV,EV,DT,IX,IY

· 193 ·

7.2.1 F166(HC1S)指令

F166 指令是与目标值相符时为 ON。即：当内置高速计数器的经过值达到(S+1,S)中的目标值时,将输出 Yn 置 ON 并保持。

F166 的用法与 FP1 的 F162 基本相同,其指令的书写格式如图 7-11 所示。

┤├ [F166 HC1S, n, S, D]

图 7-11 F116 指令格式

其中,n 为高速计数器的通道号。操作数可以是常数 K(K0~K3),常数 n 不允许用索引寄存器。

S:高速计数器目标值或存贮数值区的起始地址。操作数除 IY 以外均可。

D:可用的外部输出继电器,只能是 Y0~Y7。

【例 7-3】高速计数器置位,F166 指令示例(如图 7-12 所示)。

```
 R0
┤├ [ F166 HC1S, K0, K1000, Y0 ]
```

图 7-12 F116 指令示例

当 R0 为 ON 时,指定通道 0 的 HSC 开始计数。计到 K1000 时,将 Y0 置位,即 Y0=1。

7.2.2 F167(HC1R)指令

F167 指令是与目标相符时为 OFF,即：当内置高速计数器的经过值达到(S+1,S)中的目标值时,将输出 Yn 置 OFF 并保持。

F167 的用法与 FP1 的 F163 基本相同,其指令的书写格式如图 7-13 所示。

┤├ [F167 HC1R, n, S, D]

图 7-13 F167 指令格式

其他规定与用法同 F166 指令。

7.2.3 F168(SPD1)速度及位置控制指令

该指令虽然与 FP1 的 F164 指令相似,也可以实现速度及位置控制,但其使用方法却与 F164 有很大不同。F168 的使用更加方便,其参数表设定更简单,频率参数可以直接设定,不必进行换算和查表。F168 只有一种工作方式,即进行速度和位置控制,而不像 F164 那样有两种工作方式。F168 除了可以进行速度、位置控制外,还可以进行加减速时间控制。其进行速度、位置控制的方式分为两类,分别说明如下。

1. 相对值位置控制

这是以当前位置为基准设置目标脉冲数,不管当前位置在什么地方,所设目标脉冲数是多少就在此基础上移动多少脉冲。所设目标值为正,则在当前位置基础上向正向移动,此时方向控制输出端为断开。若所设目标值为负,则在当前位置向反方向移动,此时方向控制输出端为接通。故只要将方向控制端接在电动机驱动器的方向输入端上,即可以方便地实现电动机正反转控制。

2. 绝对值位置控制

这是以原点位置为基准脉冲数,当前位置和目标位置的脉冲数都是相对于原点而言。实际移动的脉冲数为当前位置脉冲数与目标位置脉冲数的差值。当目标值大于当前值,则在当前位置基础上向正向移动,此时方向控制输入端为断开。若所设目标值小于当前值,则在当前位置向反方向移动,此时方向控制输出端为接通。故只要将方向控制端接在电动机驱动器的方向输入端上,即可以方便地实现电动机正反转控制。为清楚起见,将绝对控制与相对控制的关系图解如图 7-14 所示。

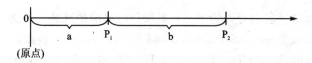

图 7-14 两种控制示意图

图 7-14 中,P_1:当前位置,距离原点为 a;P_2:目标位置,距离原点为(a+b)。当采用相对值控制时,目标脉冲数为 b;当采用绝对值控制时,目标脉冲数应为(a+b)。

F168 指令书写格式如图 7-15 所示。

⊢⊢[F168 SPDI, S, n]

图 7-15 F168 指令格式

其中,S 为参数表首地址;n 为指定脉冲输出端,n 只能为 K0 或 K1,n=K0 则输出端为 Y0,n=K1 则输出端为 Y1。使用该指令需事先建立参数表。其参数表设置格式如表 7-5 所列。

表 7-5 F168 指令参数设定表

地址编号	设定内容	地址编号	设定内容
首地址 S	占空比与方向控制(命令代码)	S+4	目标脉冲数
S+1	最小速度脉冲频率/Hz	S+5	
S+2	最大速度脉冲频率/Hz	S+6	停止频率(K0)
S+3	加减速时间/ms		

说明:

① 首地址中的命令代码高 8 位可设定脉冲的占空比。当设为 H0 时,占空比为 50%,设为 H1 时,为固定脉宽(约 80 μs)。低 8 位为方向控制代码,设置格式如表 7-6 所列。

表 7-6 F168 方向控制代码设定表

通道号	脉冲输出端	方向控制端	原点输入端	标志继电器	经过值寄存器	目标值寄存器
CH0	Y0	Y2	X0	R903A	DT9044～DT9045	DT9046～DT9047
CH1	Y1	Y3	X1	R903B	DT9048～DT9049	DT9050～DT9051

将高 8 位和低 8 位组合起来就是首地址中设定的数值,例如:设占空比为 50%,使用绝对值方向控制,且正向为 OFF,则首地址中应设为 H0012,也可简写为 H12。

② 参数表中的最小速度频率值可设为 K40～K5000 之间的任一整数值,对应频率值 40 Hz～5 kHz。

参数表中的最大速度频率值可设为 K40～K9500 之间的任一整数值,对应频率值为 40 Hz～9.5 kHz。

③ 参数表中的加减速时间可设为 K30～K32767,对应加减速时间为 30～32 767 ms。

④ 目标脉冲数可设为 -8 388 608～+8 388 607 之间的任意整数。

⑤ 当使用该指令时,默认 CH0 和 CH1 为 HSC 的输入通道。各通道分配的 I/O 点及内部寄存器的对应关系如表 7-7 所列。

表 7-7 F168 各通道 I/O 及寄存器分配表

控制代码	工作方式	控制代码	工作方式
H00	不使用相对值方向输出	H13	使用绝对值方向输出,正向 ON,反向 OFF
H02	使用相对值方向输出,正向 OFF,反向 ON	H20	不使用原点返回方向输出
H03	使用相对值方向输出,正向 ON,反向 OFF	H22	原点返回方向输出 OFF
H10	不使用绝对值方向输出	H23	原点返回方向输出 ON
H12	使用绝对值方向输出,正向 OFF,反向 ON		

【例 7-4】速度及位置控制示例(如图 7-16 及图 7-17 所示)。

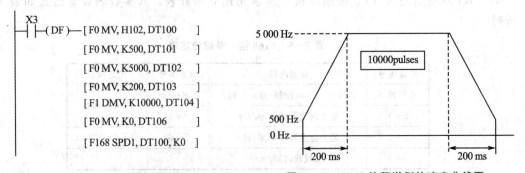

图 7-16 F168 编程举例梯形图　　图 7-17 F168 编程举例的速度曲线图

执行程序,则由 Y0 输出一个初始频率为 500 Hz,最高频率为 5 000 Hz 的脉冲,其加减速时间为 200 ms,移动量为 10 000 个脉冲。此时 HSC 为加计数。当 X3 闭合时,运行程序,其运行时速度曲线变化如图 7-17 所示。

7.2.4 F169(PLS)脉冲输出指令

FP0有两个脉冲输出端Y0和Y1,当只用一个输出通道时最高输出脉冲频率可达10 kHz,两个通道同时输出时其脉冲频率为5 kHz。

当执行该指令时可由输出端子Y0或Y1输出脉冲,脉冲周期和占空比可由参数表设定。该指令一般用于点动控制(JOG),由手动开关决定移动距离。其指令书写格式如图7-18所示。

┤├──[F169 PLS, S, n]

图7-18 F169指令格式

S为参数表首地址,n为指定脉冲输出端,n只能为K0或K1,n=K0则输出端为Y0,n=K1则输出端为Y1。

参数表设置说明如下:

① 首地址中存放脉冲占空比和命令代码,末地址存放脉冲频率值。

② 首地址中数据格式为:首地址是16位的数据寄存器,其高8位存放占空比,占空比可设为H1~H9。其对应占空比为10%~90%。以10%为增量单位。低8位存放命令代码。命令代码设置如表7-8所列。将高8位和低8位组合起来就是首地址中存放的数值。

表7-8 F169指令参数表

工作方式	有无方向控制	控制代码	工作方式	有无方向控制	控制代码
HSC不使用		H00	减计数	无	H20
加计数	无	H10	减计数	有,方向输出OFF	H22
加计数	有,方向输出OFF	H12	减计数	有,方向输出ON	H23
加计数	有,方向输出ON	H13			

例如:设"占空比为50%,加计数,且方向输出ON"则首地址中应存放H513。

③ 末地址中数据格式为K40~K10000,其对应频率为40 Hz~10 kHz。

④ 当使用该指令时,默认CH0和CH1为HSC的输入通道。各通道分配的I/O点及内部寄存器的对应关系如表7-9所列。使用时必须按此表分配的地址使用,不可随意选用。

表7-9 F169 I/O及寄存器分配表

通道号	脉冲输出端	方向控制端	原点输入端	标志继电器	经过值寄存器	目标值寄存器
CH0	Y0	Y2	X0	R903A	DT9044~DT9045	DT9046~DT9047
CH1	Y1	Y3	X1	R903B	DT9048~DT9049	DT9050~DT9051

下面是用F169编程举例,如图7-19、图7-20所示。

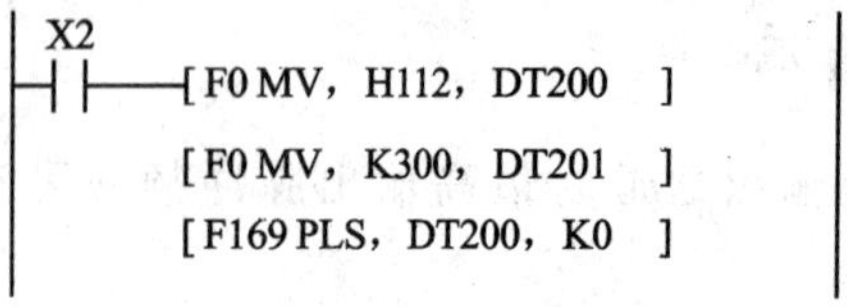

```
      X2                                    X6
     ─┤├──[F0 MV, H112, DT200 ]           ─┤├──[F0 MV, H122, DT200 ]
          [F0 MV, K300, DT201 ]                [F0 MV, K700, DT201 ]
          [F169 PLS, DT200, K0]                [F169 PLS, DT200, K1]
```

图 7-19 F169 编程例 1 梯形图 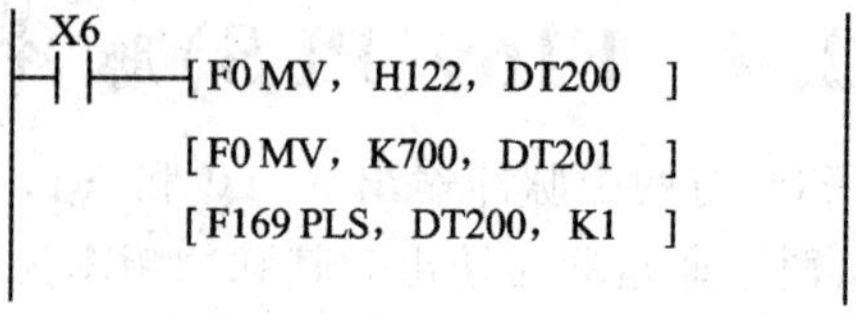　　　　　　　图 7-20 F169 编程例 2 梯形图

【例 7-5】脉冲输出例之一(如图 7-19 所示)。

在图 7-19 中,当 X2 接通时,由 Y0 输出一个频率为 300 Hz、占空比为 10%的脉冲。同时其方向输出端 Y2 为 OFF,HSC 的 CH0 通道进行加计数。当 X2 断开时停止发脉冲。这里若 X2 是一个点动控制开关,执行该程序可实现点动控制。

【例 7-6】 脉冲输出例之二(如图 7-20 所示)。

在图 7-20 中,当 X6 接通时,由 Y1 输出一个频率为 700 Hz、占空比为 10%的脉冲。同时其方向输出端 Y3 为 OFF,且此时 HSC 的 CH1 通道进行减计数。同图 7-19 一样,若 X6 是一个点动开关,则可以实现点动控制。

7.2.5　F170(PWM)脉宽调制波输出指令

该指令可指定输出端 Y0 或 Y1 为脉宽调制波输出端,当执行到该指令时,可在 Y0 或 Y1 输出占空比可调(在 0.1%~99.9%之间)、脉冲频率可调(在 0.15~38 Hz 之间)的脉冲波。其指令格式如图 7-21 所示。

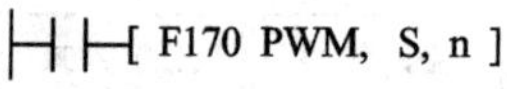

```
     ─┤├──[F170 PWM, S, n]
```

图 7-21　F170 指令格式

其中,S 为参数表首地址;n 为指定端子号,n 只能是 K0 或 K1,n=K0 时指定 Y0 作为 PWM 输出,n=K1 时指定 Y1 作为 PWM 输出。其参数内容存于两个数据寄存器中,脉冲频率值对应的参数存入首地址,而占空比存入末地址(占空比为 k1~k999 之间的整数,k1 代表 0.1%,k999 则代表 99.9%,依此类推)。F170 的指令参数如表 7-10 所列。

表 7-10　F170 指令参数表

实际频率/Hz	周期/ms	参数代码	实际频率/Hz	周期/ms	参数代码
38	26	K0	1.2	840 mS	K5
19	52	K1	0.6	1.6 s	K6
9.5	105	K2	0.3	3.4 s	K7
4.8	210	K3	0.15	6.7 s	K8
2.4	420	K4			

【例 7-7】脉宽调制波输出(如图 7-22 所示)。

说明:

① 该程序执行结果可在 Y0 输出一个周期为 840 ms,占空比为 50%的 PWM 脉冲波;

② 若希望在程序运行过程中改变占空比,可将程序中的常数 K500 改为一个数据寄存器,

只要在运行中令寄存器中的内容改变即可。

③ 脉冲频率只在开始运行程序时改变，此后不再改变。

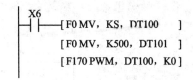

图 7-22　F170 编程示例

利用 PWM 输出功能可以很方便地实现模拟量控制功能。如在温度控制系统中，用 PWM 脉冲控制加热器，改变输出脉冲占空比时，即可改变加热时间，从而实现温度控制。

PWM 脉冲还可直接控制某些具有 PWM 输入接口的变频调速器，通过改变占空比，实现对变频器输出频率的控制，从而取代模拟量输入单元，如数—模转换单元（D/A）。

7.3　FP0 的功能模块

FP0 的功能模块主要有 A/D 模块、D/A 模块、A/D 与 D/A 混合模块和通信模块。当需要对模拟量进行测量及控制时，可配接 A/D、D/A 模块或 A/D 与 D/A 混合模块。这里以 A/D、D/A 混合模块为例，介绍模拟量的输入与输出。

与 FP0 配接的 A/D 与 D/A 混合模块的型号为 A21，模块外形结构如图 7-23 所示。其中，①为模拟模式切换开关，设置如表 7-11 所列。②为模拟 I/O 端子，说明如图 7-24 所示。

表 7-11　模拟模式切换开关设置表

模式	切换数	幅值									
		0~5 V 0~20 mA		-10~+10 V		K 型温度计		J 型温度计		T 型温度计	
输入幅值切换	1,3,5	无平均	有平均	无平均	有平均	<1 000 ℃	-100 ℃~ <1 000 ℃	<750 ℃	-100 ℃~ <750 ℃	<350 ℃	-100 ℃~ <350 ℃
输入幅值切换	4	0~ 20 mA	-10~ +10 V								

电气控制与PLC应用

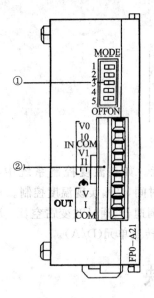

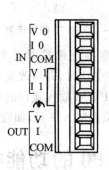

1	IN/V0	输入通道0,电压输入
2	IN/I0	输入通道0,电流输入
3	IN/COM	输入通道0和1,普通模式输入
4	IN/V1	输入通道1,电压输入
5	IN/I1	输入通道1,电流输入
6	⏚	电缆接地
7	OUT/V	电压输出
8	OUT/I	电流输出
9	OUT/COM	普通模式输出

图 7-23　A21 模块外形结构　　　　图 7-24　模拟 I/O 端子说明

7.3.1　模拟 I/O 通道编址

A21 共有 3 个模拟 I/O 单元可以使用。

I/O 单元的 I/O 口分配取决于安装位置。其模块位置和地址的对应关系如图 7-25 所示。

型　号		I/O 数		
		第一扩展	第二扩展	第三扩展
A21	输入通道 0：16 点	WX2(X20－X2F)	WX4(X40－X4F)	WX6(X60－X6F)
	输入通道 1：16 点	WX3(X30－X3F)	WX5(X50－X5F)	WX7(X70－X7F)
	输出通道：16 点	WY2(Y20－Y2F)	WY4(Y40－Y4F)	WY6(Y60－Y6F)

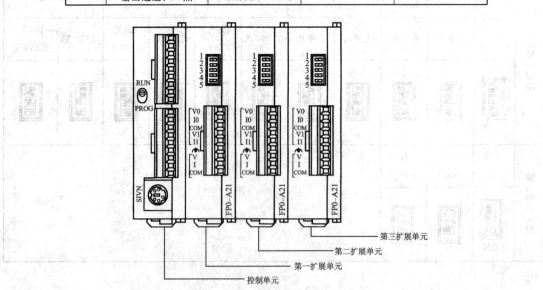

图 7-25　I/O 通道编址说明

7.3.2 模拟量的输入(A/D转换功能)

1. 占用 I/O 通道及编程方法

A21 模块有 2 个模拟量输入通道：CH0、CH1。若 A21 模块处于第一扩展单元,其占用通道的地址分别为：

CH0——WX2(模拟量输入通道)

CH1——WX3(模拟量输入通道)

注意：FP0 对 A/D 模块读取数据,每一个扫描周期只进行一次。F0(A/D)指令用于从模拟 I/O 单元读取数据,并把数据送至目的寄存器中。

编程格式如图 7-26 所示。

┤ ├ ┤ ├ [F0 MV, WX2, DT0]

图 7-26 编程格式

2. A/D 通道的技术参数

A/D 通道的常用技术参数如表 7-12 所列。

表 7-12 模拟输入的技术参数

项目		描述
输入数目		2 信道/单元
输入范围	电压	0～5 V/-10～+10V
	电流	0～20 mA
	温度	K、J 和 T 型温度耦合器
数据输入	0～5 V/0～20 mA	K0～K4000(H0～H0FA0)
	-10～+10 V	(K-2000)～(K+2000)(HF830～H07D0)
	热电偶 (以℃为单位) K 型	K1000～K100
	J 型	K750～K100
	T 型	K350～K100
	不连接时:	K20000
分辨率		1/4000
转换进度	电压/电流	1 ms/通道
	温耦	560 ms(确定的)
精度	电压/电流	±1%F.S.(0～55 ℃/32～131 ℉)以下±0.6%F.S.(25 ℃/77 ℉)以下
	温耦	偏移误差(0～55 ℃/32～131 ℉) ±2%F.S. 以下(Ktype thermocouple) ±2.7%F.S. 以下(Ktype thermocouple) ±5.8%F.S. 以下(Ktype thermocouple) 线性误差: ±1%F.S. 以下(0～55 ℃/32～131 ℉)

续表 7-12

项 目		描 述
输入阻抗	电压	1 MΩ 以上
	电流	250 Ω
输入最大值	电压	±15 V
	电流	±30 mA
绝缘方法		在输入端子和 FP0 内部回路之间 采用光耦隔离(输入之间无隔离) 模拟输入端子与模拟 I/O 单元外部电源间用隔离型 DC/DC 转换器模拟 输入端与模拟输出端之间用隔离型 DC/DC 转换器
输入点数		输入 32 点 前 16 点：输入 CH0 资料(WX2) 后 16 点：输入 CH1 资料(WX3)

3. A/D 输入的转换特性

1) 输入为直流电流 0~20 mA(如图 7-27 所示)

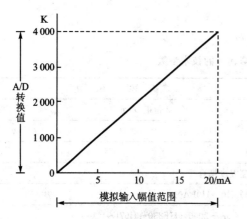

A/D 转换对应表

输入电流/mA	转换值
0.0	0
2.5	500
5.0	1 000
7.5	1 500
10.0	2 000
12.5	2 500
15.0	3 000
17.5	3 500
20.0	4 000
＜0	0
＞20	4 000

图 7-27 输入直流电流 0~20 mA 的转换特性

2) 输入为直流电压 0~5 V(如图 7-28 所示)

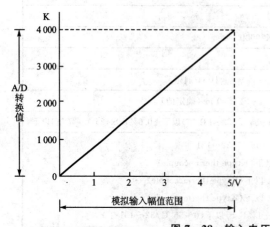

A/D 转换对应表

输入电压/V	转换值
0.0	0
0.5	400
1.0	800
1.5	1 200
2.0	1 600
2.5	2 000
3.0	2 400
3.5	2 800
4.0	3 200
4.5	3 600
5.0	4 000
＜0	0
＞5	4 000

图 7-28 输入电压 0~5 V 的转换特性

3) 输入为直流电压－10～＋10 V(如图7－29所示)

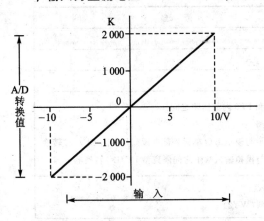

A/D 转换对应表

输入电压/V	转换值
－10.0	－2 000
－7.5	－1 500
－5.0	－1 000
－2.5	－500
0.0	0
2.5	500
5.0	1 000
7.5	1 500
10.0	2 000
＜－10	－2 000
＞10	＋2 000

图7－29 输入电压－10～10 V的转换特性

7.3.3 模拟量的输出(D/A 转换功能)

1. 占用 I/O 通道及编程方法

A21模块有1个模拟量输出通道：CH2。若A21模块处于第一扩展单元，其通道地址为：CH2——WY2(模拟量输出通道)

注意：FP0对D/A模块写入数据，每一个扫描周期只进行一次。编程格式如图7－30所示。

┤├─[F0 MV, DT10, WY2]

图7－30 编程格式

2. D/A 通道的技术参数

D/A 通道的常用技术参数如表7－13所列。

表7－13 模拟输出的技术参数

项 目		描 述
输出数目		1 信道/单元
输出范围	电压	－10～＋10 V
	电流	0～20 mA
数据输入	0～5 V/0～－20 mA	K0～K4000(H0～H0FA0)
	－10～＋10 V	K－2000～K＋2000(HF830～H07D0)
分辨率		1/4 000
转换进度		500 μs
精度		±1％F.S.(0～55 ℃/32～131 ℉)以下 ±0.6％F.S.(25 ℃/77 ℉)以下

续表 7-13

项目		描述
输出阻抗	电压	0.5 Ω
最大输出电流	电压	−10～+10 mA
输出带载	电流	300 Ω 以下
绝缘方法		在输出端子和 FP0 内部回路之间： 采用光耦隔离 模拟输出端子与模拟 I/O 单元外部电源间用隔离 DC/DC 转换器模拟输出与模拟输入端子之间隔离型 DC/DC 转换器
输出点数		16 个输出接点： 模拟输出资料(WY2)

3. D/A 的转换特性

1) 输出为直流电压 −10～+10 V(如图 7-31 所示)

D/A 转换对应表

输入值	输出电压/V	输入值	输出电压/V
−2 000	−10.0	1 000	5.0
−1 500	−7.5	1 500	7.5
−1 000	−5.0	2 000	10.0
−500	−2.5	<−2 000	不变
0	0.0	>2 000	不变
500	2.5		

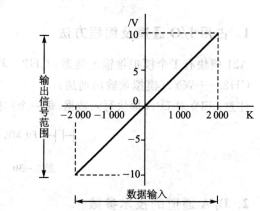

图 7-31 输出电压 −10～+10 V 的转换特性

2) 输出为直流电流 0～20 mA(如图 7-32 所示)

D/A 转换对应表

输入值	输出电流/mA	输入值	输出电流/mA
0	0.0	3000	15.0
500	2.5	3500	17.5
1000	5.0	4000	20.0
1500	7.5	<0	不变
2000	10.0	>4 000	不变
2500	12.5		

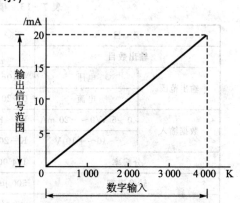

图 7-32 输出电流 0～20 mA 的转换特性

7.3.4　A21模块的输入、输出端子

接线如图7-33所示。

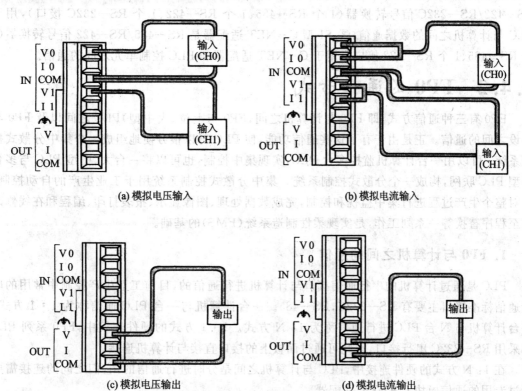

图7-33　模拟输入、输出端子接线

7.4　FP0的通信

通信是指信息的交换。随着计算机网络技术的发展以及工业自动化程度的提高，自动控制系统也从传统的集中式控制向多级分布式控制的方向发展，这就要求构成控制系统的PLC必须具有通信及网络的功能。近年来互联网的广泛应用，也使PLC能够充分利用计算机和互联网的资源，加速了PLC向电气控制、仪表控制、计算机控制一体化和网络化的方向发展。PLC与通信网络技术的结合，将使传统的加工制造业呈现崭新的面貌。

PLC的通信网络技术十分丰富，各厂商的PLC产品也各不相同，本节将简略介绍松下电工FP0系列PLC的通信功能。

7.4.1　PLC的通信接口

在集散式控制系统中普遍采用异步串行数据通信方式进行数据通信，即用来自上位微机（或大中型PLC）的命令对控制对象进行控制操作，此外，PLC之间也存在相互的通信连接以进行有关的数据交换。

松下 PLC 进行数据交换时常采用 RS—232C,RS—422,RS—485 三种串行通信接口,相关的链接单元也有三种,均为串行通信方式：① I/O LINK 单元是用于大中型 PLC 之间进行 I/O 信息交换的接口(1 个 RS485 接口和 2 个扩展插座)；② C－NET 适配器是 RS—485/RS—422/RS—232C 信号转换器(1 个 RS—485、1 个 RS—422、1 个 RS—232C 接口),用于 PLC 与计算机之间的数据通信；③ S1 型 C－NET 适配器是 RS—485/RS—422 信号转换器(1 个 RS—485、1 个 RS—422 接口),用于 C－NET 适配器和 PLC 控制单元之间的通信。

7.4.2 FP0 的通信方式

FP0 有三种通信方式,即 FP0 与计算机之间,FP0 与上位(大中型)PLC 之间以及 FP0 与外设之间的通信。正是由于有了这些通信功能,使 PLC 可以很方便地组成一个集中分散式控制系统：可以用一台计算机监控多台 PLC,实现集中控制,也可以将一台大、中型 PLC 与多台小型 PLC 联网,构成一个分散式控制系统。集中分散式控制系统用于工业生产的自动控制,可对整个生产过程进行集中监视和控制,完成数据处理、图像显示、报表打印、编程和在线修改甚至程序替换等一系列工作,是实现柔性制造系统(FMS)的基础。

1. FP0 与计算机之间的通信

PLC 是通过计算机的串行通信接口与计算机进行通信的,目前工业生产控制中常用的串行通信标准接口主要有 RS—232C,RS—485。一台计算机与一台 PLC 通信称为 1∶1 方式,一台计算机与 N 台 PLC 进行通信称为 1∶N 方式。1∶1 方式的硬件连接中,FP0 系列 PLC 均采用 RS—232C 串行接口,因此可通过面板上的接口直接与计算机连接。

在 1∶N 方式的硬件连接中,PLC 与计算机之间是分时进行通信的,它们之间的连接需要通过专用的通信模块 C－NET 适配器。

2. FP0 与上位机 PLC 的通信

在很多控制系统中用一台中型或大型 PLC 作主机(上位机)控制多台小型 PLC(下位机),由这些小型 PLC 直接控制现场设备,从而构成主从式控制网络。这种通信是 PLC 之间的通信,在松下电工的产品中被称为"远程 I/O 通信"。系统中的上位机配有专用于这种通信的"远程 I/O 主单元",各台下位机也配有相应的通信模块"I/O 链接单元",各"I/O 链接单元"上有站号设定开关,当有多台下位机连接时可设定各自的站号。

3. FP0 与外围设备的通信

FP0 还可以通过 RS—232C 或 RS—422 接口与智能终端 IOP、条形码判读器和 EPROM 写入器等各种外围设备进行通信,使 FP0 的输入、输出功能更趋完善,具体方法请参阅有关资料和产品手册。

7.4.3 FP0 通信的设置

在进行通信之前,还要根据具体的通信方式进行系统设置和硬件配置,下面以 1∶1 通信方式为例介绍设置的方法。

1. 系统设置

系统设置就是用编程软件向相关的系统寄存器写入控制字，在 FP0 中，与通信功能有关的系统寄存器为 No.410～No.418，现仅以 No.413 为例介绍其设置方法（如图 7-34 所示），其余的可查阅产品手册或有关资料。

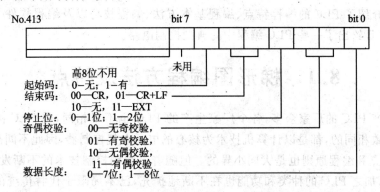

图 7-34　No.413 设置方法及含义

【例 7-8】要实现 1：1 的通信，若选定的波特率及传输格式如下：

① 波特率　9 600。

② 数据长度　8 位二进制数。

③ 停止位　1 位二进制数。

④ 奇偶校验　奇校验。

⑤ 有无结束码　有。

⑥ 有无起始码　无。

试对系统寄存器进行设置。

解：查 FP0 技术手册可知与相关的系统寄存器是 No.412～No.415，按照要求应在各寄存器中分别设定如下控制字：

NO.412＝H01：设置 RS—232C 口与计算机链接；

NO.413＝H03：设置 RS—232C 口通信格式（无起始码，有结束码，1 位停止位，奇校验，数据长度 8 位二进制数）；

NO.414＝H01：设置 RS—232C 口通信速度：9 600 bps；

NO.415＝H01：设置 RS—232C 口站号：1#。

思考题与习题

7-1　FP0 的特殊功能有哪些？

7-2　高速计数器的作用是什么？FP0 最高计数频率为多少？

7-3　PLC 的中断功能与单片机的中断功能有什么区别？

7-4　如何进行中断功能的设定？

7-5　模拟 I/O 通道是如何编址的？

7-6　FP0 有哪几种通信方式？

第 8 章　PLC 的编程及应用

本章主要介绍了 PLC 的编程特点、编程基本方法、编程技巧以及编程软件 FPWIN-GR 的使用方法,并且给出了一些 PLC 编程中的典型控制电路。

8.1　梯形图编程方法及特点

世界上生产 PLC 的厂家众多,各个厂家生产的 PLC 也不尽相同,但 PLC 的基本结构和组成原理是大致相同的,都是以计算机技术为核心的电子电气控制器,因此不同品牌和型号的 PLC 其编程特点和编程原则也是大同小异的。但随着可编程控制技术的不断发展,尤其是高级指令的使用,加之 PLC 的种类和功能也在不断地扩充,已不局限于代替传统的继电控制系统,使它与继电器控制逻辑的工作原理有了很大的区别。因此编程时应充分注意这些特点。

8.1.1　梯形图与继电器控制图的区别

PLC 编程中最常用的方法是梯形图编程,它源于传统的继电器电气图,两者的画法十分相似,信号的输入输出方式及控制功能也大致相同。所以对于熟悉继电器控制系统设计原理的工程技术人员来说,掌握梯形图语言编程无疑是十分方便和快捷的。但发展到今天两者所表示的系统工作特点却有一定的差异。下面简述这些差异。

1. 并行工作与串行工作

对继电器控制电路图所表示的线路来说,只要接通电源,整个电路都处于带电状态,该闭合的继电器同时闭合,不该闭合的继电器因受控制条件的制约而不能闭合。也就是说继电器动作的顺序同它在电路图中的位置及顺序无关。这种工作方式称为并行工作方式。

而在梯形图中,却没有真正的电流流动。根据 PLC 循环扫描的工作特点,可以看作在梯形图中有一个指令流在流动,其流动方向是自上而下、从左到右单方向的循环。所以梯形图中的继电器都处于周期性的循环接通状态,各继电器的动作次序决定于扫描顺序,与它们在梯形图中的位置无关。这种工作方式称为串行工作方式。

如图 8-1 所示的程序,其中(a)为继电器梯形图,(b)为 PLC 的梯形程序,两个电路实现相同的功能,即当 X1 闭合时,Y1、Y2 输出。系统上电之后,当 X1 闭合时,图 8-1(a)中的 Y1、Y2 同时得电,若不考虑继电器的延时,则 Y1、Y2 会同时输出。但在图 8-1(b)的 PLC 程序中,因为 PLC 的程序是顺序扫描执行的,PLC 的指令按照从上向下,从左向右的扫描顺序执行,整个 PLC 的程序不断循环往复。PLC 中继电器的动作顺序由 PLC 的扫描顺序和在梯形图中的位置决定,因此,当 X1 闭合时,Y1 先输出而 Y2 后输出。

在图 8-2 的 PLC 程序中,(a)的 X1 闭合后,Y1 输出为 ON,然后 Y2 输出为 ON,Y1 和 Y2 在同一扫描周期内相继动作;(b)的 X1 闭合后,Y1 输出为 ON,但需在下一个扫描周期 Y2 才会输出为 ON。

第8章　PLC的编程及应用

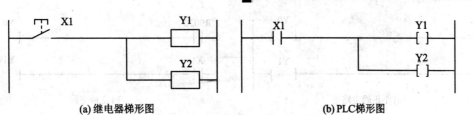

(a) 继电器梯形图　　　　　　　　　　(b) PLC梯形图

图 8-1　程序执行顺序比较图

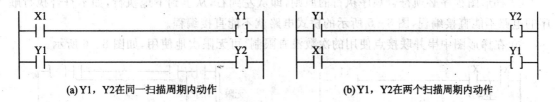

(a) Y1，Y2在同一扫描周期内动作　　　　　(b) Y1，Y2在两个扫描周期内动作

图 8-2　PLC程序的扫描执行结果

2. "软继电器"和"软接点"

在继电器控制电路中，使用的是传统的继电器。在实际的使用过程中通过硬导线来实现系统的电气连接。由于继电器及其触点都是实际的物理器件，其数量是有限的。而在梯形图中，所用的都是所谓的"软继电器"。这些"软继电器"实际是PLC内部寄存器的"位"，该位可以置"1"，也可以置"0"，并可反复读写。所以每个"软继电器"提供的触点可以有无限多个。在梯形图中可以无数次地使用这些触点，既可以用它的常开形式，也可以用它的常闭形式。

8.1.2　梯形图编程的基本原则

1. 编程的基本原则

PLC编程应该遵循以下基本原则：

① 外部输入/输出继电器、内部继电器、定时器和计数器等器件的接点可多次重复使用，无需用复杂的程序结构来减少接点的使用次数。

② 梯形图每一行都是从左母线开始，线圈接在最右边。接点不能放在线圈的右边，在继电器控制的原理图中，热继电器的接点可以加在线圈的右边，而在PLC梯形图中是不允许的，参看图8-3。

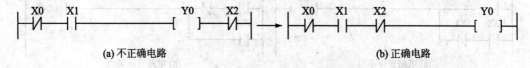

(a) 不正确电路　　　　　　　　　　　　(b) 正确电路

图 8-3　规则②说明

③ 线圈不能直接与左母线相连。如果需要，可以通过一个没有使用的内部继电器的常闭接点或者特殊内部继电器 R9010 的常开接点来连接。参看图 8-4。

④ 同一编号的线圈在一个程序中使用两次称为双线圈输出。双线圈输出容易引起误操作，应尽量避免线圈重复使用。

· 209 ·

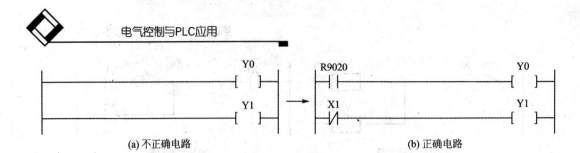

(a) 不正确电路　　　　　　　　　(b) 正确电路

图 8-4　规则③说明

⑤ 梯形图程序必须符合顺序执行的原则，即从左到右，从上到下地执行，如不符合执行顺序的电路不能直接编程，图 8-5 所示的桥式电路就不能直接编程。

⑥ 在梯形图中串并联接点使用的次数没有限制，可无限次地使用，如图 8-6 所示。

图 8-5　桥式电路　　　　　　　　图 8-6　规则⑥说明

⑦ 两个或两个以上的线圈可以并联输出，如图 8-7 所示。

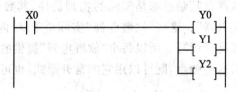

图 8-7　规则⑦说明

2. 梯形图的化简及变换

PLC 编程应力求准确简洁并且要操作方便。因此，在画梯形图、选择指令及书写程序等各方面都要处理得当，掌握一定的编程技巧。

编程技巧应在反复、多次的编程实践中逐步形成，下面简单介绍编制梯形图程序的一定规律。

① 应把串联触点较多的电路放在梯形图上方，如图 8-8 所示。

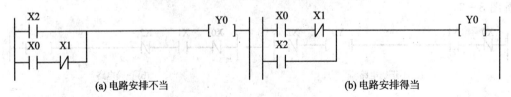

(a) 电路安排不当　　　　　　　　　(b) 电路安排得当

图 8-8　技巧①说明

② 应把并联触点较多的电路放在梯形图最左边，如图 8-9 所示。

在用助记符语言编程时图 8-9(b)省去了 ORS 和 ANS 指令。经验证明，梯形图变换可遵循如下原则，即"左沉右轻"、"上沉下轻"。

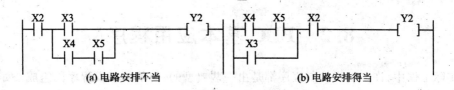

(a) 电路安排不当　　　　　　　(b) 电路安排得当

图 8-9　技巧②说明

③ 应避免出现无法编程的梯形图,如图 8-5 所示的桥式电路无法编程,可改画成图 8-10 所示形式。

④ 应使梯形图的逻辑关系尽量清楚,便于阅读检查和输入程序。图 8-11 中的逻辑关系就不够清楚,给编程带来不便。

改画为图 8-12 后的程序虽然指令条数增多,但逻辑关系清楚,便于阅读和编程。

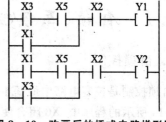

图 8-10　改画后的桥式电路梯形图

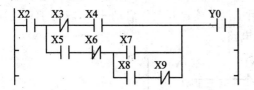

图 8-11　逻辑关系不够清楚的梯形图

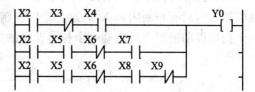

图 8-12　改画后的梯形图

8.1.3　输出对输入的滞后现象

由于 PLC 采用循环扫描工作方式,所以输出对输入的响应存在滞后现象,这一点在编程时应给予足够的重视。下面的例子(如表 8-1 所列)说明了这种滞后造成的影响,如图 8-13 所示。

表 8-1　滞后举例

输入/输出	扫描次数		
	第 n 次扫描	第 $n+1$ 次扫描	第 $n+2$ 次扫描
X0	OFF	ON	ON
Y0	OFF	OFF	ON
Y1	OFF	ON	ON
Y2	OFF	ON	ON

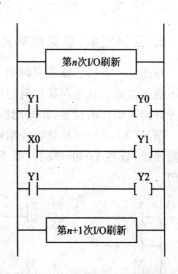

图 8-13　PLC 输入/输出的响应延迟

8.1.4　高级指令和特殊功能指令

由于 PLC 是以微处理器为核心的系统,所以具有丰富的指令,特别是它的高级指令和特殊功能指令使它在处理复杂的工程问题上令继电控制系统望尘莫及。在编程中注意灵活使用这些指令,往往可收到事半功倍的效果。

8.2 PLC 基本应用程序

在实际工作中，许多工程控制程序都是由一些典型的、简单的基本程序段组成。如果能掌握一些常用基本程序段的设计和编程技巧，就相当于建立了编程的基本"程序库"，在编制大型和复杂程序时，可以随意调用，从而大大缩短编程时间。下面介绍一些典型程序段。

8.2.1 自锁、互锁控制

1. 自锁控制

自锁控制是控制电路中最基本的环节，常用于对输入开关和输出继电器的控制电路。在图 8-14 所示的程序中，X0 闭合使 Y0 线圈通电，随之 Y0 触点闭合，此后即使 X0 触点断开，Y0 线圈仍然保持通电；只有当常闭触点 X1 断开时，Y0 才断电，即 Y0 触点断开。若想再启动继电器 Y0，只有重新闭合 X0。这种自锁控制常用于以无锁定开关作启动开关，或用于只接通一个扫描周期的触点去启动一个持续动作的控制电路。

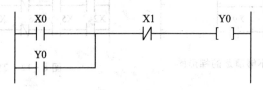

图 8-14 自锁控制程序

2. 互锁控制（联锁控制）

在图 8-15 的互锁程序段中，Y0 和 Y1 中只要有一个继电器线圈先接通，另一个继电器就不能再接通。从而保证任何时候两者都不能同时启动。这种互锁控制常用于被控的是一组不允许同时动作的对象，如电动机正、反转控制等。

图 8-16 是另一种联锁控制程序段例子。它实现的功能是：只有当 Y0 接通时，Y1 才有可能接通；只要 Y0 断开，Y1 就不可能接通。也就是说一方的动作是以另一方的动作为前提的。

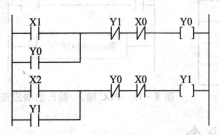

图 8-15 互锁控制程序之一

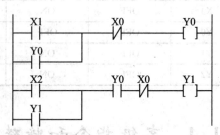

图 8-16 互锁控制程序之二

8.2.2 时间控制

在 PLC 控制系统中,时间控制用的非常多,其中大部分用于延时、定时和脉冲控制。在 FP0 型可编程控制器内部有多达 100 个定时器和四种标准时钟脉冲(0.001 s、0.01 s、0.1 s、1 s)可以用于时间控制,用户在编程时会感到十分方便。

1. 延时控制

在图 8-17 所示的电路中,时间继电器 TMX1 起到延时 $30 \times 0.1 = 3$ s 的作用,即当 X1 闭合 3 s 后,Y1 线圈得电。此外,可以利用多个时间继电器的组合来实现更长时间的延时,图 8-18 为利用两个时间继电器组合以实现 30 s 的延时,即 Y0 在 X0 闭合 30 s 后得电。图 8-19 为两个时间继电器串联实现 30 s 的延时,即 Y2 在 X0 闭合 30 s 后导通。

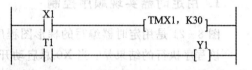

图 8-17 延时电路

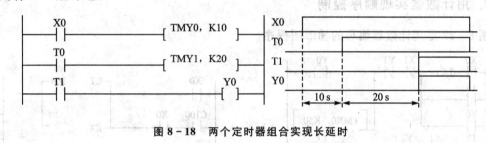

图 8-18 两个定时器组合实现长延时

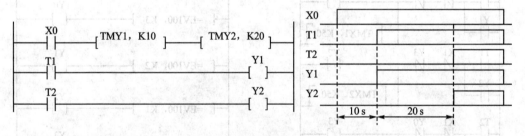

图 8-19 定时器串联实现长延时

2. 脉冲电路

利用定时器可以方便地产生脉冲序列,而且可根据需要通过改变定时器的时间常数灵活调节方波脉冲的周期和占空比。图 8-20 所示电路为用两个定时器产生方波的电路,周期为 2 s。

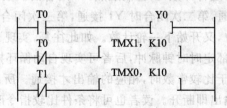

图 8-20 脉冲发生器

8.2.3 顺序控制

顺序控制在继电接触控制中应用十分广泛。但用传统控制器件只能进行一些简单控制，且整个系统十分笨重复杂、接线复杂、故障率高，有些更复杂的控制可能根本实现不了。而用PLC进行顺序控制则变得轻松愉快，可以用各种不同指令编写出形式多样、简洁清晰的控制程序。甚至一些非常复杂的控制也变得十分简单。下面介绍几种实用的顺序控制程序。

1. 用定时器实现顺序控制

图 8-21 是用定时器编写的梯形图程序。

该程序执行的结果是：当 X0 总启动开关闭合后，Y0 先接通。经过 5 s 后 Y1 接通，同时将 Y0 断开。再经过 5 s 后 Y2 接通，同时将 Y1 断开。又经过 5 s 后 Y3 接通，同时将 Y2 断开。再经过 5 s 后又将 Y0 接通，同时将 Y3 断开。如此往复循环，实现了顺序启动/停止的控制。

2. 用计数器实现顺序控制

图 8-22 是用计数器编写的梯形图程序。

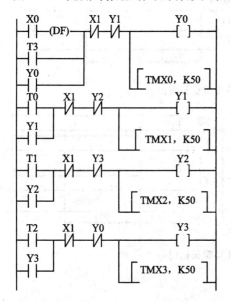

图 8-21 用定时器实现顺序控制的程序

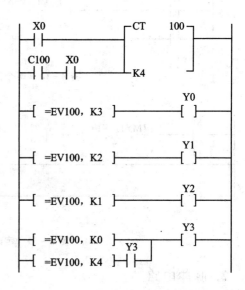

图 8-22 用计数器实现顺序控制的程序

此程序利用减 1 计数器进行计数，由控制触点 X0 闭合的次数来控制各输出接通的顺序。当 X0 第一次闭合时 Y0 接通，第二次闭合时 Y1 接通，第三次闭合时 Y2 接通，第四次闭合时 Y3 接通，同时将计数器复位，又开始下一轮计数。如此往复，实现了顺序控制。这里 X0 既可以是手动开关，也可以是内部定时时钟脉冲，后者可实现自动循环控制。程序中使用了条件比较指令，故只有当计数值等于比较常数时，相应的输出才接通。所以每一个输出只接通一拍，且当下一输出接通时上一输出即断开。读者也可将条件比较指令改为一般比较指令。

3. 用移位指令实现顺序控制

图 8-23 是用左移移位指令编写的梯形图程序。

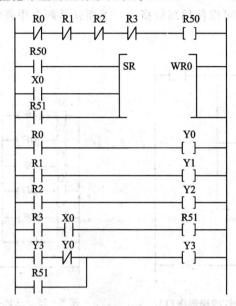

图 8-23 用移位指令实现顺序控制的程序

该程序利用左移移位指令，只用一个开关就可实现对输出的顺序控制。X0 为移位脉冲控制触点，X0 每闭合一次 WR0 左移一位。R50 和 R51 是内部继电器，R50 用做移位数据输入，R50 用做复位，初始 WR0 各位全是 0，所以 R50 接通，移位输入为 1。当 X0 第一次闭合时移入一个 1，于是 R0 接通，使输出 Y0 被接通，同时"R0/"被断开，所以 R50 也被断开。此时移位输入变为 0。此后 X0 每闭合一次，则第一次移入的 1 左移一位，使 WR0 的一位接通，从而接通一个输出端子。如此实现了将各输出顺序接通。当 X0 第四次闭合时，将 R51 接通，于是 Y3 接通，同时使 WR0 复位，于是又开始新一轮循环。

除了上面介绍的顺序控制方法外，还有其他方法，如前面讲过的步进指令也可实现顺序控制。总之，方法很多，读者可根据上面的介绍，自行开发出更多更好的控制程序。

8.2.4 多地点控制

实际中经常需要在不同地点实现对同一对象的控制，即多地点控制问题。这也是继电控制中常见的问题。对这一问题 PLC 可以有许多种解决方法。下面的各种小程序可以给大家一些启发。

如要求在三个不同地方独立控制一盏灯，任何一地的开关动作都可以使灯的状态发生改变。即不管开关是开还是关，只要有开关动作则灯的状态就发生改变。按此要求可分配 I/O 如下。

输入　X0：A 地开关 S1　　　输出　Y0：灯
　　　X1：B 地开关 S2
　　　X2：C 地开关 S3

根据控制要求可设计梯形图程序如图 8-24 所示。

这里举的例子是三地控制一盏灯,读者从这个程序中可以发现其编程规律,并很容易地把它扩展到四地、五地甚至更多地点的控制。

为使程序更加简单,还可以使用高级指令。下面就是两个用高级指令编写的程序。图 8-25 是程序一。

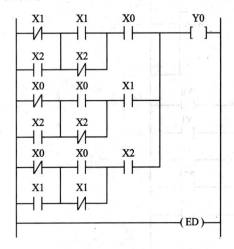

图 8-24 三地控制一盏灯的梯形图(1) 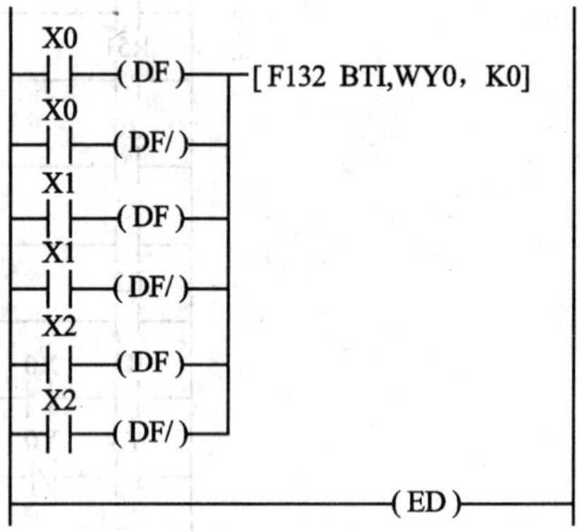　　图 8-25 三地控制一盏灯的梯形图(2)

该程序只用了两种指令:一是微分指令;二是按位求反指令,该指令可对指定寄存器中的指定位进行求反。如在程序中是对 WY0 寄存器中的第 0 位(bit0),即 Y0 进行求反。求反的条件是只要有开关动作(不管开关是接通还是断开),即将 Y0 求反。程序中使用了微分指令,每一开关使用了两个微分指令,既可检测上升沿又可检测下降沿,十分巧妙地实现了这一要求。

该程序所用方法具有通用性,可以很方便地扩展到多个开关、多个控制对象的场合。

图 8-26 是程序二。

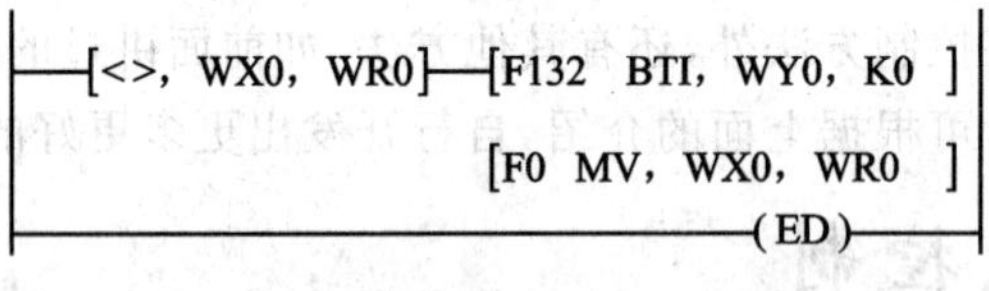

```
─[<>,WX0,WR0]─[F132 BTI,WY0,K0]
                [F0 MV,WX0,WR0]
                           (ED)
```

图 8-26 三地控制一盏灯的梯形图(3)

在此程序中使用了条件比较指令,只要 WX0 中的内容同 WR0 中的内容相同,就执行 Y0 的求反。程序最后还把 WX0 送至 WR0,使两个寄存器内容完全一样。这样只要 WX0 中的内容一改变,Y0 的状态就立即变化。这里因为使用字比较,所以 WX0 中的 16 位都可以用来作为控制开关,使程序大大简化。

由上面介绍的例子可以看出,由于 PLC 具有丰富的指令集,所以其编程十分灵活。同样的控制要求可以选用不同的指令进行编程,指令运用得当可以使程序非常简短。这一点是以往的继电控制无法比拟的。而且因为 PLC 融入许多计算机的特点,所以其编程思路也与继电控制图的设计思想有许多不同之处,如果只拘泥于继电控制图的思路,则不可能编出好的程序,特别是高级指令和诸如移位、码变换及各种运算指令,其功能十分强大,在编程中应注意并巧妙使用。

8.2.5 常闭触点输入信号的处理

前面在介绍梯形图的设计方法时实际上有一个前提,就是假设输入的开关量信号均由外部常开触点提供,但是有些输入信号只能由常闭触点提供。图8-27(a)是控制电机运行的继电器电路图。SB1和SB2分别是启动按钮和停止按钮,如果将它们的常开触点接到PLC的输入端,梯形图中触点的类型与图8-27(a)完全一致。如果接入PLC的是SB2的常闭触点(如图8-27(b)所示),按下SB2,其常闭触点断开,X1变为"0"状态,它的常开触点断开,显然在梯形图中应将X1的常开触点与Y0的线圈串联(如图8-27(c)所示)。但是这时在梯形图中所用的X1的触点类型与PLC外接SB2的常开触点时刚好相反,与继电器电路图中的习惯也是相反的。建议尽可能用常开触点给PLC提供输入信号。

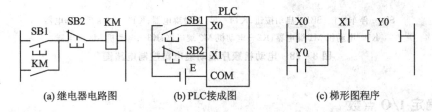

(a)继电器电路图　　　(b)PLC接成图　　　(c)梯形图程序

图8-27　常闭触点输入

如果某些信号只能用常闭触点输入,可以按输入全部为常开触点来设计,然后将梯形图中相应输入继电器的触点改为相反的触点,即常开触点改为常闭触点,常闭触点改为常开触点。

8.3　PLC编程方法及技巧

结合前两节的知识,本节介绍几个简单的应用实例,希望读者能更好地掌握PLC编程的基本方法及编程技巧。

8.3.1　电动机顺序启动控制

有三台电动机M1、M2、M3,按下启动按钮后M1启动,延时5 s后M2启动,再延时16 s后M3启动。据此可设计成如图8-28所示的继电器控制电路图。图中在SB0的动断触点接通时,按下启动按钮使SB1动合触点接通,K1继电器导通使电动机M1启动,同时继电器动合触点K1闭合,保持自锁。K1继电器的导通并通过K2继电器的动断触点使延时继电器KT1延时5s后导通,其动合触点KT1闭合导致K2继电器导通,使电动机M2启动,并由继电器的动合触点K2的闭合而自锁保持。与此同时由于K3继电器的动断触点是闭合的,使延时继电器KT2延时16 s后导通,其动合触点KT2闭合导致K3继电器导通使电动机M3启动,并由K3动合触点的闭合而自锁保持状态不变。至此,电动机M1、M2、M3按规定顺序启动。若要停车,按一下SB0即可。

下面将此电路改为梯形图。

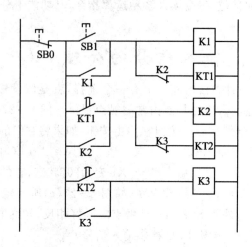

SB0—停车按钮;SB1—启动按钮;KT1—5 s 延时继电器;KT2—16 s 延时继电器;
K1—电动机 M1 继电器;K2—电动机 M2 继电器;K3—电动机 M3 继电器

图 8 - 28 电动机顺序启动继电器控制电路图

1. 确定 I/O 点数

用输入继电器 X1、X2 代替输入按钮 SB0、SB1。用输出继电器 Y1、Y2、Y3 代替继电器 K1、K2、K3。下面列出其 I/O 分配。

输入　SB0：X1　　　输出：K1：Y1
　　　SB1：X2　　　　　　K2：Y2
　　　　　　　　　　　　　K3：Y3

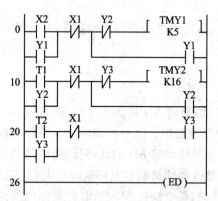

图 8 - 29 电动机顺序启动梯形图

整个系统需要用 5 个 I/O 点：2 个输入点，3 个输出点。用于自锁、互锁的那些触点，因为不占用外部接线端子，而是由内部"软开关"代替，故不占用 I/O 点。其他均可用内部继电器代替，如延时继电器可用内部定时器代替，这样可使电路简化。

2. 梯形图

按照继电器控制电路图的要求，用 PLC 规定的符号能方便地画出梯形图，如图 8 - 29 所示。可以看出，选用 PLC 控制系统，所需外部元件少，使得控制系统简化，可靠性也有所提高。

8.3.2 运料小车控制

有运料小车如图 8 - 30 所示，动作要求如下：

① 小车可在 A、B 两地分别启动。A 地启动后，小车后退先返回 A 点，停车 1 min 等待装料；然后自动驶向 B 点；到达 B 点后停车 1 min 等待卸料；然后返回 A 点，如此往复。若从 B

点启动,小车前进先驶向 B 点,停车 1 min 等待卸料;然后自动驶向 A 点,停车 1 min 等待装料;如此往复。

② 小车运动到达任意位置,均可用手动停车开关令其停车。再次启动后,小车重复①中内容。

③ 小车前进、后退过程中,分别由指示灯指示其行进方向。

据此可设计继电器控制电路图如图 8-31 所示。

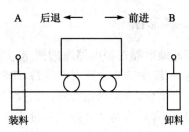

图 8-30 运料小车示意图

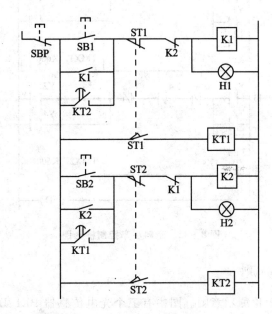

ST1—A 点行程开关;ST2—B 点行程开关;KT—装料延时继电器;KT2—卸料延时继电器;
SBP—停车按钮;SB1—正转启动按钮(后退);SB2—反转启动按钮(前进)
K1—正转继电器;K2—反转继电器;H1—正转指示灯;H2—反转指示灯

图 8-31 运料小车继电器控制电路图

下面将此电路改为梯形图。

1. I/O 分配表

输入　SBP：X0　　　输出　K1：Y1(驶向 A)
　　　SB1：X1　　　　　　K2：Y2(驶向 B)
　　　SB2：X2　　　　　　H1：Y3
　　　ST1：X3　　　　　　H2：Y4
　　　ST2：X4

共需 9 个 I/O 点:5 个输入、4 个输出。其他均可用内部继电器代替,如延时继电器可用内部定时器代替。这样可使电路简化。

2. 梯形图

按照继电器控制电路图的要求,用 PLC 规定的符号能方便地画出梯形图,如图 8-32 所示。这里 T1 和 T2 分别用做装料、卸料延时。其延时时间可由程序设定。延时时间到,则其常开触点闭合,常闭触点打开。该程序同电动机顺序启动控制程序相比,都是通过定时器实现顺序启动,有异曲同工之妙。不过读者不难发现,该程序实现的工况较为复杂,除了通过定时器完成这一要求外,读者还可以通过步进指令实现。

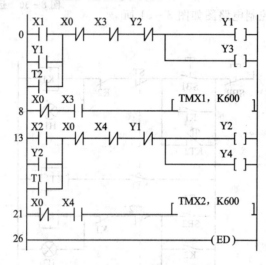

图 8-32 运料小车控制梯形图

8.3.3 物流检测

图 8-33 是一个物流检测示意图。图中有三个光电传感器 BL1、BL2、BL3。BL1 检测有无次品到来,有次品到则"ON"。BL2 检测凸轮的凸起,凸轮每转一圈则发一个移位脉冲。因物品间隔一定,故每转一圈有一个物品到,所以 BL2 实为检测物品到的传感器。BL3 检测有无次品落下。SB 是手动复位按钮,图中未画。当次品移至 4 号位时,控制电磁阀 YV 打开使次品落到次品箱内。若无次品则物品移至传送带右端,且自动调入正品箱内,于是将正品和次

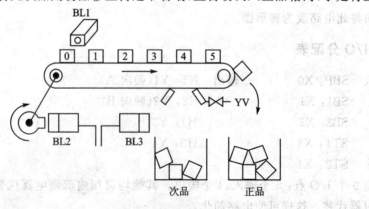

图 8-33 物流检测示意图

品分开。

根据此任务可设计该检测系统如下。

1. I/O 分配表

输入 X0：BL1　　　　输出 Y0：YV
　　 X1：BL2
　　 X2：BL3
　　 X3：SB

2. 梯形图(如图 8－34 所示)

说明：当无次品来时，X0 总是"OFF"，于是 WR0 中输入"0"。每来一个次品，X1 则"ON"一次，即发一次移位脉冲，于是 WR0 中左移一位。但因输入全是"0"，故移位后各位上也全是"0"，于是 R4 总是"OFF"，WR0 与 R4 的关系图如图 8－35 所示。

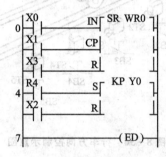

图 8－34　物流检测梯形图

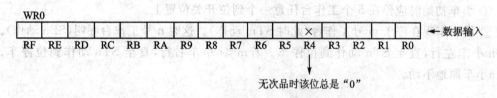

图 8－35　WR0 与 R4 的关系图

检测系统的工作原理：R4 作为保持继电器 Y0 的置位端，当 R4 为"OFF"时，Y0 也为"OFF"。故电磁阀 YV 打不开，物品全部到正品箱内。而当有次品来时，X0"ON"，此时 WR0 中输入"1"。此后每来一个物品则 X1"ON"一次，发一个移位脉冲，使 WR0 中的"1"左移一位。到第四个移位脉冲来时恰好这个"1"移至 R4 位上，于是 R4"ON"，将 Y0 接通，电磁阀打开，次品落下(此时次品也恰好移到传送带的 4 号位上)。BL3 检测到次品落下后，X2→"ON"，使 Y0→"OFF"，电磁阀重新关闭。

这样的系统若用传统继电控制实现是很麻烦的，而用 PLC 实现则十分简单。只用两个内部专用指令，编制这样一个简单的小程序即可实现。外围设备也十分简单，由几个输入光电开关、一个电磁阀即可构成这样的检测系统，大大简化了外部接线。而且可以随时根据需要更改程序。

8.3.4 行车方向控制

1. 任务要求

某车间有 5 个工作台,小车往返工作台之间运料,如图 8-36 所示。每个工作台设有一个到位开关(ST)和一个呼叫开关(SB)。

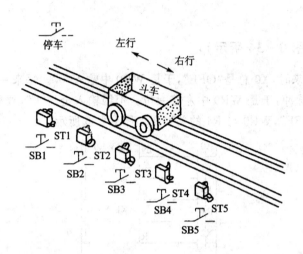

图 8-36 行车方向控制示意图

要求:
① 小车初始时应停在 5 个工作台任意一个到位开关位置上。
② 设小车现在停于 m 号工作台(此时 STm 动作)。这时 n 号工作台呼叫(SBn 动作)。若 m>n 小车左行,直至 STn 动作到位停车。若 m<n 小车右行,直至 STn 动作到位停车。若 m=n 小车原地不动。

2. 根据要求设计控制系统如下

1) I/O 分配表

输入:运行	X0			输出:停车	Y0
ST1	X1	SB1	X6	左行	Y1
ST2	X2	SB2	X7	右行	Y2
ST3	X3	SB3	X8		
ST4	X4	SB4	X9		
ST5	X5	SB5	SA		

2) 行车方向控制梯形图(如图 8-37 所示)
程序说明如下。
① DT0 中存放到位开关(ST)的号码,DT1 中存放呼叫开关(SB)的号码。DT0 中的数据大于 DT1 中数据时,则小车左行,反之则右行。

② 初始时小车应停在某一到位开关处,否则小车不能启动。

此例中的编程技巧为:

① 利用传送指令进行位置和呼叫号的存储。
② 利用比较指令实现行车方向判断。

这些控制在传统继电控制中难以实现。

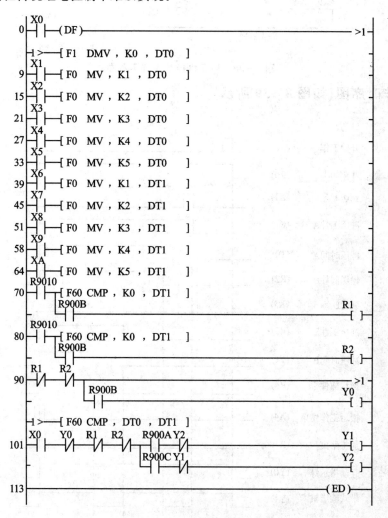

图 8-37 行车方向控制梯形图

8.4 应用程序举例

8.4.1 冲压机控制程序

1. 冲压机控制系统示意图(如图 8-38 所示)

电气控制与PLC应用

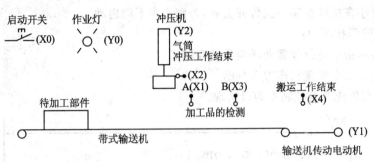

图 8-38 冲压机控制系统示意图

2. 动作时序图(如图 8-39 所示)

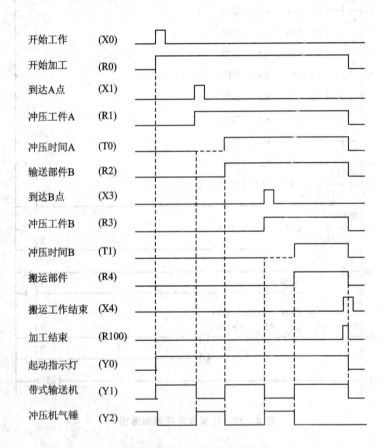

图 8-39 冲压机动作时序图

下面给出实现这一控制的梯形图程序(如图 8-40 所示)。

说明：

① 该程序中使用"软继电器"(如 R0～R4 和 R100 等)作为中间继电器,用来控制各道工序。并且只用了两个输出点就实现了整个控制,节省了外部输出端子和外部开关元件。

② 程序中使用置位、复位指令配合微分指令,使程序结构清晰、简洁,便于修改和扩充。

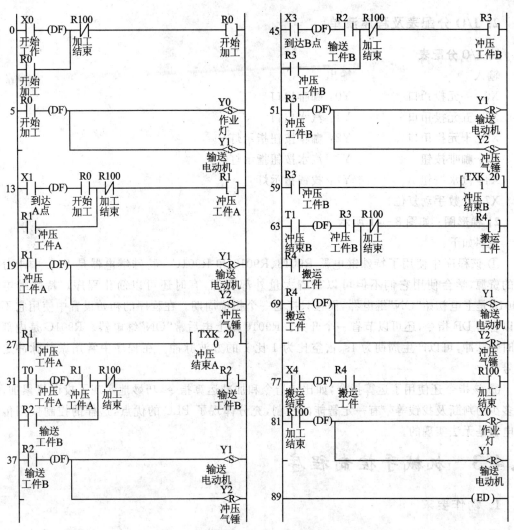

图 8-40 冲压机梯形图程序

8.4.2 自动售货机控制程序

1. 动作要求

① 此自动售货机可投入 1 元、5 元或 10 元硬币。

② 当投入的硬币总值等于或超过 12 元时,汽水按钮指示灯亮;当投入的硬币总值超过 15 元时,汽水、咖啡按钮指示灯都亮。

③ 当汽水按钮指示灯亮时,按汽水按钮,则汽水排出 7 s 后自动停止。汽水排出时,相应指示灯闪烁。

④ 当咖啡指示灯亮时,动作同上。

⑤ 若投入的硬币总值超过所需钱数(汽水 12 元、咖啡 15 元)时,找钱指示灯亮。

2. I/O 分配表及程序清单

1) I/O 分配表

输入
X0：一元投币口
X1：五元投币口
X2：十元投币口
X3：咖啡按钮
X4：汽水按钮
X7：计数手动复位

输出
Y0：咖啡出口
Y1：汽水出口
Y2：咖啡按钮指示灯
Y3：汽水按钮指示灯
Y7：找钱指示灯

2) 梯形图：如图 8-41 所示

说明如下：

① 该程序中使用了特殊继电器 R9013、R9010 和 R901C。特殊继电器是 PLC 中十分有用的资源，学会使用它们不但可以节省大量外部资源，有时还可以简化程序。特殊继电器 R9013 是上电初始"ON"继电器，而且只接通一个扫描周期。在程序的初始设置中使用它不但可以省略 DF 指令，还可以节省一个开关。R9010 是上电后常"ON"继电器。R901C 是内部定时时钟脉冲，可以产生周期为 1s、占空比为 1 比 1 的方波脉冲。在程序中常用做秒脉冲定时信号。

② 该指令还使用了运算指令，如比较指令和加减运算指令，巧妙地实现了投币值累加，币值多少的判断及找钱等带有一定智能的控制，充分体现了 PLC 的优点，这样的控制换用传统继电器是无法实现的。

8.4.3 机械手控制程序

1. 动作要求

图 8-42 是机械手工作示意图。图 8-43 是机械手动作时序图。

2. I/O 分配表

输入
X0：启动开关
X1：停止开关
X2：抓动作限位行程开关
X3：左旋限位行程开关
X4：右旋限位行程开关
X5：上升限位行程开关
X6：下降限位行程开关
X7：物品检测开关（光电开关）

输出
Y0：传送带 A 运行
Y1：驱动手臂左旋
Y2：驱动手臂右旋
Y3：驱动手臂上升
Y4：驱动手臂下降
Y5：驱动机械手抓动作
Y6：驱动机械手放动作

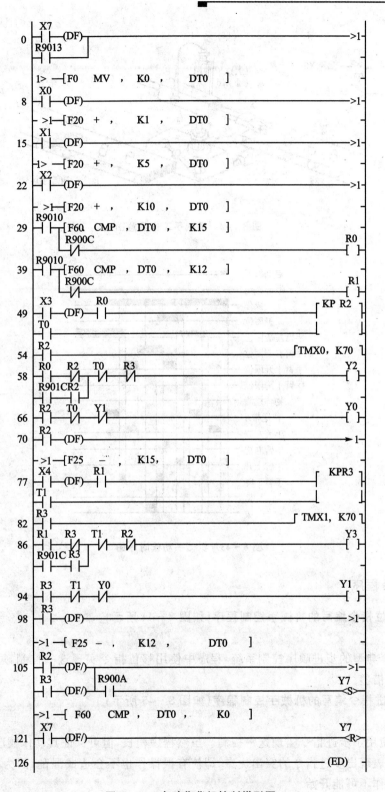

图 8-41 自动售货机控制梯形图

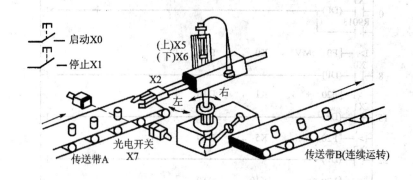

图 8-42 机械手工作示意图

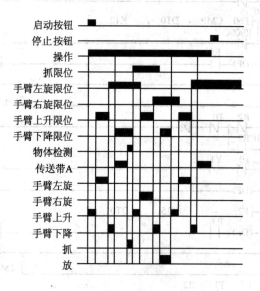

图 8-43 机械手动作时序图

3. 参考程序

1) 用移位指令编写的机械手控制程序（如图 8-44 所示）

说明：

这是一个典型的步进顺序控制系统，程序中使用移位指令实现这一控制，思路巧妙，结构清晰，很值得借鉴。

2) 用步进指令编写的机械手控制程序（如图 8-45 所示）

说明：

程序中使用了步进指令实现这一控制。虽然程序稍长，但可保证其动作顺序有条不紊，一环紧扣一环，表现出步进指令的突出优点，即使有误操作也不会造成混乱，因为上步动作未完成，下一步动作不可能开始。

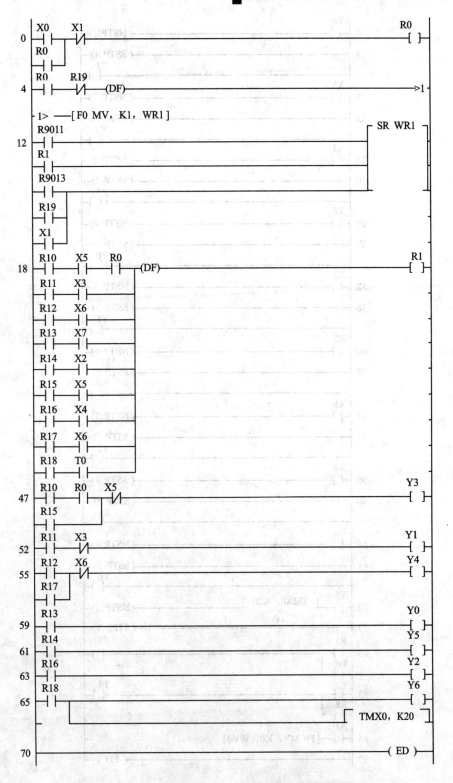

图 8-44 用移位指令编写的机械手控制梯形图

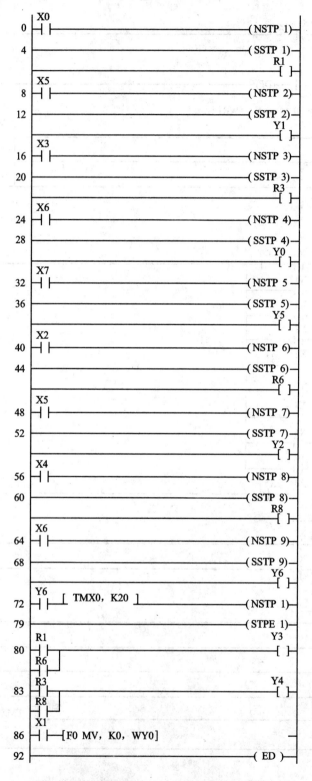

图 8-45 用步进指令编写的机械手控制梯形图

8.5 PLC的控制应用系统

在对PLC的基本配置和指令系统有了一定的了解之后,就可以用PLC构成一个实际的控制系统,这种系统的设计就是PLC的应用设计。在学习的过程中,读者应对PLC的控制系统有一个整体的了解。

8.5.1 PLC应用系统设计的基本原则

任何一种电气控制系统都是为了被控对象(生产设备或生产过程)实现预定的控制,以提高生产效率和产品质量。因此,在设计PLC应用系统时,应遵循以下基本原则:

① 应能最大限度地满足控制对象的工艺要求,能保证工艺流程准确且可靠。设计前,应深入现场进行调查研究,收集资料,并与相关部分的设计人员和实际操作人员密切配合,共同拟订控制方案,协同解决设计中出现的各种问题。

② 在满足控制要求的前提下,力求控制系统简单、实用,易操作,使用维护方便。

③ 设计合理、经济,投资少,节约能源。

④ 考虑到今后生产发展和工艺改进的可能,在配置硬件设备时可适当留有扩展的余地。

8.5.2 PLC应用系统设计的基本内容

PLC控制系统是由PLC与用户输入、输出设备连接而成的。因此,PLC控制系统设计的基本内容应包括:

① PLC可以构成形式各异的控制系统,如单机控制系统、集中控制系统等。在进行应用系统设计时,要确定系统的构成形式。

② 系统运行方式与控制方式。

③ 选择用户输入设备(按钮、操作开关、限位开关和传感器等)、输出设备(继电器、接触器和信号灯等执行元件)以及由输出设备驱动的控制对象(电动机和电磁阀等)。

8.5.3 PLC控制系统的硬件配置

1. PLC型号的选择

在作出系统控制方案的决策之前,要详细了解被控对象的控制要求,从而决定是否选用PLC进行控制。

在控制系统逻辑关系较复杂(需要大量中间继电器、时间继电器和计数器)、工艺流程和产品改型较频繁、需要进行数据处理和信息管理(有数据运算、模拟量的控制和PID调节等)、系统要求有较高的可靠性和稳定性、准备实现工厂自动化联网等情况下,使用PLC控制是很有必要的。

目前,国内外众多的生产厂家提供了多种系列的PLC产品功能各异,所以全面权衡利弊、合理地选择机型才能达到经济适用的目的。一般选择机型要以满足系统功能需要为宗旨,不要盲目贪大求全,以免造成投资和设备资源的浪费。机型的选择可以从以下几个方面来考虑。

1）对输入、输出点的选择

盲目选择点数多的机型会造成一定的浪费。要先弄清楚控制系统的 I/O 点数,再按实际所需总点数的 15%～20% 留出备用量(为系统的改造等留有余地)后确定所需 PLC 的 I/O 点数。

2）对存储容量的选择

对用户的存储容量只能坐粗略的估算。在仅对开关量进行控制的系统中,可以用输入总点数乘 10 字/点+输出总点数乘 5 字/点来估算;计数器/定时器按 3～5 字/个估算;有运算处理按 5～10 字/量估算;在有模拟量输入/输出的系统中,可以按每输入/(或输出)一路模拟量约需 80～100 字左右的存储量来估算;有通信处理时按每个接口 200 字以上的数量粗略估算。最后,一般按估算容量的 50%～100% 留有裕量。对缺乏经验的设计者,选择容量时留有裕量要大些。

3）对 I/O 响应时间的选择

PLC 的 I/O 响应时间包括输入电路延迟、输出电路延迟和扫描工作方式引起的时间延迟(一般在 2～3 个扫描周期)等。对开关量控制的系统,PLC 和 I/O 响应时间一般都能满足实际工程的要求,可不必考虑 I/O 响应问题。但对模拟量控制的系统、特别是闭环系统就要考虑这个问题。

4）根据输出负载的特点选型

不同的负载对 PLC 的输出方式有相应的要求。例如,频繁通断的感性负载,应选择晶体管或晶闸管输出型的,而不应选继电器输出型的。但继电器输出型的 PLC 有许多优点,如导通压降小,有隔离作用,价格相对较便宜,承受瞬时过电压和过电流的能力较强,其负载电压灵活(可交流、可直流)且电压等级范围大等。所以动作不频繁的交、直流负载可以选择继电器输出型的 PLC。

5）对在线和离线编程的选择

离线编程是指主机和编程器共用一个 CPU,通过编程器的方式选择开关来选择 PLC 的编程、监控和运行工作状态。编程状态时,CPU 只为编程器服务,而不对现场进行控制。专用编程器编程属于这种情况。在线编程是指主机和编程器各有一个 CPU,主机的 CPU 完成对现场的控制,在每一个扫描周期末尾与编程器通信,编程器把修改的程序发给主机,在下一个扫描周期主机将按新的程序对现场进行控制。计算机辅助编程既能实现离线编程,也能实现在线编程。在线编程需购置计算机,并配置编程软件。采用哪种编程方法应根据实际需要决定。

对产品定型、工艺过程不变动的系统可以选择离线编程,以降低设备的投资费用。

6）根据是否联网通信选型

若 PLC 控制的系统需要联入工厂自动化网络,则 PLC 需要有通信联网功能,即要求 PLC 应具有连接其他 PLC、上位计算机及 CRT 等的接口。大、中型机都有通信功能,目前大部分小型机也具有通信功能。

7）对 PLC 结构形式的选择

在相同功能和相同 I/O 点数据的情况下,整体式比模块式价格低。但模块式具有功能扩展灵活,维修方便(换模块),容易判断故障等优点,要按实际需要选择 PLC 的结构形式。

2. 分配输入/输出点

一般输入点与输入信号、输出点和输出控制是一一对应的。

分配好后,按系统配置的通道与接点号,分配给每一个输入信号和输出信号,即进行编号。

在个别情况下,也有两个信号用一个输入点的,那样就应在接入点前,按逻辑关系接好线(例如两个触点先串联或并联),然后再接到输入点。

1) 明确 I/O 通道范围

不同型号的 PLC,其输入/输出通道的范围是不一样的,应根据所选 PLC 型号,查阅相应的编程手册,决不可张冠李戴。

2) 内部辅助继电器

内部辅助继电器不对外输出,不能直接连接外部器件,而是在控制其他继电器、定时器/计数器时作数据存储或数据处理用。从功能上讲,内部辅助继电器相当于传统电控柜中的中间继电器。未分配模块的输入/输出继电器区以及未使用的链接继电器区等均可作为内部辅助继电器使用。

3) 分配定时器/计数器

注意:定时器和计数器的编号不能相同。

4) 数据存储器(DM)

在数据存储、数据转换以及数据运算等场合,经常需要以通道为单位的数据,此时应用数据存储器是很便的。数据存储器中的内容,即使在 PLC 断电、运行开始或停止时也能保持不变。数据存储器应根据设计的需要来合理安排,详细列出个 DM 通道在程序中的用途,以避免重复使用。

8.5.4 PLC 控制系统的设计调试步骤

PLC 控制系统设计与调试的主要步骤,如图 8-46 所示。

1. 深入了解和分析被控对象的工艺条件和控制要求

① 被控对象就是受控的机械设备、电气设备、生产线和生产过程。

② 控制要求主要指控制的基本方式、应完成的动作、自动工作循环的组成、必要的保护和联锁等。对较复杂的控制系统,还可将控制任务分成几个独立部分,这样可化繁为简,有利于编程和调试。

2. 确定 I/O 设备

根据被控对象对 PLC 控制系统的功能要求,确定系统所需的用户输入、输出设备。常用的输入设备有按钮、选择开关、行程开关和传感器等,常用的输出设备有继电器、接触器、指示灯和电磁阀等。

3. 选择合适的 PLC 类型

根据已确定的用户 I/O 设备,统计所需的输入信号和输出信号的点数,选择合适的 PLC 机型,包括机型的选择、容量的选择、I/O 模块的选择、电源模块的选择。

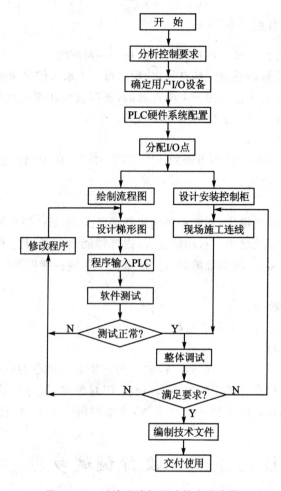

图 8-46 系统设计与调试的主要步骤

4. 分配 I/O 点

分配 OLC 的输入输出点,编制出输入/输出分配表或者画出输入/输出端子的接线图,接着就可以进行 PLC 程序设计,同时可进行控制柜或操作台的设计和现场施工。

5. 设计应用系统梯形图程序

根据工作功能图表或状态流程图等设计出梯形图即编程。这一步是整个应用系统设计的最核心工作,也是比较困难的一步,要设计好梯形图。这就要求不仅十分熟悉控制要求,同时还要有一定的电气设计的实践经验。

6. 将程序输入 PLC

当使用简易编程器将程序输入 PLC 时,需要先将梯形图转换成指令和助记符,以便输入。当使用可编程控制器的辅助编程软件在计算机上编程时,可通过上下位机的连接电缆将程序下载到 PLC 中去。

第8章 PLC的编程及应用

7. 进行软件测试

程序输入 PLC 后,应先进行测试工作。因为在程序设计过程中,难免有疏漏的地方。因此在将 PLC 连接到现场设备上去之前,必须进行软件测试,以排除程序中的错误,同时也为整体调试打好基础,缩短整体调试的基础。

8. 应用系统整体调试

在 PLC 软硬件设计和控制柜及现场施工完成后,就可以进行整个系统的联机测试,如果控制系统是由几部分组成,则应先作局部调试;如果控制程序的步序较多,则可先进行分段调试,然后再连接起来总调。调试中发现的问题,要逐一排除,直至调试成功。

9. 编制技术文件

系统技术文件包括说明书、电气原理图、电器布置图、电气元件明细表和 PLC 梯形图。

8.6 松下电工 FPWIN-GR 编程软件简介

8.6.1 概 述

日本松下电工公司开发的 FPWIN-GR 是 Window 环境下使用的编程软件,有中、英文两个版本,能够支持所有松下电工生产的 PLC 产品,其中包括 FP0、FP1、FP2、FP3、FP5、FP10、FP-M 和 FP-C。用户可以用它实现以下功能:对 PLC 程序的输入及编辑;程序检查;运行状态和数据的监控及测试;系统寄存器和 PLC 各种系统参数的设置;程序清单和监控结果等文档的打印;数据传输和文件管理等。

图 8-47 是 FPWIN-GR 编程软件的基本使用流程图。除了"编程软件系统设置"和"PLC 设置"步骤之外,其余步骤均可自由改变。

8.6.2 软件的安装和启动

1. 软件安装

对于 FPWIN-GR 的编程软件,已固化在 CD-ROM 中,只需将 CD 盘插入光驱,运行"setup"文件,并按软件提示信息进行下一步操作即可。

2. 软件启动

单击 FPWIN-GR 程序,将出现启动对话框,有三种启动方式可供选择。

1) 创建新文件

当需要创建新文件时,选择该方式启动。启动后,画面中显示关于机型选择的对话框。从中选择所使用的 PLC 机型,单击 OK 按钮确认。

2) 打开已有的文件

当选择已有的文件进行编辑、调试时,选择此方式启动。启动后,画面中出现关于文件选择的对话框,选中文件按 OK 按钮确认。工作区中出现选中的程序,即可编辑、调试了。

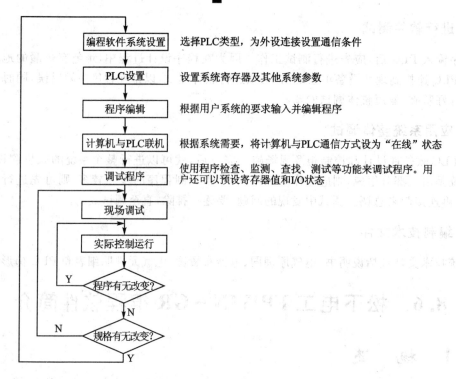

图 8-47 松下 PLC 编程软件使用流程图

3) 由 PLC 上载

在联机状态可选择此方式启动。启动后,工作区中将出现原存放在 PLC 中的程序。

8.6.3 编程软件的特点

新近发出来的 FPWIN-GR 软件采用的是典型的 Windows 界面、菜单界面、编程界面、监控界面等可同时以窗口形式相叠或平铺显示,甚至可以把两个不同的程序在一个屏幕上同时显示,可以通过 Ctrl+Tab 键或 Ctrl+F6 键在各个窗口之间进行移动切换,这给调试程序和现场监控带来了便利。各种功能切换和指令的输入既可用键盘上的快捷操作键操作,也可用鼠标单击图标操作。菜单采用鼠标单击下拉形式,操作起来很方便。其他功能也更趋合理、使用更加方便。特别是它在软件的"帮助"菜单中增加了软件操作方法和指令、特殊内部继电器和特殊数据寄存器等一览表。这样在没有手册的情况下,用户也能方便地使用。另外,它的显示分辨率也大大提高了。但这一软件对计算机的要求相对要高一些,其操作系统为中文 Windows 95/98/2000/NT(Ver 4.0 以上),硬盘可用空间要在 15 MB 以上。为了使使用效果达到最佳,还对计算机的配置做以下建议:CPU 为 Pentium100 MHz 以上、内存 32 MB 以上、画面分辨率 800×600 以上、显示色 High Color(16 位)以上。

8.6.4 关于几种基本使用方式的说明

1. "在线编辑方式"与"离线编辑方式"

"在线编辑方式"是指计算机与 PLC 连机状态下,进行程序编辑、调试的一种工作方式。

使用在线编辑方式时,由软件所编辑的程序或系统寄存器的设置等内容,将被直接传送到 PLC 中。"离线编辑方式"则是指在脱机状态下进行编程、调试的一种工作方式。使用何种工作方式可根据情况选用。要监控程序的运行状态,必须采用"在线编辑方式";而要编辑程序注释一般只能采用"离线编辑方式"。对于两种方式的转换,FPWIN-GR 是通过点击工具图标来实现。

注意:若选用"在线编辑方式",必须首先将 PLC 与计算机正确连接,并且通信设置也要求匹配,否则会出现"通信错误"的提示,甚至容易出现死机现象。

2. PLC 的工作模式的改变

PLC 有三种工作模式:运行模式(RUN)、编程模式(PROG.)和遥控(REMOTE)。

工作模式的改变可由 PLC 主机上的工作模式开关来完成,也可由计算机通过编程软件单击工具钮来改变。

FP0、FP2、FP2SH、FP3、FP—C、FP5、FP10、FP10SH 型机由于允许运行下编辑,所以在程序替换写入过程中,如不人为切换到编辑方式,仍然会保持"RUN"状态。但这种在运行下编辑的方式在实际工作中要慎重选用,以免造成不必要的事故。

3. 编程模式

编程软件提供了三种基本编程模式:符号梯形图、布尔梯形图和布尔非梯形图。所有这些编程模式都支持松下各种型号的 PLC。选择不同的编程模式,编程屏显示的程序形式和用于编程的指令提示符号有所不同。

1) 符号梯形图编程模式(LDS)

用户通过输入一些表示逻辑关系的元素图形符号来建立程序,程序在屏幕上用梯形图形式显示。在符号梯形图编辑方式下,必须进行"程序转换",才能使已输入的程序编译为可执行程序,否则当退出该程序窗口后程序将自动消失。

FPWIN-GR 软件要进行程序编译转换时,请单击功能键栏中工具钮,或者按 CTRL+F1 键。一般生成或转换程序最多一次只能处理 33 行。因此在输入程序过程中要随时进行程序转换。

2) 布尔梯形图编程模式(BLD)

用户通过输入指令的助记符(或称布尔符号)来建立程序,程序在屏幕上仍以梯形图的形式显示。这种编程模式不需编译即可直接生成可执行程序,所以输入指令快捷且直观。

3) 布尔非梯形图编程模式(BNL)

用户通过输入指令助记符建立程序,并在屏幕上也按指令地址的顺序列出。虽然模式不能直观地显示出梯形图的结构,但它能在出现语法错误时照例逐条显示指令,以便查找错误进行修改。布尔梯形图在出现语法错误或残缺指令程序行时会将整行指令消隐,只显示出"!!!!!!……Error on Program!(Please open BN-Ledit)……!!!!!!"的提示信息。提示用户程序中有错误。通过打开布尔非梯形图编程方式方可找出错误指令。此外,与上面两种编程模式配合使用,它还能显示出梯形图与助记符之间的关系,便于学习掌握。

8.6.5 编程屏介绍

FPWIN-GR 软件的编程屏自上而下大致分为 10 个栏目,图 8-48 是其编程的实例图。

电气控制与PLC应用

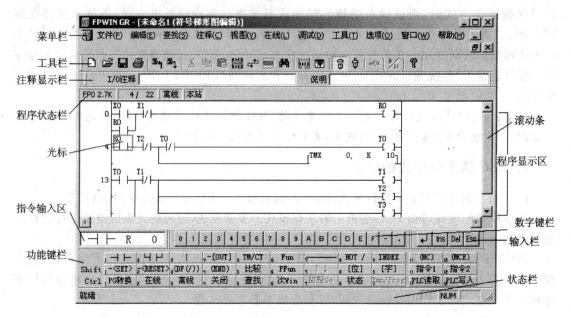

图 8-48　FPWIN-GR 软件的编程屏

1. 标题栏

标题栏包括软件名称、文件名称以及编程方式名称。

2. 菜单栏

菜单栏将 FPWIN-GR 全部的操作及功能,按各种不同用途组合起来,以菜单的形式显示。通过单击主菜单名及下拉子菜单栏中的功能名,可选择其相应功能。

3. 注释显示栏

注释显示栏显示光标所在位置的触点、寄存器等对象的注释内容,其中包括 I/O 注释、输出说明等。

4. 工具栏

工具栏将在 FPWIN-GR 中经常使用的功能以图标按钮的形式集中显示(参见附录)。单击这些图标可以简化通过菜单一级一级选择功能的步骤。

5. 程序状态栏

程序状态栏显示出所选用的 PLC 机型、程序步数、FPWIN-GR 与 PLC 之间的通信状态等信息。

6. 光　标

可以通过方向键↑、↓、←、→或鼠标的单击操作,在程序显示区域内移动光标。新输入的指令,会被显示到光标所处的位置。可以利用 Home 键将光标移至行头、利用 End 键移至行末。利用 Ctrl+Home 键可以将光标移至程序的起始位置,利用 Ctrl+End 键则可将其移至程序的最末一行。

7. 指令输入栏

指令输入栏包括以下几部分。
① 功能键栏:在输入程序时,利用鼠标单击或按快捷功能键,选择所需指令或功能。
② 输入栏:利用鼠标操作输入 Enter、Insert、Delete、Esc 键。
③ 数字栏:利用鼠标操作输入 0~9、A~F 等数字符号。
④ 输入区段栏:在通常情况下显示光标所在位置的指令或操作数。在程序编辑状态下,显示正在输入的指令或操作数。

8. 滚动条

在编程屏的右侧和下侧均附有滚动条,通过单击滚动条的上下和左右滚动按钮,即可将屏幕中的内容向所需方向扩展。

9. 程序显示区

程序显示区显示正在编辑或监控的程序。

10. 状态栏

状态栏显示 FPWIN-GR 的动作状态。
图 8-49 是 FPWIN-GR 软件编程屏中各种程序注释的显示示意图。

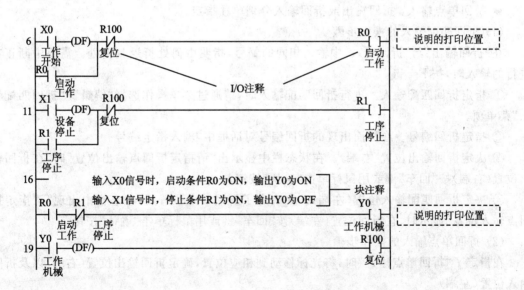

图 8-49　FPWIN-GR 软件的程序注释示意图

8.6.6 编程软件的基本功能

1. 程序的输入

1) 输入指令

① 输入功能键栏中显示的指令:单击功能键,功能键栏将转换成该指令相应的操作数类型,再单击操作数类型及数字,按 Enter 键后,即在光标处输入了该指令。

② 输入功能键栏中没有的指令:当要输入在功能键栏中没有相应操作显示的指令时,单击"功能键"工具栏中的"指令1"或"指令2"工具按钮,调出"功能键栏指令输入"对话框,从中选择相应的指令进行输入。

③ 输入高级指令:单击"功能键"工具栏中的 FUN 工具按钮,画面中出现"高级指令列表"。可在"序号"文本框中输入高级指令编号或从"高级指令列表"中进行选择。

2) 输入连线

单击功能键栏中的横线"—"按钮即在光标处画上横线。单击竖线"|"按钮则在当前光标位置的左侧输入竖线。

3) 折回输入

在符号梯形图编辑方式下,当输入在一行内无法编写完的梯形图程序时,需要在换行处输入"折回"。位于右端母线前的符号被称为"折回输出",下一行起始处的符号则被称为"折回输入"。

在折回输入中,有"折回匹配输入"和"折回单点输入"两种类型。

● 折回匹配输入:折回输出与折回输入成匹配指定。
● 折回单点输入:折回输出或折回输入分别单独指定。

(1) 折回匹配输入的操作步骤

在"折回输出"与"折回输入"中输入相同的编号,指明由何处折返到何处。需要中断正在进行的输入时,按 Esc 键。

① 指定折回匹配输入。进行折回匹配输入时,请通过菜单操作选择"编辑"|"折回匹配输入"菜单项。

② 指定折回编号。在画面出现的折回编号对话框中,输入指定编号。

③ 决定折回输出位置(右端)。在状态栏中显示出"请指定折回点输出位置"时,在折回输出位置(右端)按"回车"键或用鼠标单击"确认"按钮。

④ 决定折回匹配输入位置(左端)。在决定了折回输入位置后,状态栏中出现"请指定折回点输入位置"显示时,在折回位置(左端)按"回车"键或用鼠标单击"确认"按钮。

(2) 折回单点输入的操作步骤

在指定了"折回单点输入"时,将光标移动到相应位置,确定折回输出位置(右端)以及折回输入位置(左端)。

① 光标移动到折回输出位置(右端)。

② 指定折回单点输入。通过菜单操作选择"编辑"|"折回单点输入"菜单项。

③ 指定折回编号。在状态栏中显示"请输入折回编号"提示时,以2位数字的形式指定折回编号。如输入1号时,应输入0,1,再按"回车"键。

④ 将光标移动到折回输入位置（左端）。
⑤ 指定折回单点输入。方法同步骤②。
⑥ 指定折回编号。方法同步骤③。

2. 程序的修改

1）删除指令和横、竖线

① 删除指令或横线：当要删除指令或横线时，将光标移动到想要删除的指令或横线的位置，再按 Delete 键。

② 删除竖线：当要删除竖线时，将光标移动到要删除的竖线右侧，单击"功能键"工具栏中的竖线"｜"按钮。

2）追加指令

当要在横线上追加触点时，不必先将该处的横线删除，而只需按与通常操作相同的步骤在横线上输入触点即可。

3）修改触点编号及定时器设定值

① 修改触点编号：将光标移动到想要修改的触点的位置上并按与通常操作相同的步骤输入触点。

② 修改定时器设定值：将光标移动到设定值处，输入区段中会显示当前的设定值，同时功能键栏变为字显示，此时输入修改值按"回车"键即可。

4）插入指令

在光标之前进行插入时，按 Insert 键；在光标之后插入时，按 Shift＋Insert 键。

5）插入空行

① 将光标移到要插入空行的位置。

② 执行空行插入操作：通过菜单操作选择"编辑"｜"输入空行"菜单项，或单击工具栏中"插入空行"按钮。

6）删除空行

将光标移动到所要删除的空行处，通过菜单操作选择"编辑"｜"删除空行"菜单项。

3. 程序转换

在符号梯形图模式下编写的程序，必须进行程序转换。未转换前，程序显示区将被反显为灰色，在程序状态栏中将显示出"正在转换"的提示。进行程序转换时，用鼠标单击"功能键"工具栏中的"PG 转换"工具按钮或按 Ctrl＋F1 键。但是即使在被反显状态下，生成或编辑程序也最多只能进行 33 行的处理。

4. 恢复程序到修改前

在程序输入过程中出现误操作等情况时，若通过选择"编辑"菜单中的"程序转换"菜单项或按 Ctrl＋H 键操作，则可以将正在编辑的程序恢复到程序修改前（刚执行完的前一次 PG 转换后）的状态。

5. PLC 系统寄存器的设置

随着 PLC 系统的机型的不同，内存容量及 I/O 点数不同，可以使用的指令及功能也不同，

因此在 FPWIN-GR 中，PLC 的运行环境（系统寄存器设置）也与程序一起同时被保存。在启动菜单中选择了"创建新文件"时，FPWIN-GR 将根据不同的机型，自动进行相应的设置；当用户需要对所设置的值进行修改时，可以选择"选项"|"PLC 系统寄存器"菜单项，然后改变系统寄存器中的内容。

6. 向 PLC 传输程序

利用 FPWIN-GR 生成、编辑的程序传送到 PLC 中。此时请将计算机与 PLC 的编程口通过编程电缆相连接。

当下载或上载等对程序进行传送时，由于 FPWIN-GR 与 PLC 之间必须要进行通信，FPWIN-GR 将会自动切换到"在线编辑"模式。

1）操作步骤

① 选择向 PLC 下载：通过菜单操作选择"文件"|"下载到 PLC"菜单项或单击工具栏中的"下载"按钮。

② 确认对话框信息。

③ 确认 PLC 动作模式切换：如果 PLC 当前处于 RUN 模式，画面会显示模式切换对话框。单击"是"按钮，将 PLC 切换到 PROG. 模式。

④ 程序下载过程中的显示：执行程序下载后，将显示程序下载流程窗口。

⑤ 确认 PLC 动作模式切换：程序下载正常结束后，将显示下载结束、模式切换对话框。当需要将 PLC 切换到 RUN 模式时，单击"是"按钮。

⑥ 结束程序下载：当结束向 PLC 的下载、PLC 切换到 RUN 模式后，程序状态栏显示将切换到遥控 RUN 状态，程序部分的显示也将切换到监控状态。

2）须注意的问题

若向没有注释写入存储区的 PLC 中下载带有注释的程序时，注释将不被传入 PLC。如果再次将该程序读回到 FPWIN-GR（程序上载），则注释将被消除，因此在使用时请加以注意。当程序接收方的 PLC 没有注释写入存储区时，将显示 PLC 无注释写入区的对话框。

7. 保存程序

在 FPWIN-GR 中是将程序、PLC 的系统寄存器、注释等内容的数据作为一个文件进行保存的。当需要对已经存在的文件进行覆盖保存时，请选择"保存"菜单项，而需要初次保存一个新建的程序或需要将文件重新命名后保存时，请选择"另存为"菜单项。

1）保存文件时所生成的文件

在 FPWIN-GR 中，保存时所生成的文件共有 3 个。

① 在显示梯形图程序或触点监控和数据监控画面时，如果执行"保存"命令或"另存为"命令，则将保存扩展名为 .fp 的文件。在该文件中保存有以下几项内容：程序部分，系统寄存器的设置内容（包括 I/O 单元分配和远程分配等），注释（I/O 注释、块注释和说明），PLC 机型，触点监控、数据监控的登录内容，时序图监控的登录内容，打印格式设置，标题及程序作者。

② 在显示梯形图程序或触点监控、数据监控时，如果执行"导出"命令，则将保存扩展名为 .Spg 的文件。该文件可以利用 NPST-GR 读取。

在该文件中保存有以下几项内容：程序部分，系统寄存器的设置内容（包括 I/O 单元分配、远程分配等），PLC 机型、触点监控、数据监控的登录内容、标题及程序作者。

③ 在显示时序图监控画面时，如果执行"保存"或"另存为"命令，则将保存扩展名为.stc 的文件。在该文件中保存有时序图监控的登录内容及监控数据。

2) 保存文件时所发生注释内容被清除的情况

使用没有注释存储区型号的 PLC，按以下步骤进行操作时，会发生注释内容被清除的情况，因此在覆盖保存时要注意避免发生这种情况。

① 编写带有注释的程序。
② 将程序下载至 PLC 主机。
③ 保存程序后退出。
④ 从 PLC 主机内上载程序。
⑤ 以相同的文件名保存文件。

8. 打印程序

1) 打 印

打印程序以及 I/O 列表、系统寄存器等信息，打印输出的操作步骤如下所示。

① 选择打印：利用菜单操作选择"文件"|"打印"菜单项或单击工具栏中的"打印"按钮。
② 显示"打印"对话框：选择"打印"之后，画面中会出现"打印"对话框。请确认所使用的打印机，设置打印范围、打印份数等内容，然后单击 OK 按钮。

2) 打印格式设置

在初始设置中，打印内容设置为梯形图程序部分，可根据需要，利用"打印格式设置"选择所要求的项目。

下面简述打印格式设置的操作步骤。

① 选择"打印格式设置"菜单项：设置打印格式时，选择"文件"|"打印格式设置"菜单项。
② 显示"打印格式设置"对话窗：选择"打印格式设置"菜单项后，会弹出"打印格式设置"对话框，选择要求打印的项目。

3) 带注释打印

需要带注释打印时，请按梯形图的"详细"按钮，然后在"注释"一项之前单击选中标志"√"。

4) 功能解释

当也需要打印封面的标题、程序作者等项目时，选择"文件"|"属性"菜单项，然后输入"标题"、"作者"等项。

5) 打印预览

在"文件"菜单中选择"打印预览"菜单项，或者单击"打印格式设置"对话框中的"打印预览"按钮后，可以预览打印的效果。

思考题与习题

8-1 梯形图与继电器控制图之间有哪些差异？

8-2 在可编程控制器中提供的定时器都是延时闭合的定时器。图 8-50(a)和(b)是两个延时断开的定时控制线路，试分别写出其对应的指令表，并画出相应的时序图。

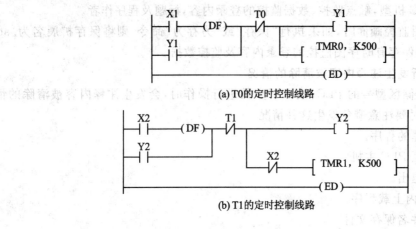

图 8-50 习题 8-2 图

8-3 定时器式的顺序控制在实际工程中经常见到。下一个动作发生时，自动把上一个动作关断，这样，一个动作接一个动作发生。

设有 4 个设备分别由输出继电器 Y0、Y1、Y2 和 Y3 启动，当闭合启动控制点 X0 后，输出继电器 Y0 接通，延时 5 s 后，Y1 接通，同时关断 Y0；再延时 5 s 后，Y2 接通，同时又关断 Y1；又延时 5 s 后，最后 Y3 接通，同时关断 Y2；Y3 接通并保持 5 s 后，Y0 又接通，Y0 接通使得 Y3 关断。以后周而复始，按顺序执行下去。按下停止按钮 X1 时系统停止运行。试用定时器实现上述功能。并画出时序图。

8-4 单按钮控制的要求是只用一个按钮就能控制一台电动机的启动和停止。控制过程是按一次按钮电动机启动，并保持运行。再按一次按钮，电动机就停止。

1. 利用计数指令实现单按钮控制电动机的启动。
2. 利用置位和复位指令实现单按钮控制电动机的启动。
3. 利用高级指令 F132 实现单按钮控制电动机的启动。

根据以上要求分别设计出 PLC 控制梯形图程序。

8-5 PLC 应用控制系统设计的基本原则和基本内容分别是什么？

8-6 简述 PLC 应用控制系统设计、调试的步骤。

8-7 FPWIN-GR 提供了哪几种的程序编辑方式？它们有什么区别？如何在这几种编辑方式间转换？

第三篇 实验与实训

第9章 实　验

9.1 基本顺序指令练习

9.1.1 实验目的

1. 掌握基本顺序指令的特点和功能。
2. 掌握编程的方法和技巧以及熟悉梯形图。
3. 熟悉可编程控制器和 FPWIN-GR 编程软件的使用方法。

9.1.2 实验设备

1. PLC 实验装置　　一套
2. 编程计算机　　　一台
3. 连接导线　　　　若干

9.1.3 预习要点

1. 认真学习本次实验的基础知识，掌握 19 条基本顺序指令的功能及使用方法。
2. 了解本次实验的 PLC 装置。
3. 熟悉 FPWIN-GR 编程软件的功能及使用方法。
4. 读懂启-保-停控制程序、互锁控制程序、多重输入控制程序、比较控制程序的梯形图及助记符程序，认真分析实验中可能得到的结果。
5. 根据启-保-停控制程序的梯形图，确定 I/O 点数，输入为＿＿＿＿点,输出为＿＿＿＿点。
6. 根据互锁环节控制程序的梯形图，确定 I/O 点数，输入为＿＿＿＿点,输出为＿＿＿＿点。
7. 根据多重输入控制程序的梯形图，确定 I/O 点数，输入为＿＿＿＿点,输出为＿＿＿＿点。

9.1.4 实验内容及步骤

1. 顺序指令练习程序 1(启-保-停控制程序)。

工作过程如下：当按下启动按钮 X0 时，输入继电器 X0 的常开触点接通，输出继电器 Y0 置 1，Y0 的常开触点闭合，这时电动机连续运行。停车时，按下停止按钮 X1，输入继电器 X1

的常闭触点断开,Y0置0,电动机断电停车。如图9-1所示。

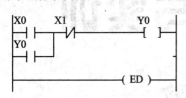

图9-1 启-保-停控制程序

(1) 根据启-保-停控制程序的梯形图,确定I/O点数。

(2) 进入FPWIN-GR编程软件。

(3) 输入启-保-停电路的梯形图程序,经程序转换后下载到PLC主机中。

(4) 观察PLC运行情况,并与其动态时序图比较。

(5) 运行结果:

① 按下启动按钮X0,输入继电器X0的常开触点_____,输出继电器Y0的状态_____,Y0的常开触点_____。

② 按下停车按钮X1,输入继电器X1的常闭触点_____,输出继电器Y0的状态_____,Y0的常开触点_____。

2. 顺序指令练习程序2(互锁控制程序)。

在多重输出的梯形图中,要考虑多重输出间的相互制约(也即联锁)关系,这样不仅可以保证电路的运行安全,而且不会损坏设备。互锁控制程序(如图9-2所示)。

(1) 根据互锁控制程序的梯形图,确定I/O点数。

(2) 进入FPWIN-GR编程软件。

(3) 输入互锁控制程序的梯形图程序,经程序转换后下载到PLC主机中。

(4) 观察PLC运行情况,并与其动态时序图比较。

(5) 运行结果:

① 当输入继电器X0的常开触点闭合时,X0的常闭触点断开,输出继电器Y0的状态_____,Y0的常开触点_____,Y0的常闭触点_____。

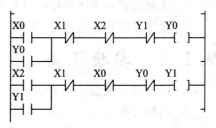

图9-2 互锁控制程序

② 当输入继电器X2的常开触点闭合时,X2的常闭触点断开,输出继电器Y1的状态_____,Y1的常开触点_____,Y1的常闭触点_____。

③ 当输入继电器X1的常闭触点断开时,输出继电器Y0的状态_____,Y0的常开触点_____,Y0的常闭触点_____;输出继电器Y1的状态_____,Y1的常开触点_____,Y1的常闭触点_____。

④ 不管是输出继电器Y0得电还是输出继电器Y1得电,它们之间的联锁是如何实现的?

3. 顺序指令练习程序3(多重输入控制程序)。

在图9-3中,输入继电器X0、X1的常开触点闭合或者输入继电器X0、X3的常开触点闭合或者输入继电器X2、X3的常开触点闭合或者输入继电器X2、X1的常开触点闭合,均可以使输出继电器Y0得电,使之输出。

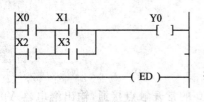

图9-3 多重输入控制程序

(1) 根据多重输入控制程序的梯形图,确定I/O点数。

(2) 进入FPWIN-GR编程软件。

(3) 输入多重输入控制程序的梯形图程序,经程序转换后下载到PLC主机中。

(4) 观察PLC运行情况,并与其动态时序图比较。

(5) 运行结果:

① 当输入继电器 X0、X1 的常开触点闭合时,输出继电器 Y0 的状态_____。
② 当输入继电器 X0、X3 的常开触点闭合时,输出继电器 Y0 的状态_____。
③ 当输入继电器 X2、X3 的常开触点闭合时,输出继电器 Y0 的状态_____。
④ 当输入继电器 X2、X1 的常开触点闭合时,输出继电器 Y0 的状态_____。
⑤ 当输入继电器 X1 和 X3 的常开触点同时断开时,输出继电器 Y0 的状态_____。

4. 顺序指令练习程序 4(比较控制程序)。

如图 9-4 比较控制程序所示,该电路按预先设定的输出要求,根据对两个输入信号的比较,决定某一输出。若输入继电器 X0、X1 的常开触点同时闭合,输出继电器 Y0 有输出;若输入继电器 X0、X1 的常开触点均不闭合,则输出继电器 Y1 有输出;若输入继电器 X0 的常开触点不闭合,输入继电器 X1 的常开触点闭合,则输出继电器 Y2 有输出;若输入继电器 X0 的常开触点闭合,输入继电器 X1 的常开触点不闭合,则输出继电器 Y3 有输出。

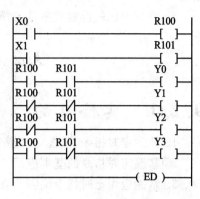

图 9-4 比较控制程序

(1) 根据比较控制程序的梯形图,确定 I/O 点数。
(2) 进入 FPWIN-GR 编程软件。
(3) 输入比较控制程序的梯形图程序,经程序转换后下载到 PLC 主机中。
(4) 观察 PLC 运行情况,并与其动态时序图比较。
(5) 运行结果:

① 当输入继电器 X0 的常开触点闭合时,辅助继电器 R100 的状态_____,R100 的常开触点_____,R100 的常闭触点_____。
② 当输入继电器 X1 的常开触点闭合时,辅助继电器 R101 的状态_____,R101 的常开触点_____,R101 的常闭触点_____。
③ 当输入继电器 X0 的常开触点闭合,且输入继电器 X1 的常开触点也闭合时,输出继电器 Y0、Y1、Y2、Y3 的状态分别为_____、_____、_____、_____。
④ 当输入继电器 X0 的常开触点闭合,但输入继电器 X1 的常开触点断开时,输出继电器 Y0、Y1、Y2、Y3 的状态分别为_____、_____、_____、_____。
⑤ 当输入继电器 X0 的常开触点断开,但输入继电器 X1 的常开触点闭合时,输出继电器 Y0、Y1、Y2、Y3 的状态分别为_____、_____、_____、_____。
⑥ 当输入继电器 X0 的常开触点断开,且输入继电器 X1 的常开触点也断开时,输出继电器 Y0、Y1、Y2、Y3 的状态分别为_____、_____、_____、_____。

9.1.5 注意事项

1. 进入 FPWIN-GR 编程软件时,正确选择 PLC 机型,否则无法正常下载程序。
2. 下载程序前,应确定 PLC 供电正常。
3. 连线时,应注意连线顺序。先连 PLC 电源线,再进行 I/O 端口连线。
4. 实验中应认真观察 PLC 的输入、输出端口的输入输出状态,以便验证分析结果的正确性。

9.1.6 思考与讨论

1. 在 I/O 端口接线不变的情况下,能更改控制逻辑吗?
2. 程序下载后,PLC 能够自己运行吗?程序下载之前呢?
3. 当程序不能正常工作时,如何判断是 PLC 故障、程序出错,还是外部 I/O 端口连线错误?
4. 想一想比较控制程序是怎样实现比较的?

9.2 定时指令的应用

9.2.1 实验目的

1. 熟悉定时指令,掌握定时指令的特点和功能。
2. 掌握定时指令的基本应用。
3. 掌握应用定时指令编程的方法和技巧。
4. 进一步熟悉可编程控制器和 FPWIN - GR 编程软件的使用方法。

9.2.2 实验设备

1. PLC 实验装置　一套
2. 编程计算机　　一台
3. 连接导线　　　若干

9.2.3 预习要点

1. 复习 TM 指令的功能及工作原理。
2. 进一步熟悉 FPWIN - GR 编程软件的功能及使用方法。

9.2.4 实验内容及步骤

1. 利用 TM 指令编程,产生连续方波信号输出,设定其周期为 4 s,占空比为 1∶2。
   ① 根据控制要求,确定 I/O 点数,I=_____,O=_____。
   ② 进入 FPWIN - GR 编程软件。
   ③ 编制符合控制要求的梯形图程序,经程序转换后下载到 PLC 主机中。
   ④ 观察 PLC 运行情况,并与其动态时序图比较。
2. 延时接通控制程序的编写及运行。

利用 TM 指令编程,给 X0 一个输入信号,经过 2 s 延时接通 Y0;再经过 2 s 延时接通 Y1;再经过 2 s 延时接通 Y2。当 X1 有输入时,所有输出立即复位。延时接通参考梯形图程序如图 9-5 所示。
   ① 根据延时接通控制的梯形图程序,确定 I/O 点数,I=_____,O=_____。
   ② 进入 FPWIN - GR 编程软件。
   ③ 输入延时接通控制的梯形图程序,经程序转换后下载到 PLC 主机中。

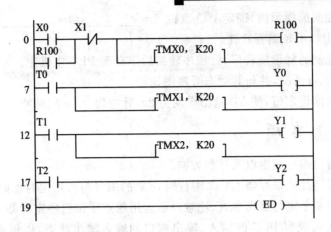

图 9-5 延时接通参考梯形图程序

④ 观察 PLC 运行情况，并与其动态时序图比较。

3. 延时断开控制程序的编写及运行。

利用 TM 指令编程，给 X0 一个输入信号，让 Y0、Y1 得电，对应的指示灯亮，经过 4s 延时断开 Y0、Y1，对应的指示灯熄灭。延时断开参考梯形图程序如图 9-6 所示。

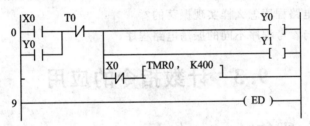

图 9-6 延时断开参考梯形图程序

① 根据延时断开控制的梯形图程序，确定 I/O 点数，I= _____，O= _____。
② 进入 FPWIN-GR 编程软件。
③ 输入延时断开控制的梯形图程序经程序转换后下载到 PLC 主机中。
④ 观察 PLC 运行情况，并与其动态时序图比较。

4. 振荡控制程序的编写及运行。

利用 TM 指令编程，通过拨动开关将 X0 接通，启动脉冲发生器，经过 4s 延时接通 Y0，对应的指示灯亮，再延时 1s 后 Y0 断开，对应的指示灯熄灭；再经过 4s 灯亮，1s 后灯灭……直至断开 X0。振荡控制参考梯形图程序如图 9-7 所示。

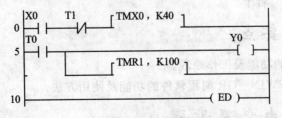

图 9-7 振荡控制参考梯形图程序

① 根据振荡控制的梯形图,确定 I/O 点数,I=_____,O= _____。
② 进入 FPWIN-GR 编程软件。
③ 输入振荡控制的梯形图程序,经程序转换后下载到 PLC 主机中。
④ 观察 PLC 运行情况,并与其动态时序图比较。
⑤ 修改定时器的设定值,使 Y0 输出周期为 2s,脉宽为 0.5s 的脉冲。

9.2.5 注意事项

1. 注意定时器的编号范围以及计数方向。
2. 使用定时器经过值寄存器 EV 来编程时,EV 的编号与所用定时器的编号保持一致。
3. 程序中使用多个定时器指令时,注意灵活运用触点联锁启停定时器。
4. 实验中应认真观察 PLC 的输入、输出端口的输入输出状态,以便验证分析结果的正确性。

9.2.6 思考与讨论

1. 编写一个与参考程序不同的延时接通电路程序。
2. 编写一个与参考程序不同的延时断开电路程序。
3. 试分析振荡电路程序怎么样实现振荡的?
4. 试编写一个与参考程序不同的振荡电路程序。

9.3 计数指令的应用

9.3.1 实验目的

1. 熟悉计数指令,掌握计数指令的特点和功能。
2. 掌握计数指令的基本应用。
3. 掌握应用计数指令编程的方法和技巧。
4. 进一步熟悉可编程控制器和 FPWIN-GR 编程软件的使用方法。

9.3.2 实验设备

1. PLC 实验装置　　一套
2. 编程计算机　　　一台
3. 连接导线　　　　若干

9.3.3 预习要点

1. 复习 CT 指令的功能及工作原理。
2. 进一步熟悉 FPWIN-GR 编程软件的功能及使用方法。

9.3.4 实验内容及步骤

1. 利用 CT 指令编程,产生连续脉冲信号输出,设定其周期为 4 s,占空比为 1∶4。

① 根据控制要求,确定 I/O 点数,I=＿＿＿＿,O=＿＿＿＿。
② 进入 FPWIN-GR 编程软件。
③ 编制符合控制要求的梯形图程序,经程序转换后下载到 PLC 主机中。
④ 观察 PLC 运行情况,并与其动态时序图比较。

2. 振荡控制程序的编写及运行。

利用 CT 指令编程,给 X0 一个输入信号,定时器 T10 经过 2 s 延时接通计数器 C100,C100 脉冲计数为 20 后,计数器 C100 的常开接点闭合,启动 Y0。只有当 X1 有输入时,计数器 C100 立即复位。此时计数器 C100 与定时器 T10 构成振荡控制程序,如图 9-8 所示。

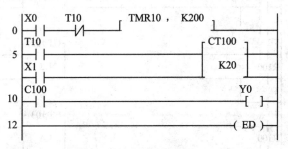

图 9-8 振荡参考梯形图程序

① 根据振荡控制的梯形图程序,确定 I/O 点数,I=＿＿＿＿,O=＿＿＿＿。
② 进入 FPWIN-GR 编程软件。
③ 输入振荡控制的梯形图程序,经程序转换后下载到 PLC 主机中。
④ 观察 PLC 运行情况,并与其动态时序图比较。
⑤ 修改定时器的设定值,使 Y0 输出周期为 20 s。

3. 三台电机顺序循环启停控制程序的编写及运行。

三台电动机分别接于输出继电器 Y0、Y1、Y2 的端口上。要求他们相隔 5 s 启动,各自运行 10 s 停止,并循环。其中 X0 时启动开关。它的时序图如图 9-9 所示,梯形图程序如图 9-10 所示。

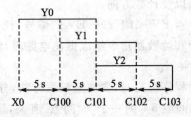

图 9-9 三台电动机控制时序图

① 根据三台电动机控制的梯形图程序,确定 I/O 点数,I=＿＿＿＿,O=＿＿＿＿。
② 进入 FPWIN-GR 编程软件。
③ 将三台电动机控制的梯形图程序经程序转换后下载到 PLC 主机中。
④ 观察 PLC 运行情况,并与其动态时序图比较。

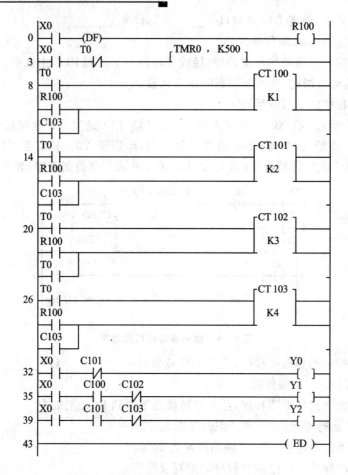

图 9-10 三电机控制参考梯形图程序

9.3.5 注意事项

1. 注意计数器的编号范围以及计数方向。
2. 使用计数器经过值寄存器 EV 来编程时，EV 的编号与所用计数器的编号保持一致。
3. 程序中使用定时器指令和计数器指令组成振荡电路时，注意定时总时间等于定时器的定时时间与计数器的设定值的乘积。
4. 三台电动机循环控制的程序编写时，要注意编程方法，分析时序图时，我们便可发现电动机 Y0、Y1、Y2 的控制逻辑和间隔 5 s 的一个"时间点"有关，每个"时间点"都有电动机启停，因而用程序建立这些"时间点"是程序设计的关键。
5. 实验中应认真观察 PLC 的输入、输出端口的输入输出状态，以便验证分析结果的正确性。

9.3.6 思考与讨论

1. 试用 CT 指令编写一个延时接通电路程序。
2. 试用 CT 指令编写一个延时断开电路程序。
3. 试分析用计数器指令怎么样实现振荡控制的？

9.4 顺序控制程序

9.4.1 实验目的

1. 熟悉步进指令,掌握步进指令的特点和功能。
2. 掌握步进指令的基本应用。
3. 掌握应用步进指令编程的方法和技巧。
4. 进一步熟悉可编程控制器和 FPWIN-GR 编程软件的使用方法。

9.4.2 实验设备

1. PLC 实验装置　一套
2. 编程计算机　　一台
3. 连接导线　　　若干

9.4.3 预习要求

1. 复习步进指令的用法。
2. 进一步熟悉 FPWIN-GR 编程软件的功能及使用方法。

9.4.4 实验内容及步骤

1. 利用步进指令试编程,三台电动机间隔 10 s 启动,各自运行 20 s 后停止。
① 根据控制要求,确定 I/O 点数,I=＿＿＿＿,O=＿＿＿＿。
② 进入 FPWIN-GR 编程软件。
③ 编制符合控制要求的梯形图程序,经程序转换后下载到 PLC 主机中。
④ 观察 PLC 运行情况,并与其动态时序图比较。
2. 单流程电路程序的编写及运行。
利用步进指令完成自动台车的控制:其中一个工作周期的控制要求如下,根据控制要求试编写控制程序。小车往返控制示意图如图 9-11 所示,参考梯形图程序如图 9-12 所示。

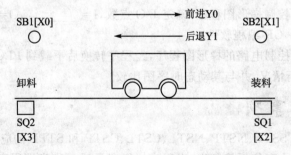

图 9-11　小车往返控制示意图

● 按下 SB1 启动后,小车自动驶向 SQ1 地,到达后等待 1 min 装料;然后自动驶向 SQ2 地,到达后等待 1 min 卸料;然后自动驶向 SQ1 地,在 SQ1 地停车 1 min 等待装料,然后驶向 SQ2 地；如此往复。
- 小车运行到达任意位置，均可以用手动停车。再次启动后，小车重复上述过程。
- 小车前进、后退过程中，分别有指示灯 Y2、Y3 指示其前进方向。

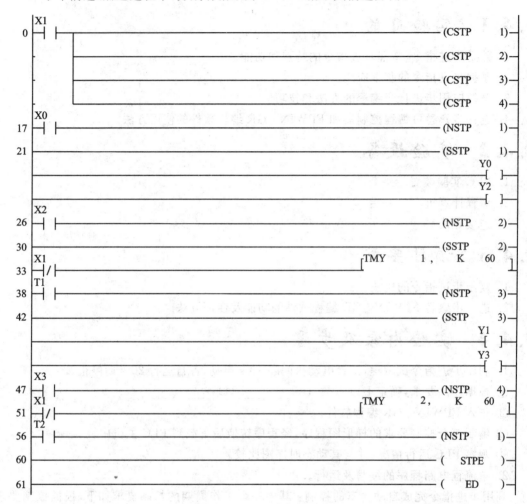

图 9-12 小车往返控制参考梯形图程序

① 根据小车往返控制梯形图程序，确定 I/O 点数，I=_____，O=_____。
② 进入 FPWIN-GR 编程软件。
③ 输入小车往返控制电路的梯形图程序，经程序转换后下载到 PLC 主机中。
④ 观察 PLC 运行情况，并与其动态时序图比较。

9.4.5 注意事项

1. 注意步进指令 SSTP、NSTP、NSTL、CSTL、CSTP 和 STPE 的应用范围及条件。
2. 在单流程程序小车往返控制中，当程序执行完最后一段步进程序（过程 5）时该程序并没有结束，而是又返回到过程 0，即自动实现循环控制，所以在程序中没有使用 CSTP 指令。这一编程方法值得注意。
3. 实验中应认真观察 PLC 的输入、输出端口的输入输出状态，以便验证分析结果的正确性。

9.4.6 思考与讨论

1. 注意 NSTL 指令与 NSTP 指令的区别。
2. 选择性分支、并行分支的编程方法及编程规则。
3. 利用顺序控制指令试编制三台电动机顺序启停控制程序,要求如下:三台电机顺序间隔 5 s 启动,停止顺序相反,时间间隔也是 5 s。

9.5 移位指令的应用

9.5.1 实验目的

1. 熟悉移位指令,掌握移位指令的特点和功能。
2. 掌握移位指令的基本应用。
3. 掌握应用移位指令编程的简单方法和技巧。
4. 进一步熟悉可编程控制器和 FPWIN-GR 编程软件的使用方法。

9.5.2 实验设备

1. PLC 实验装置   一套
2. 编程计算机   一台
3. 连接导线   若干

9.5.3 预习要点

1. 复习 SR、F119 指令的功能及应用。
2. 进一步熟悉 FPWIN-GR 编程软件的功能及使用方法。

9.5.4 实验内容及步骤

1. 利用移位指令 SR 编程,使输出的 8 个灯从左至右以 2 s 速度依次亮;当灯全亮后再从左依次向右灭。如此反复进行。参考程序如图 9-13 所示。

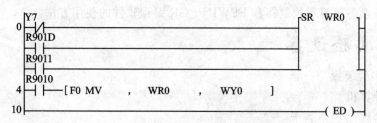

图 9-13 移位指令应用梯形图程序

① 根据控制要求,确定 I/O 点数,I= _____ ,O= _____ 。
② 进入 FPWIN-GR 编程软件。
③ 编制符合控制要求的梯形图程序,经程序转换后下载到 PLC 主机中。

④ 观察 PLC 运行情况,并与其动态时序图比较。

2. 利用 F119 LRSR 指令完成循环左右移位。其中一个工作周期的控制要求如下,根据控制要求试编写控制程序。

要求:使一个灯亮后以 0.2 s 的速度自左向右移动,到达最右侧后,再自右向左返回左侧。依次循环。

① 根据控制要求,确定 I/O 点数,I=_____,O=_____。
② 进入 FPWIN－GR 编程软件,编制程序。
③ 经程序转换后下载到 PLC 主机中。
④ 观察 PLC 运行情况,并与其动态时序图比较。

9.5.5　注意事项

1. 移位指令 SR 移位对象只限于 WRn,所以要把待移位的数据通过传输指令移到 WRn 中,同时,通过传输指令把移位结果送至输出继电器 WY0。
2. 移位和循环移位指令一般是针对 16 位数据的,若只有 8 位输出显示,为了使所看到的移位状态不间断,输出结果刚移出显示区时,需要采取相应的措施。
3. 使用移位指令时,只设有一个输入端时,当输入条件满足时,每扫描一次该指令,就将移位一次。如果要移位速度受到输入量控制时,需要加微分指令。

9.5.6　思考与讨论

1. 在循环指令前加微分指令或者是不加微分指令,有何区别?
2. 利用 F119 指令试编制出一个彩灯控制程序,控制要求自己设定。

9.6　控制指令的应用

9.6.1　实验目的

1. 熟悉控制类指令,掌握控制类指令的特点和功能。
2. 掌握控制类指令的基本应用。
3. 掌握应用控制类指令编程的简单方法和一般的应用技巧。
4. 进一步熟悉可编程控制器和 FPWIN－GR 编程软件的使用方法。

9.6.2　实验设备

1. PLC 实验装置　　一套
2. 编程计算机　　　一台
3. 连接导线　　　　若干

9.6.3　预习要点

1. 复习控制类指令的功能及用法。
2. 进一步熟悉 FPWIN－GR 编程软件的功能及使用方法。

9.6.4 实验内容及步骤

1. 试编写一个两台电动机的顺序启停控制程序,要有手动/自动控制(利用跳转指令)。

控制要求:X2 为手/自动切换开关。手动控制要求为:合上开关 X3,电动机 Y0 启动;再合上开关 X4,电动机 Y1 启动;按下停止按钮 X1,Y0、Y1 停止。自动控制要求为:按下按钮 X0,电动机 Y0 启动,10 s 后,电动机 Y1 启动,Y1 运行 20 s 后,电动机 Y0、Y1 同时停止。当按下停止按钮 X1 时,电动机 Y0、Y1 也会立即停止。参考程序图如图 9-14 所示。

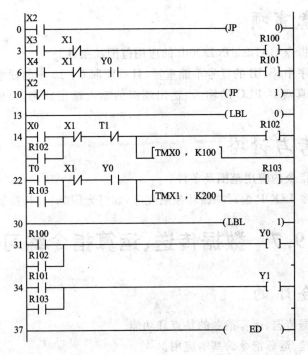

图 9-14 跳转指令实现电机控制参考程序图

① 根据两台电动机的顺序启停控制梯形图程序,确定 I/O 点数,I = _____,O = _____。

② 进入 FPWIN-GR 编程软件。

③ 编制符合控制要求的梯形图程序,经程序转换后下载到 PLC 主机中。

④ 观察 PLC 运行情况,并与其动态时序图比较。

2. 利用子程序调用指令完成选择电动机运行的控制,控制要求如下,根据控制要求试编写控制程序。参考程序图如图 9-15 所示。

● 闭合选择开关(X0),选择电动机 Y0、Y2,当闭合启动开关 X1 时,

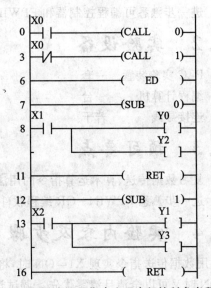

图 9-15 子程序调用指令实现电机控制参考程序图

Y0、Y2 开始运行。
- 断开选择开关(X0),选择电动机 Y1、Y3,当闭合启动开关 X2 时,Y1、Y3 开始运行。
① 根据控制要求,确定 I/O 点数,I=_____,O=_____。
② 进入 FPWIN-GR 编程软件。
③ 输入编制的梯形图程序,经程序转换后下载到 PLC 主机中。
④ 观察 PLC 运行情况,并与其动态时序图比较。
⑤ 运行结果。

9.6.5 注意事项

1. 注意控制类指令 CALL、JP、LOOP 的应用范围及条件。
2. 注意同一程序中,SUB 的标号不能重复,且只能取 0~15 中的任意整数。
3. 实验中应认真观察 PLC 的输入、输出端口的输入输出状态,以便验证分析结果的正确性。

9.6.6 思考与讨论

1. 思考控制类指令的应用范围及条件。
2. 试用循环指令 LOOP 编写一循环控制程序,如灯光闪烁控制,控制要求自定。

9.7 数据传送、运算指令练习

9.7.1 实验目的

1. 深入理解数据传送、运算指令的特点和功能。
2. 掌握数据传送、运算指令的基本应用。
3. 掌握应用数据传送、运算指令编程的简单方法和一般的应用技巧。
4. 进一步熟悉可编程控制器和 FPWIN-GR 编程软件的使用方法。

9.7.2 实验设备

1. PLC 实验装置   一套
2. 编程计算机   一台
3. 连接导线   若干

9.7.3 预习要点

1. 复习数据传送、算术运算指令的用法。
2. 进一步熟悉 FPWIN-GR 编程软件的功能及使用方法。

9.7.4 实验内容及步骤

1. 用数据传送指令实现 X1=ON 时,将"2007,02,06"这组数据分别送入 DT0~DT2 中,X0=ON 时又可以全清且清零优先。调试运行时,需要用字监视功能 OP-2 监视它的变化。

参考程序图如图 9-16 所示。

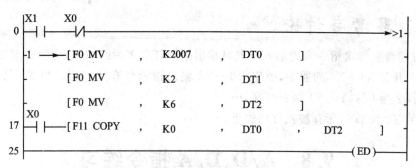

图 9-16 数据传送参考程序图

① 进入 FPWIN-GR 编程软件。
② 编制符合要求的梯形图程序,经程序转换后下载到 PLC 主机中。
③ 观察 PLC 运行情况,打开字监视功能 OP-2 监视它的动态变化。
④ 若在上述任务的基础上增加如下功能:X2=ON 时,可以将 DT0～DT2 的内容复制到以 DT3 为首地址的区域内,程序又该作如何修改?

2. 利用 BIN 算术运算指令和 BCD 算术运算类指令完成下式的运算:

$$[(2006+2007)\times 110-2008]\div 2006$$

要求:
- X0=ON 时计算,X1=ON 时全部清零。
- 各步运算结果存入 DT0～DT6 中,并记录下来。

算术运算参考程序图如图 9-17 所示。

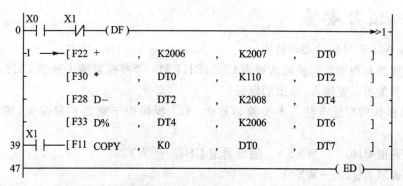

图 9-17 算术运算参考程序图

① 进入 FPWIN-GR 编程软件。
② 编制符合要求的梯形图程序,经程序转换后下载到 PLC 主机中。
③ 观察 PLC 运行情况,打开双字监视功能 OP-12 监视它的动态变化。

9.7.5 注意事项

1. 实验内容 2 中,在编写程序时,也要注意有些运算数据较大时,要用多位运算指令。
2. 用 BIN 算术运算指令时,运算数以 K、H 形式输入均可,而用 BCD 算术运算指令时,运算数只能 H 形式输入,否则认为错误,使运算终止。

9.7.6 思考与讨论

试编程用数据传送指令实现输入开关对输出指示灯亮多少的控制,控制要求如下：
- 输入开关 X1～X6 的通断,决定 Y0～Y6 输出指示灯有几只亮。如 X1 为 ON,Y0 灯亮;X2 为 ON,Y0、Y1 两只灯亮,……
- 开关 X0 为 ON,所有被控灯均熄灭。

9.8 A/D、D/A 指令练习

9.8.1 实验目的

1. 掌握与 FP0 系列 PLC 配接的 A21 混合模块的特点和功能。
2. 进一步熟悉可编程控制器和 FPWIN-GR 编程软件的使用方法。

9.8.2 实验设备

1. PLC 实验装置(具备 A21 扩展模块)　　一套
2. 编程计算机　　　　　　　　　　　　一台
3. 直流电压表　　　　　　　　　　　　一块
4. 直流电流表　　　　　　　　　　　　一块
5. 连接导线　　　　　　　　　　　　　若干

9.8.3 预习要点

1. 预习 A21 模块的功能和特点。

A21 模块具有两个模拟量输入通道 CH0、CH1 和一个模拟量输出通道 CH2,通过模块上的模式切换开关可设置输入/输出的幅值。

2. A21 模块的编址方法。本实验装置中,A21 模块位于第二扩展单元,则各通道编址如下：

输入通道 CH0——WX2　　输出通道 CH2——WY2
输入通道 CH1——WX3

3. 预习 A21 混合模块的输入输出端子接线,尤其是模拟电流输入时的接线方式。

9.8.4 实验内容及步骤

1. 将两路电压 Vi0、Vi1 经 A/D 转换后相加,再经 D/A 转换输出电压 V0。实测后判断 Vi0+Vi1=V0 吗?

① 输入如图 9-18 所示程序。
② 将调整好的模拟电压信号 Vi0、Vi1 分别接到 A21 模块的两个输入通道。
③ 下载并运行该程序。
④ 测量 A21 模块输出电压信号 V0。

⑤ 验证:Vi0+Vi1=V0

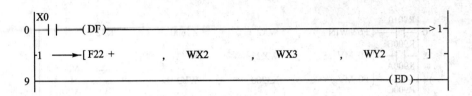

图 9-18 A/D、D/A 练习程序图

2. X0=ON 时,将一电压 30 次的采样结果经 A/D 转换后求出其平均值,再经 D/A 转换输出平均电压。

1) 输入如图 9-19 所示程序。
2) 将调整好的模拟电压信号 Vi0 接到 A21 模块的输入通道 1。
3) 下载并运行该程序。
4) 测量 A21 模块输出电压信号 V0。
5) 验证:V0=1/30

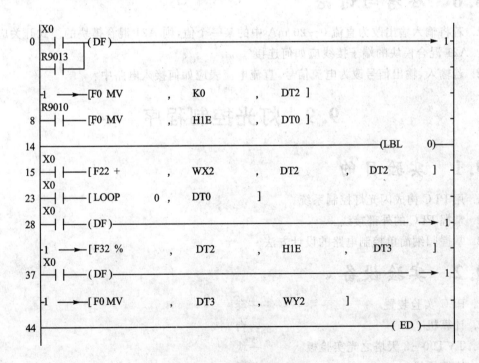

图 9-19 模拟量采样程序图

3. 设计一限幅程序,要求:

1) 当 A/D 输入电压超过 4V 时,D/A 的输出电压保持在 4V,同时 Y0=ON,指示电压过高。
2) 当 A/D 输入电压不足 2V 时,D/A 的输出电压保持在 2V,同时 Y1=ON,指示电压过低。

3) 当 A/D 输入电压在 2-4V 时,D/A 的输出电压等于 A/D 的输入电压。

参考程序如图 9-20 所示。

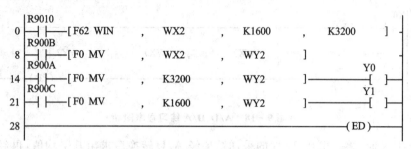

图 9-20 限幅程序图

9.8.5 注意事项

在试验内容 2 中,当采样次数多时,在加法、除法运算中要考虑数据是否过大溢出,必要时采用 32 位二进制加法、除法运算。

9.8.6 思考与讨论

1. 若将输入输出改为直流 0~20 mA 中的某一个值,则 A21 混合模块的模式开关应如何选择?A21 混合模块的端子接线应如何连接?
2. 若输入、输出信号改为电流信号,直流电流表应如何接入电路中?

9.9 灯光控制程序

9.9.1 实验目的

1. 用 PLC 构成闪光灯控制系统。
2. 掌握 PLC 的外部接线。
3. 掌握归纳简单控制电路的设计方法。

9.9.2 实验设备

1. PLC 实验装置　　　　　　　　一套
2. 计算机　　　　　　　　　　　一台
3. TVT90-2 天塔之光实验板　　　一块
4. 连接导线　　　　　　　　　　若干

9.9.3 预习要求

1. 认真预习与本次实验相关的基础知识。
2. 了解本次实验的 PLC 装置。

9.9.4 实验内容及步骤

1. 闪光灯控制系统训练一(参考梯形图程序如图 9-21 所示)。

① 控制要求：按下启动按钮 X0,L1 亮 1 s 后灭；接着 L2,L3,L4,L5 亮,1 s 后灭；再接着 L6,L7,L8,L9 亮 1s 后灭,L1 又亮,如此循环下去。

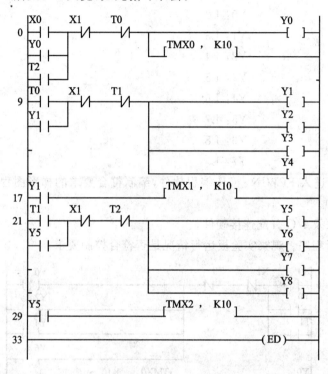

图 9-21 闪光灯控制系统训练一参考梯形图程序

② I/O 分配

输入
X0：启动按钮
X1：停止按钮

输出
Y0：L1
Y1：L2
Y2：L3
Y3：L4
Y4：L5
Y5：L6
Y6：L7
Y7：L8
Y8：L9

③ 编制程序：进入 FPWIN-GR 编程软件,编制符合要求的梯形图程序,经程序转换后下载到 PLC 主机中。

④ 按控制要求及 I/O 分配连接硬件。

⑤ 调试并运行程序。观察实验板运行情况是否符合控制要求。

2. 闪光灯控制系统训练二(参考梯形图程序如图9-22所示)。

① 控制要求:按下启动按钮X0,L3、L5、L7、L9亮1 s后灭;接着L2、L4、L6、L8亮,1 s后灭;再接着,L3、L5、L7、L9亮1s后灭,如此循环下去。

② I/O分配:

输入　　　　　　　　　输出
X0:启动按钮　　　　　Y0:L2
X1:停止按钮　　　　　Y1:L3
　　　　　　　　　　　Y2:L4
　　　　　　　　　　　Y3:L5
　　　　　　　　　　　Y4:L6
　　　　　　　　　　　Y5:L7
　　　　　　　　　　　Y6:L8
　　　　　　　　　　　Y7:L9

③ 编制程序:进入FPWIN-GR编程软件,编制符合要求的梯形图程序,经程序转换后下载到PLC主机中。

④ 按控制要求及I/O分配连接硬件。

⑤ 调试并运行程序。观察实验板运行情况是否符合控制要求。

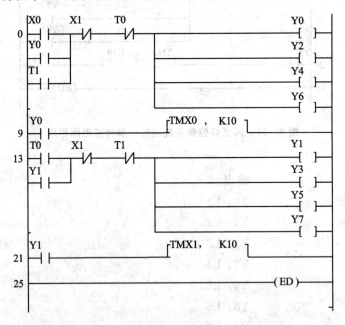

图9-22 闪光灯控制系统训练二参考梯形图程序

9.9.5 注意事项

1. X0是按钮,应采用自锁。
2. 各输入输出点应正确连接。

9.9.6 思考与讨论

1. 按控制要求设计程序，编制程序，并上机调试。

按下启动按钮，L8 灯亮，1 秒之后 L4、L5 灯亮，再 1 秒之后 L1、L7、L9 灯亮，再 1 秒之后 L2、L3 灯亮，再 1 秒之后 L6 灯亮，然后全灭 2 秒再次 L8 灯亮，进入循环；即 L8 亮→L4、L5、L8 亮→L1、L4、L5、L7、L8、L9 亮→L1、L2、L3、L4、L5、L7、L8、L9 亮→L1、L2、L3、L4、L5、L6、L7、L8、L9 亮→全灭→L8 亮……任何时间按下停止按钮，无论什么状态全灭。

2. 按控制要求设计程序，编制程序，并上机调试。

按下启动按钮，进入循环：L8 亮→L4、L5、L8 亮→L1、L4、L5、L7、L8、L9 亮→L1、L2、L3、L4、L5、L7、L8、L9 亮→L1、L2、L3、L4、L5、L6、L7、L8、L9 亮→全体闪烁三次（即全体亮 0.5 s 后灭 0.5 s）→L8 亮……任何时间按下停止按钮，都要等循环结束后才能停止。

9.10 八段码显示程序

9.10.1 实验目的

1. 熟悉用 PLC 构成抢答器控制系统。
2. 通过抢答器程序设计，掌握八段码的显示控制。
3. 掌握 PLC 的外部接线。

9.10.2 实验设备

1. PLC 实验装置　　　　　　　　　　　　　　　　　　　一套
2. 计算机　　　　　　　　　　　　　　　　　　　　　　一台
3. TVT90—2 天塔之光、八段码显示实验板（如图 9-23 所示）　一块
4. 连接导线　　　　　　　　　　　　　　　　　　　　　若干

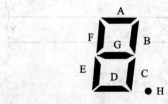

图 9-23　八段码显示实验板

9.10.3 预习要求

1. 认真预习与本次实验相关的基础知识。
2. 了解本次实验的 PLC 装置。
3. 复习八段码显示原理。

9.10.4 实验内容及步骤

抢答器控制系统训练,参考梯形图如图9-24所示。

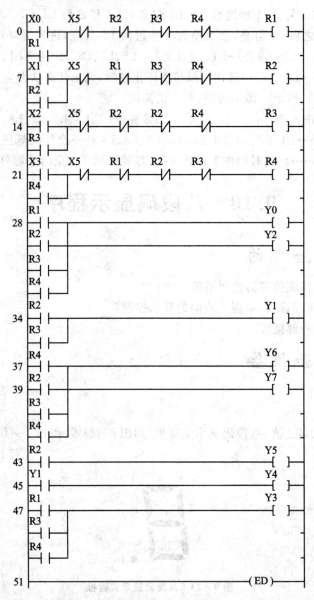

图9-24 四组抢答器参考梯形图程序

① 控制要求：一个四组抢答器,任意一组抢先按下按键后,显示器能及时显示该组的编号并使蜂鸣器发出响声,同时锁住抢答器,使其他组按键无效,抢答器有复位开关,复位后可重新抢答。

② I/O分配：

输入　　　　　　　　　　　　　　输出

X0：按键1　　　　　　　　　　　 Y0：蜂鸣器

X1：按键 2　　　　　　　　　　Y1：a
X2：按键 3　　　　　　　　　　Y2：b
X3：按键 4　　　　　　　　　　Y3：c
X5：复位开关　　　　　　　　　Y4：d
　　　　　　　　　　　　　　　Y5：e
　　　　　　　　　　　　　　　Y6：f
　　　　　　　　　　　　　　　Y7：g

③ 编制程序：进入 FPWIN - GR 编程软件,编制符合要求的梯形图程序,经程序转换后下载到 PLC 主机中。注意段码与输出之间的关系。

④ 调试并运行程序：观察实验板运行情况是否符合控制要求。

9.10.5　注意事项

1. 各抢答按键应选用自复式按键。
2. 程序中各输入输出点应与外部实际 I/O 正确连接,尤其是 Y0 口的连接,否则会显示乱码。

9.10.6　思考与讨论

1. 按下列控制要求编制程序,并上机调试。

显示在一段时间 t 内已按过的按键的最大号数,即在时间 t 内键被按下后,PLC 自动判断其键号大于还是小于前面按下的键号,若大于,则显示此键号,若小于,则原键号不变。如果键按下的时间与复位的时间之差超过时间 t,则不管键号为多少,均无效。复位键按下后,重新开始,显示器显示无效。

2. 按下列控制要求编制程序,并上机调试。

设计一个数显循环程序,按下启动按钮,八段码从 0~9 循环显示,每个数字显示 2 s。任何时间按下停止按钮,当前显示全灭。

3. 按下列控制要求编制程序,并上机调试。

设计一数显循环程序,按下启动按钮,八段码从 0~9 循环显示,当显示 9 之后显示"8.",2 s 后"8."闪烁三下,进入循环,每个数字显示 2 s。任何时间按下停止按钮,当前循环结束后全灭。

9.11　电动机控制

9.11.1　实验目的

1. 用 PLC 控制电动机正反转及 Y/△降压启动。
2. 掌握 PLC 的外部接线及电动机主电路接线。
3. 掌握归纳简单控制程序的设计方法。

9.11.2　实验设备

1. PLC 实验装置　　　　　　　　　一套

2. 计算机　　　　　　　　　　　　　　　　一台
3. TVT90-1 电动机控制实验板　　　　　　一块
4. 连接导线　　　　　　　　　　　　　　若干

9.11.3　预习要求

1. 认真预习与本次实验相关的基础知识。
2. 了解本次实验的 PLC 装置。
3. 预习继电器控制系统中电动机正反转及 Y/△降压启动控制程序图。

9.11.4　实验内容及步骤

1. 电动机正反转(参考程序图如图 9-25 所示)。

① 控制要求：按下正转启动按钮 SB1，电动机正转运行；按下反转启动按钮 SB2，电动机反转运行；按下停止按钮 SB0，电动机停止运行。

② I/O 分配：

输入　　　　　　　　　输出
X0：SB0　　　　　　　　Y0：KM1
X1：SB1　　　　　　　　Y1：KM2
X2：SB2

③ 编制程序：进入 FPWIN-GR 编程软件，编制符合要求的梯形图程序，经程序转换后下载到 PLC 主机中。

④ 按控制要求及 I/O 分配连接线路：SB0 接在输入继电器 X0 端口上，SB1 接于 X1 端口上，SB2 接于 X2 端口上；输出继电器 Y0 连接到 KM1 插孔，Y1 连接到 KM2 插孔。

⑤ 调试并运行程序：按下 SB1 后，观察实验板运行情况；按下 SB2 后，观察实验板运行情况；按下 SB0 后观察实验板运行情况。

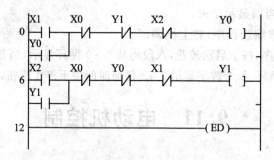

图 9-25　电动机正反转参考程序图

2. 电动机 Y/△降压启动(参考程序图如图 9-26 所示)。

① 控制要求：按下启动按钮 SB1，KM1、KMY 线圈得电，触点接通，电动机 Y 形启动。2s 后 KMY 断开，KM△接通，电动机△形运行，即完成 Y/△启动。按下停止按钮 SB2，电动机停止运行。

② I/O 分配

输入　　　　　　　　　输出

X0：SB1　　　Y0：KM1
X1：SB2　　　Y1：KM△
　　　　　　　Y2：KMY

③ 编制程序：进入 FPWIN-GR 编程软件，编制符合控制要求的梯形图程序，经程序转换后下载到 PLC 主机中。

④ 按控制要求及 I/O 分配连接线路：X0 连接 SB1，X1 连接 SB2；Y0 连接 KM1 插孔，Y1 连接 KM△ 插孔，Y2 连接 KMY 插孔。

⑤ 调试并运行程序：把程序传入 PLC（注意检查其状态），按下 SB1 后，观察实验板运行情况；按下 SB2 观察实验板运行情况。

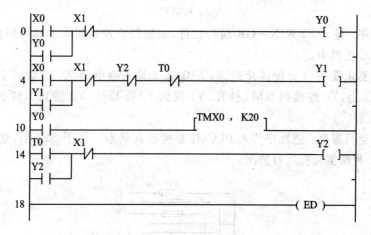

图 9-26　电动机 Y/△降压启动参考程序图

3. 电动机正转（Y/△降压启动）、反转（Y/△降压启动）控制（参考程序图如图 9-27 所示，电动机控制实验板如图 9-28 所示）。

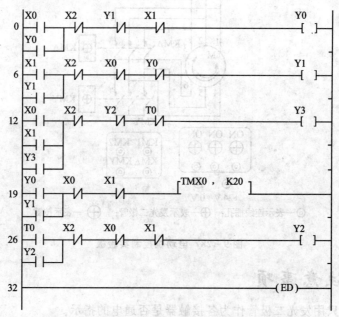

图 9-27　电动机正反转 Y/△降压启动参考程序图

① 控制要求：按下正转启动按钮 SB1，KM1、KMY 线圈得电，触点接通，电动机正转 Y 形启动。2s 后 KMY 断开，KM△ 接通，电动机正转 △ 形运行，即完成正转运行。按下反转启动按钮 SB2，KM2、KMY 线圈得电，触点接通，电动机反转 Y 形启动。2 s 后 KMY 断开，KM△ 接通，电动机反转 △ 形运行，即完成反转运行。按下停止按钮 SB3，电动机停止运行。

② I/O 分配：

输入　　　　　　　　　　输出
X0：SB1　　　　　　　　Y0：KM1
X1：SB2　　　　　　　　Y1：KM2
X2：SB3　　　　　　　　Y2：KM△
　　　　　　　　　　　　Y3：KMY

③ 编制程序：进入 FPWIN-GR 编程软件，编制符合控制要求的梯形图程序，经程序转换后下载到 PLC 主机中。

④ 按控制要求及 I/O 分配连接线路：SB1 接于输入继电器 X0 的端口上，SB2 接于 X1 上，SB3 接于 X2 上；Y0 连接到 KM1 插孔，Y1 接到 KM2 插孔，Y2 接到 KM△ 插孔，Y3 接到 KMY。

⑤ 调试并运行程序：把程序传入 PLC（注意检查其状态），按下 SB1 后，观察实验板运行情况；按下 SB2 观察实验板运行情况。

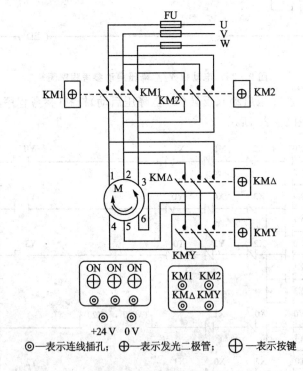

图 9-28　电动机控制实验板

9.11.5　注意事项

1. 实验板上只用发光二极管作为各接触器是否通电的指示。

```
X0：SB1          Y0：KM1
X1：SB2          Y1：KM△
                 Y2：KMY
```

③ 编制程序：进入 FPWIN - GR 编程软件，编制符合控制要求的梯形图程序，经程序转换后下载到 PLC 主机中。

④ 按控制要求及 I/O 分配连接线路：X0 连接 SB1，X1 连接 SB2；Y0 连接 KM1 插孔，Y1 连接 KM△ 插孔，Y2 连接 KMY 插孔。

⑤ 调试并运行程序：把程序传入 PLC（注意检查其状态），按下 SB1 后，观察实验板运行情况；按下 SB2 观察实验板运行情况。

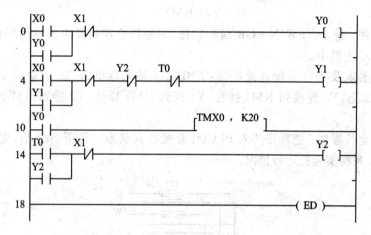

图 9 - 26　电动机 Y/△降压启动参考程序图

3. 电动机正转（Y/△降压启动）、反转（Y/△降压启动）控制（参考程序图如图 9 - 27 所示，电动机控制实验板如图 9 - 28 所示）。

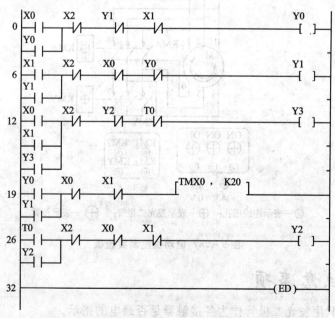

图 9 - 27　电动机正反转 Y/△降压启动参考程序图

① 控制要求：按下正转启动按钮 SB1，KM1、KMY 线圈得电，触点接通，电动机正转 Y 形启动。2s 后 KMY 断开，KM△ 接通，电动机正转 △ 形运行，即完成正转运行。按下反转启动按钮 SB2，KM2、KMY 线圈得电，触点接通，电动机反转 Y 形启动。2 s 后 KMY 断开，KM△ 接通，电动机反转 △ 形运行，即完成反转运行。按下停止按钮 SB3，电动机停止运行。

② I/O 分配：

输入　　　　　　　　　　　　输出

X0：SB1　　　　　　　　　　Y0：KM1

X1：SB2　　　　　　　　　　Y1：KM2

X2：SB3　　　　　　　　　　Y2：KM△

　　　　　　　　　　　　　　Y3：KMY

③ 编制程序：进入 FPWIN－GR 编程软件，编制符合控制要求的梯形图程序，经程序转换后下载到 PLC 主机中。

④ 按控制要求及 I/O 分配连接线路：SB1 接于输入继电器 X0 的端口上，SB2 接于 X1 上，SB3 接于 X2 上；Y0 连接到 KM1 插孔，Y1 接到 KM2 插孔，Y2 接到 KM△ 插孔，Y3 接到 KMY。

⑤ 调试并运行程序：把程序传入 PLC（注意检查其状态），按下 SB1 后，观察实验板运行情况；按下 SB2 观察实验板运行情况。

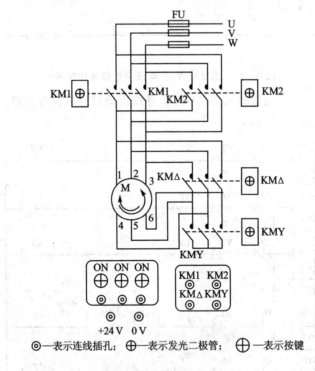

图 9－28　电动机控制实验板

9.11.5　注意事项

1. 实验板上只用发光二极管作为各接触器是否通电的指示。

2. 各输入输出点应正确连接。

9.11.6 思考与讨论

试比较 PLC 控制程序与常规继电器控制的区别与联系。

9.12 液体自动混合装置的控制

9.12.1 实验目的

1. 用 PLC 构成多种液体自动混合系统。
2. 掌握 DF 和 DF/指令、SET 和 RST 指令的意义及其使用方法。
3. 掌握 PLC 的外部接线方法。
4. 掌握程序调试的步骤与方法。

9.12.2 实验设备

1. PLC 实验装置　　　　　　　　　　　　　　　　　一套
2. 计算机　　　　　　　　　　　　　　　　　　　　一台
3. TVT90-7 多种液体混合控制装置实验板（如图 9-29）所示　一块
4. 连接导线　　　　　　　　　　　　　　　　　　　若干

图 9-29　多种液体混合控制装置实验板

9.12.3 预习要求

1. 认真预习与本次实验相关的基础知识。

2. 了解本次实验的 PLC 装置。
3. 预习多种液体自动混合系统的工作原理及其控制方法。

9.12.4 实验内容及步骤

多种液体自动混合控制系统,参考梯形图如图 9-30 所示。

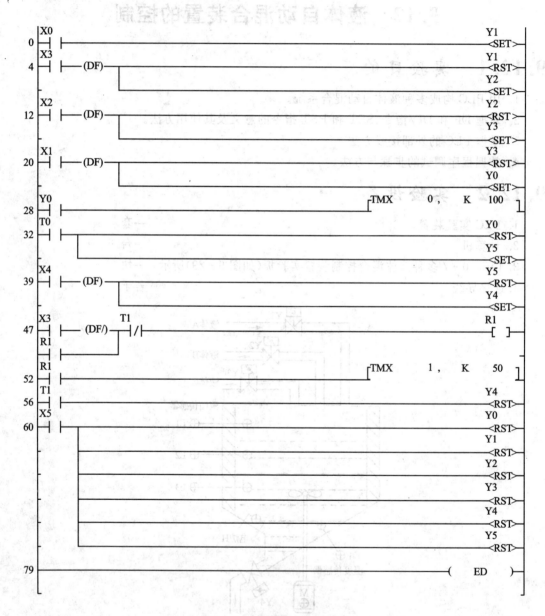

图 9-30 参考梯形图程序

1) 控制要求
(1) 初始状态
容器是空的,Y1、Y2、Y3、Y4 电磁阀和搅拌机均为 OFF,液面传感器 L1、L2、L3 均为

OFF。

(2) 启动操作

按下启动按钮,开始下列操作:

① 控制液体 A 的电磁阀 Y1 闭合(Y1=ON),开始注入液体 A,至液面高度为 L3(L3=ON)时,停止注入液体 A(Y1=OFF),同时开启控制液体 B 的电磁阀 Y2(Y2=ON)注入液体 B,当液面高度为 L2(L2=ON)时,停止注入液体 B(Y2=OFF),同时开启控制液体 C 电磁阀 Y3(Y3=ON)注入液体 C,当液面高度为 L1(L1=ON)时,停止注入液体 C(Y3=OFF)。

② 停止液体 C 注入时,开启搅拌电动机 M(M=ON),搅拌混合时间为 10 s。

③ 停止搅拌后加热器 H 开始加热(H=ON)。当混合液温度达到某一指定值时,温度传感器 T 动作(T=ON),加热器 H 停止加热(H=OFF)。

④ 开始放出混合液体(Y4=ON),至液体高度降为 L3 后,再经 5 s 停止放出(Y4=OFF)。

(3) 停止操作

按下停止键后,停止操作,回到初始状态。

2) I/O 分配

输入　　　　　　　输出
X0:启动按钮　　　Y0:M
X1:L1　　　　　　Y1:Y1
X2:L2　　　　　　Y2:Y2
X3:L3　　　　　　Y3:Y3
X4:T　　　　　　 Y4:Y4
X5:停止按钮　　　Y5:H

3) 按控制要求设计梯形图程序并输入该程序。注意按控制要求及 I/O 分配接线。

4) 调试并运行程序。按控制要求的顺序拨动开关,观察各输出的运行情况。

9.12.5　注意事项

1. 在控制程序中主要是应用 SET、RST 指令(当然也可以使用 KP 指令)。
2. 程序中各输入输出点应与外部实际 I/O 正确连接。

9.12.6　思考与讨论

根据下述两种控制要求,编制三种液体自动混合以及三种液体自动混合加热的控制程序,上机调试并运行程序。

1. 三种液体自动混合控制要求。

1) 初始状态

容器是空的,Y1、Y2、Y3、Y4 均为 OFF,L1、L2、L3 为 OFF,搅拌为 OFF。

2) 启动操作

按下启动按钮,开始下列操作:

① Y1=Y2=ON,液体 A 和 B 同时入容器,当达到 L2 时,L2=ON,使 Y1=Y2=OFF,Y3=ON,即关闭 Y1、Y2 阀门,打开液体 C 的阀门 Y3。

② 当液体达到 L1 时,Y3=OFF,M=ON,即关闭阀门 Y3,电动机 M 启动开始搅拌。
③ 经 10 s 搅拌均匀后,M=OFF,停止搅动。
④ 停止搅拌后放出混合液体,Y4=ON,当液面降到 L3 后,再经 5 s 容器放空,Y4=OFF。

3) 停止操作

按下停止键,在当前混合操作处理完毕后,才停止操作。

2. 三种液体自动混合加热的控制要求。

1) 初始状态

容器是空的,各个阀门皆关闭,Y1、Y2、Y3、Y4 均为 OFF,传感器 L1、L2、L3 均为 OFF,电动机 M 为 OFF,加热器 H 为 OFF。

2) 启动操作

按下启动按钮,开始下列操作:

① Y1=Y2=ON,液体 A 和 B 同时注入容器,当液面达到 L2 时,L2=ON,使 Y1=Y2=OFF,Y3=ON,即关闭 Y1 和 Y2 阀门,打开液体 C 的阀门 Y3。
② 当液面达到 L1 时,Y3=OFF,M=ON,即关闭掉阀门 Y3,电动机 M 启动开始搅拌。
③ 经 10 s 搅匀后,M=OFF,停止搅动,H=ON,加热器开始加热。
④ 当混合液温度达到某一指定值时,T=ON,H=OFF,停止加热,使电磁阀 Y4=ON,开始放出混合液体。
⑤ 当液面下降到 L3 时,L3 从 ON 到 OFF,再经过 5 s,容器放空,使 Y4=OFF,开始下一周期。

3) 停止操作

按下停止键,在当前的混合操作处理完毕后,才停止操作(停在初始状态上)。

9.13 交通灯控制

9.13.1 实验目的

1. 用 PLC 构成十字路口交通灯控制系统。
2. 掌握 PLC 的外部接线方法。
3. 掌握程序调试的步骤与方法。

9.13.2 实验设备

1. PLC 实验装置   一套
2. 计算机   一台
3. TVT90-3 十字路口交通灯控制装置实验板(如图 9-31 所示)   一块
4. 连接导线   若干

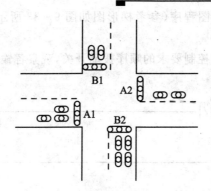

图 9-31 十字路口交通灯示意图

9.13.3 预习要求

1. 认真预习与本次实验相关的基础知识。
2. 了解本次实验的 PLC 装置。
3. 预习延时接通、延时断开、振荡电路等基本电路环节。

9.13.4 实验内容及步骤

十字路口交通灯控制。

十字路口南北向及东西向均设有红、黄、绿三只信号灯,六只灯依一定的时序循环往复工作。时序图如图 9-32 所示。

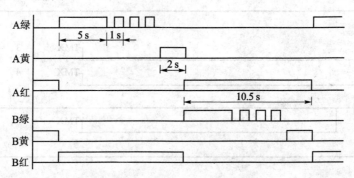

图 9-32 交通灯控制时序图

根据时序图,仔细分析交通灯控制要求。

① I/O 分配:

输入　　　　　　　　　输出

　　　　　　　　　　　Y1:A 绿
　　　　　　　　　　　Y2:A 黄
　　　　　　　　　　　Y3:A 红
　　　　　　　　　　　Y4:B 绿
　　　　　　　　　　　Y5:B 黄
　　　　　　　　　　　Y6:B 红

② 按控制要求设计梯形图程序(参考梯形图如图 9-33 所示)。并输入该程序。注意按控制要求及 I/O 分配接线。

③ 调试并运行程序。按控制要求的顺序拨动开关,观察各输出的运行情况。

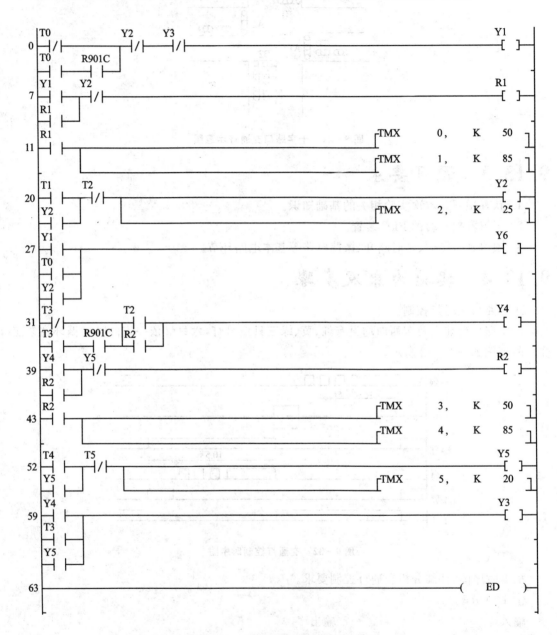

图 9-33 交通灯控制参考梯形图程序

9.13.5 注意事项

1. 在控制程序中需要安排定时器、计数器来设定定时时间及设计绿灯闪烁三次的振荡电路。

2. 程序设计时注意找出其用机内器件将灯状态变化的"时间点",这是关键。

3. 程序中各输入输出点应与外部实际 I/O 正确连接。

9.13.6 思考与讨论

1. 按控制要求编制程序,并上机调试。

按下启动按钮后,东西绿灯亮 4 s 后闪 2 s 灭;黄灯亮 2 s 灭;红灯亮 8 s,绿灯亮循环;对应东西绿黄灯亮时南北红灯亮 8 s,接着绿灯亮 4 s 后闪 2 s 灭;黄灯亮 2 s 后,红灯又亮循环。在此基础上增加手动控制。无论何时输入点 X1 的开关 S2 闭合时,南北绿灯亮,东西红灯亮。当 S2 打开,输入点的 X2 开关 S3 闭合时,东西绿灯亮,南北红灯亮。

2. 按控制要求编制程序,并上机调试。

按下启动按钮后,东西绿灯亮 4 s 后闪 2 s 灭;黄灯亮 2 s 灭;红灯亮 8 s,绿灯亮循环;对应东西绿黄灯亮时南北红灯亮 8 s,接着绿灯亮 4 s 后闪 2 s 灭;黄灯亮 2 s 后,红灯又亮循环。按下停止按钮,东西南北黄灯闪烁,东西黄灯亮时南北黄灯灭,南北黄灯亮时东西黄灯灭;闪烁周期为 1 s。

第 10 章 实 训

10.1 机械手控制实训

10.1.1 实训目的

1. 通过机械手 PLC 控制系统的实训，掌握构建 PLC 控制系统的方法与步骤。
2. 掌握 PLC 控制的基本原理。
3. 掌握 PLC 与外部设备之间的 I/O 端口连接方法。
4. 掌握 PLC 编程方法，培养调试程序的能力。

10.1.2 实训预习要求

1. 复习 SET、RST、TM 等指令。
2. 学习组态软件的功能和组态方法（可以选做）。
3. 预习启-保-停电路、互锁环节电路、多重输入电路、比较电路的梯形图程序。

10.1.3 实训设备

1. PLC 实训设备（PLC 主机及接口电路板）　　一套
2. TVT90—1 机械手控制实验板　　　　　　　一块
3. 计算机　　　　　　　　　　　　　　　　　一台
4. 连接导线　　　　　　　　　　　　　　　　若干
5. 编程电缆　　　　　　　　　　　　　　　　一根

10.1.4 实训步骤

1. 根据控制要求，选定控制设备并确定控制思想（即选定编程方法）。
2. 进行资源配置。
3. 画出 PLC 的外部接线图。
4. 编制程序，进行程序调试、系统调试。
5. 列出程序清单并注释程序。

10.1.5 实训要求

1. 控制要求。

① 当按下传感器 SQ1 检测到有物体时，汽缸 Y4 动作，装配机械手向前伸，接下来汽缸 Y5 动作，控制机械手向下动作，电磁阀 Y6 吸合，机械手抓紧货物，然后汽缸 Y5 停止动作，在

弹簧力的动作下向上抬起。

② 此时机械手完成取物动作,然后机械手向后退,即汽缸 Y4 停止动作,在弹簧力的作用下向后动作,然后机械手向下动作,即汽缸 Y5 动作,电磁阀 Y6 断电松开,将货物放到货箱中去。

③ 当传感器 SQ2 检测到传送带的货物到达时,汽缸 Y2 动作,搬运机械手向下动作,当动作完成时,电磁阀 Y3 动作,将整个物体抓紧,然后汽缸 Y2 失电,在电磁阀的动作下向上抬升,接下来汽缸 Y1 动作,机械手向前伸,然后汽缸 Y2 动作,机械手向下动作,电磁阀 Y3 失电,将货物放到传送带二上,电机 M2 开始工作。

2. 接线要求。

① 布线要整齐、合理、美观。

② 接线要牢靠结实。

10.1.6 资源配置

1. I/O 端口分配。

输入　　　　　　输出
X0：SQ1　　　　Y0：M1
X1：SQ2　　　　Y1：Y1
　　　　　　　　Y2：Y2
　　　　　　　　Y3：Y3
　　　　　　　　Y4：Y4
　　　　　　　　Y5：Y5
　　　　　　　　Y6：Y6
　　　　　　　　Y7：M2

2. 机内器件分配。

可根据编程需要选择适当数量的定时器、计数器和内部通用继电器等内部"软器件"。

10.1.7 控制程序

请读者自行编写控制程序并调试。

10.1.8 注意事项

传感器 SQ1 在实验板上用开关控制,闭合表示有物体到来,断开表示无物体到来。传感器 SQ2 定时断开与接通,接通表示感应到有物体到来,断开表示无物体到来。

10.1.9 实训考核

实训考核标准如表 10-1 所列。

表 10-1 实训考核标准

考核项目	考核内容	技术要求	评分标准	得 分	备 注
编程思路	编程思想	设计有新意 5 分	5 分		
资源配置	I/O 端口分配 机内器件分配	I/O 端口分配正确 5 分 机内器件分配正确 5 分	10 分		
PLC 外部接线图	PLC 外部接线图	PLC 外部接线图正确 15 分 布线整齐、合理,接线牢固 5 分	20 分		
程序编制与调试	编程 调试	编程有新意 5 分 编程正确 10 分 调试顺序正确 5 分 调试后运行正确 5 分	25 分		
实验报告		书写规范整齐 5 分 内容翔实具体 5 分 实验梯形图绘制正确、完整、全面 15 分 能正确分析 15 分	40 分		
合计			100 分		

10.2 材料分拣控制实训

10.2.1 实训目的

1. 通过材料分拣实物模型 PLC 控制系统的实训,掌握构建 PLC 控制系统的方法与步骤。
2. 掌握 PLC 控制的基本原理,掌握气动技术、传感器技术、位置控制技术等内容。
3. 掌握 PLC 与外部设备之间的 I/O 端口连接方法。
4. 掌握计算机监控软件,掌握计算机上位监控。具备一定的维护、优化 PLC 程序的能力。
5. 掌握 PLC 编程方法,培养调试程序的能力。掌握气动方面的减压器、滤清和气压指示,掌握与各类气源之间的接线。

10.2.2 实训预习要求

1. 预习气动技术、传感器技术、位置控制技术等内容。
2. 学习组态软件的功能和组态方法。
3. 预习定时器、计数器和数据传送指令等指令。
4. 熟悉气动方面的减压器、滤清、气压指示,掌握与各类气源之间的接线。

10.2.3 实训设备

1. PLC实训设备(PLC主机及接口电路板)　　一套
2. 材料分拣实物模型　　一台
3. 计算机　　一台
4. 连接导线　　若干
5. 编程电缆　　一根

10.2.4 实训步骤

1. 根据控制要求,选定控制设备并确定控制思想(即选定编程方法)。
2. 进行资源配置。
3. 画出PLC的外部接线图。
4. 编制程序,进行程序调试和系统调试。
5. 列出程序清单并注释程序。

10.2.5 实训要求

1. 控制要求。

① 通电状态下,下料时,下料传感器动作,传送带运行,电感传感器检测到铁材料块时,气缸1动作将材料块推下。

② 电容传感器检测到铝材料块时,气缸2动作将材料推块下。

③ 颜色传感器检测到非金属材料黄色块时,气缸3动作将材料块推下。

④ 其他颜色非金属材料被传送到SD位置时,气缸4动作将材料块推下。

⑤ 有料时自动运行,无料时走完一个行程自动停机。

2. 接线要求。

① 布线要整齐、合理、美观。

② 接线要牢靠结实。

3. 组态要求。

能够运用MCGS组态软件做出材料分拣运行的监控组态画面(此项内容可以选做)。

10.2.6 TVT—99B材料分拣实物模型简介

1. 基本配置及特点。

该装置采用台式结构,内置电源,配装FP0系列主机,转接面板(如图10-1所示)上设计了可与其他PLC或单片机连接的转接口。该装置中,选用了颜色识别传感器及对不同材质敏感的电容式和电感式传感器,分别被固定在网板上。允许学员重新安装传感器排列位置或选择网板不同区域安装(如3个传感器集中装在气缸5附近的网板区域)。可增加编程难度,开发学员创造能力。本装置还设置了气动方面的减压器、滤清和气压指示等,可与各类气源相连接。各传感器位置如图10-1(b)所示。

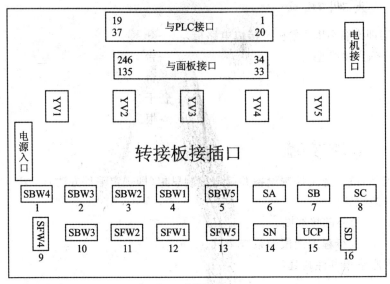

(a) 信号板图

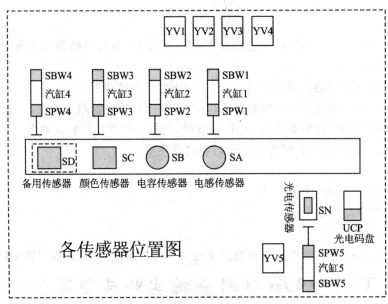

(b) 传感器位置图

图 10-1 分拣系统传感器平面布置及信号板接口图

2. 基本功能说明。

① 气缘由二联体左侧进气口连接 φ6 气管,另一端接至气源。(非长期使用源由二联体左侧进气口连接 φ6 气管,另一端接至气源(非长期使用,不要向油杯里注油)。

② 当选用外部 PLC 时,可通过转接板与 I/O 接口连接,如表 10-2 所列。(注意:一定要将原配 FP0 主机联线拔掉)。

③ 分拣功能:

● 分拣出金属与非金属。

- 分拣某一颜色块。
- 分拣出金属中某一颜色块。
- 分拣非金属中某一颜色块。
- 分拣出金属中某一颜色块和非金属中的某一颜色块。
- 建议分拣颜色为：红、绿和蓝。
- 建议分拣材料为：铁、铝和塑料等。

表 10-2 2DB37 针-D 型接口

序号	对 PLC 的 I/O 口	硬板位置号	序号	对 PLC 的 I/O 口	硬板位置号
1	XB	1	13	X6	7
2	X3	9	14	X0	15
3	XA	2	15	X7	8
4	X2	10	16	XD	16
5	X9	3	17、18	Y2	C
6	X1	11	21、22	Y0	A
7	X8	4	23、24	Y1	B
8	XF	12	25、26	Y3	D
9	XC	5	27、28	Y4	E
10	X4	13	29、30	Y5	KA
11	X5	6	19、33～37	COM	+24 V
12	XE	14	20	(0)	0

3. 部分技术参数。

① 输入电压：AC 200～240 V（带保护地三芯插座）。
② 气源：大于 0.2 MPa 且小于 0.85 MPa。
③ 外形尺寸：800 mm×500 mm×300 mm。

10.2.7 资源配置

1. I/O 地址分配表（如表 10-3 所列）

表 10-3 分拣系统与 PLC 的 I/O 分配表

松下 PLC(I/O)		分拣系统接口(I/O)	备注
输入部分	XF	Sfw1(推气缸1动作限位)	
	X1	Sfw2(推气缸2动作限位)	
	X2	Sfw3(推气缸3动作限位)	
	X3	Sfw4(推气缸4动作限位)	
	X4	Sfw5(下料气缸动作限位)	
	X5	sa(电感传感器)	
	X6	sb(电容传感器)	

续表 10-3

松下 PLC(I/O)		分拣系统接口(I/O)	备注
输入部分	X7	sc(颜色1传感器)	
	X8	Sbw1(推气缸1回位限位)	
	X9	Sbw2(推气缸2回位限位)	
	XA	Sbw3(推气缸3回位限位)	
	XB	Sbw4(推气缸4回位限位)	
	XC	Sbw5(下料气缸回位限位)	
	XD	sd(颜色2传感器)	预留传感器
	XE	sn(下料传感器)	判断下料有无
	X0	Ucp(计数传感器)	
输出部分	Y0	yv1(推气缸1电磁阀)	
	Y1	yv2(推气缸2电磁阀)	
	Y2	yv3(推气缸3电磁阀)	
	Y3	yv4(推气缸4电磁阀)	
	Y4	yv5(下料气缸电磁阀)	
	Y5	m(输送带电机)	

2. 机内器件分配

可根据编程需要选择适当数量的定时器、计数器和内部通用继电器等内部"软器件"。

10.2.8 控制程序

请读者自行编写控制程序并调试。

10.2.9 注意事项

1. 注意在连接信号输出端子导线时,不要与公共端I短路。
2. 注意气动环节工作是否正常。
3. 编程前应先充分熟悉分拣实物模型。
4. 调试程序时应遵循"先分后总"的原则。

10.2.10 实训考核

参考表 10-1。

10.3 四层电梯控制实训

10.3.1 实训目的

1. 通过四层电梯实物模型PLC控制系统的实训,掌握构建PLC控制系统的方法与步骤。
2. 学习电梯自控系统的工作原理及其控制方法。

3. 掌握 PLC 与外部设备之间的 I/O 端口连接方法。
4. 备一定的维护、优化 PLC 程序的能力。
5. 掌握 PLC 编程方法,培养调试程序的能力。

10.3.2 实训预习要求

1. 了解本次实验的 PLC 装置。
2. 学习组态软件的功能和组态方法。
3. 预习启-保-停电路、互锁环节电路、多重输入电路、比较电路的梯形图程序。

10.3.3 实训设备

1. PLC 实训设备(PLC 主机及接口电路板)　一套。
2. 电梯实物模型　　　　　　　　　　　　一台。
3. 计算机　　　　　　　　　　　　　　　一台。
4. 连接导线　　　　　　　　　　　　　　若干。
5. 编程电缆　　　　　　　　　　　　　　一根。

10.3.4 实训步骤

1. 根据控制要求,选定控制设备并确定控制思想(即选定编程方法)。
2. 进行资源配置。
3. 画出 PLC 的外部接线图。
4. 编制程序,进行程序调试和系统调试。
5. 列出程序清单并注释程序。

10.3.5 实训要求

1. 控制要求。
① 开始时,电梯处于任意在一层。
② 当有外部呼叫信号来到时,轿厢响应该呼叫信号,到达该楼层时,轿厢停止运行,轿厢门打开,延时 3 s 后自动关门。
③ 当有内部呼叫信号到来时,轿厢响应该呼叫信号,到达该楼层时,轿厢停止运行,轿厢门打开,延时 3 s 后自动关门。
④ 在电梯轿厢运行过程中,即轿厢上升(下降)途中,反方向的任何外部呼叫信号均不响应,但如果反方向外部呼叫电梯信号前方再无其他内、外呼叫信号时,则电梯响应该外部呼叫信号。
⑤ 电梯应具有最远反向外部呼叫电梯响应功能。例如,电梯轿厢在一层,同时有二层、三层、四层向下外部呼叫电梯信号,则电梯轿厢先响应四层向下外部呼叫信号。
⑥ 电梯未到平层或正在运行时,开门按钮或者关门按钮均不起作用。到达平层且电梯轿厢停止运行后,开门按钮或者关门按钮才能起作用。

2. 接线要求。
① 布线要整齐、合理、美观。

② 接线要牢靠结实。

3. 组态要求。

能够运用 MCGS 组态软件做出四层电梯运行的监控组态画面(此项内容可以选做)。

10.3.6 TVT—99A 电梯实物模型简介

1. 基本配置及特点。

该装置由底座、立柱、面板和主电路板等组成。底座背部设有电源插座及保险管座,保险管规格为 250 V、1 A。电源开关设置在底座正面。

本装置电源电压为市频电压 220 V,应使用带保护接地的三芯单相插座。

2. 基本功能说明。

① 轿厢内外呼梯按钮、平层行程开关、电机控制信号、公共端和电源等接线端子总共 42 个。连接电源、模型与 PLC 主机入、出口的联线,检查无误后接通电源。模型处于待机状态,启动 PLC,运行程序,按模型选层的内呼或外呼按键,若 PLC 与行程序编制正确,电梯模型将按内、外呼按键指令正常运行。

② 电梯模型上的信号输出端口(内选按钮信号、外选按钮信号、平层、限位信号、厢门限位信号及公共端 I 等)共计 24 点,应分别与 PLC 主机输入端口连接,公共端 I 与主机输入 COM 端口连接,COM 端口极性为正。信号电平为 24 V,负载能力大于 100 mA。

③ 电梯模型上的信号输出端口(外呼指示灯、轿厢控制、内选指示灯、厢门控制、公共端 II 等)共计 18 点,应分别与 PLC 主机输出端连接,公共端 II 与主机输出 COM 端连接,COM 端口极性为正。模型输入信号负载为 24 V、10 mA。

3. 部分技术参数。

① 电源:AC 220 V、50 Hz(带保护接地三芯插座)。

② 外形尺寸:800mm×500 mm×300 mm。

10.3.7 资源配置

1. I/O 口分配(如表 10-4 所列)

表 10-4 I/O 口分配表

输入		输出	
信 号	FP0 系列 PLC	信 号	FP0 系列 PLC
一层内呼	X0	一层内呼指示	Y0
二层内呼	X1	二层内呼指示	Y1
三层内呼	X2	三层内呼指示	Y2
四层内呼	X3	四层内呼指示	Y3
一层外呼上	X4	一层外呼上指示	Y4
二层外呼下	X5	二层外呼下指示	Y5
二层外呼上	X6	二层外呼上指示	Y6
三层外呼下	X7	三层外呼下指示	Y7
三层外呼上	X8	三层外呼上指示	Y8
四层外呼下	X9	四层外呼下指示	Y9

续表 10-4

输 入		输 出	
开门开关	XA	电梯轿厢上行	YA
关门开关	XB	电梯轿厢下行	YB
一层平层	XC	门电机开	YC
二层平层	XD	门电机关	YD
三层平层	XE	电梯上行指示	YE
四层平层	XF	电梯下行指示	YF
开门限位	X10		
关门限位	X11		
轿厢上升极限位	X12		
轿厢下降极限位	X13		

2. 机内器件分配

可根据编程需要选择适当数量的定时器、计数器和内部通用继电器等内部"软器件"。

10.3.8 控制程序

请读者自行编写控制程序并调试。

10.3.9 注意事项

1. 模型上的各个端口应使用专用插头连接，特别要注意：在连接信号输出端口时，不要与公共端Ⅰ短路。
2. 楼层微动开关在使用中若发现有失灵现象，可以松动两个固定螺母，调整其左右位置。
3. 编程前应充分熟悉电梯模型，包括电源的供给、I/O端口的分配、COM端口的接线等。
4. 调试程序时应遵循"先分后总"的原则。

10.3.10 实训考核

参考表 10-1。

10.4 立体仓库控制实训

10.4.1 实训目的

1. 通过立体仓库实物模型PLC控制系统的实训，掌握构建PLC控制系统的方法与步骤。
2. 掌握PLC控制的基本原理，了解步进电动机的工作原理，掌握步进电动机驱动器的使用方法。
3. 掌握PLC与外部设备之间的I/O端口连接方法。
4. 掌握通过传感器信号采集和PLC编程，实现对步进电机及直流电动机进行较复杂的位置控制及时序逻辑控制等功能。
5. 掌握PLC编程方法，培养调试程序的能力。

10.4.2 实训预习要求

1. 学习传感器技术、位置控制技术等内容。
2. 学习组态软件的功能和组态方法。
3. 预习定时器、计数器、数据传送和速度控制等指令。

10.4.3 实训设备

1. PLC 实训设备（PLC 主机及接口电路板）　一套。
2. 主体仓库实物模型　　　　　　　　　　　一台。
3. 计算机　　　　　　　　　　　　　　　　一台。
4. 连接导线　　　　　　　　　　　　　　　若干。
5. 编程电缆　　　　　　　　　　　　　　　一根。

10.4.4 实训步骤

1. 根据控制要求，选定控制设备并确定控制思想（即选定编程方法）。
2. 资源配置。
3. 画出 PLC 的外部接线图。
4. 编制程序，进行程序调试、系统调试。
5. 列出程序清单并注释程序。

10.4.5 实训要求

1. 控制过程。
(1) 接通电源。
(2) 将选择开关置于手动位置（此时 1~6 号有效）。
(3) 分别点动按键←1、2↓、3→、4↙、5↑、6↗，观察水平（X 轴）、垂直（Y 轴）、前后（Z 轴）各丝杠运行情况，运行应平稳，在接近极限位置时，应执行限位保护（运行自动停止）。
(4) 用计算机或手持编程器（需另购）编写程序并下载至 PLC。
(5) 将选择开关置自动位置（通电状态下，各机构复位，即返回零位）。
(6) 将一带托盘汽车模型置零号仓位，放置模型时，入位要准确，并注意到仓位底部检测开关已动作。
(7) 执行送指令：
① 选择欲送仓位号，按动仓位号对应按钮，控制面板上的数码管显示仓位号。
② 按动送指令按钮，观察送入动作（若被选择仓位内已有汽车，则该指令不被执行）。
③ 指令完成后，机械自动返回。
④ 零号仓位已无汽车，则下一个送指令（误操作）将不被执行。
(8) 执行取指令：
① 选择欲取仓位号，按动仓位号对应按钮，控制面板上的数码管显示仓位号。
② 按动取指令按钮，观察取出动作（若被选择仓位内无汽车，则该指令不被执行）。
③ 指令完成后，机构自动复位。

④ 零号仓位已有汽车,则下一个取指令(误操作)将不被执行。

(9) 演示程序中的其他内容:

① 当零号仓位上有货物时,若无外部操作指令,"就绪"灯亮,延时 10 s 后,自动将货物放在仓库号最小的空位上,依次类推。如 1#、2#、3#、4#都已有货物,程序延时 10 s,10 s 内若无外部操作指令,自动将货物放在 5#仓库。如 1#、3#、4#都已存放货物,10 s 内若无外部操作指令,自动将货物放在 2#仓库。在延时的 10 s 内,若按下数字 5#,然后按下"送"键,则运行机构将货物放入 5#库;若按下 5#键后,想取消此操作,可按下"放弃"键,此时,程序又处在待命状态,"就绪"灯亮,又可进行其他操作。

② 当零号仓位上无货物时,若无人操作,"就绪"灯亮 10s 后,程序将把数值最大仓库号里的物品转运至没有放货物的仓号比它小的仓库里。如 1#、2#、5#有物,该程序将自动把 5#物品转至 3#仓库。若需从 5#取回物品,放入 4#库,操作步骤如下:"就绪"灯亮时,按下按键"5",再按"取"键,运行机构执行程序要求取回货物后,停在初始位置。此时"键 4",再按"送"键,运行机构将把货物放在 4#库,然后停在初始位置,"就绪"灯亮 10 s 后,若无外部操作指令,程序又将 4#库货物转至 3#库。

2. 接线要求。

(1) 布线要整齐、合理、美观。

(2) 接线要牢靠结实。

3. 组态要求。

能够运用 MCGS 组态软件做出材料分拣运行的监控组态画面(此项内容可以选做)。

10.4.6 TVT—99C 立体仓库实物模型简介

1. 基本配置及特点。

立体仓库主体由底盘、四层十二位仓库体、运动机械及电气控制等四部分组成。机械部分用滚珠丝杠、滑杠、普通丝杠等机械元件组成,用步进电动机、直流电动机作为拖动元件。平面布置图如图 10-2 所示。

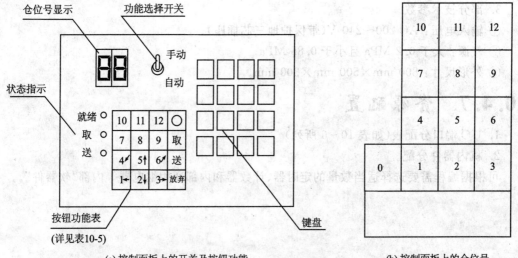

(a) 控制面板上的开关及按钮功能　　　　　　(b) 控制面板上的仓位号

图 10-2　立体仓库系统平面布置图

电气控制是由松下电工生产的FP0型可编程序控制器(PLC)、步进电动机驱动电源模块、开关电源和位置传感器等器件组成。

2. 基本功能说明

本系统采用滚珠丝杠、滑杠和普通丝杠作为主要传动机构,电动机采用步进电动机和直流电动机,其关键部分是堆垛机,它由水平移动、垂直移动及伸叉机构三部分组成,其水平和垂直移动分别用两台步进电动机驱动滚珠丝杠来完成,伸叉机构由一台直流电动机来控制。它分为上下两层,上层为货台,可前后伸缩,低层装有丝杠等传动机构。当堆垛机平台移动到货架的指定位置时,伸叉电机驱动货台向前伸出可将货物取出或送入,当取到货物或货已送入,则铲叉向后缩回。整个系统需要三维的位置控制。控制面板上的按钮功能如表10-5所列。

表10-5 控制面板上的按钮功能表

按键号	功能选择	定义	按键号	功能选择	定义
1	自动	选择1号仓位	7	自动	选择7号仓位
1	手动	机构水平向左移动	7	手动	无意义
2	自动	选择2号仓位	8	自动	选择8号仓位
2	手动	机构垂直向下移动	8	手动	无意义
3	自动	选择3号仓位	9	自动	选择9号仓位
3	手动	机构水平向右移动	9	手动	无意义
4	自动	选择4号仓位	10	自动	选择10号仓位
4	手动	机构水平向后移动	10	手动	无意义
5	自动	选择5号仓位	11	自动	选择11号仓位
5	手动	机构垂直向上移动	11	手动	无意义
6	自动	选择6号仓位	12	自动	选择12号仓位
6	手动	机构水平向前移动	12	手动	无意义

3. 部分技术参数

① 输入电压:AC 200~240 V(带保护地三芯插座)。

② 气源:大于0.2 MPa且小于0.85 MPa。

③ 外形尺寸:800 mm×500 mm×300 mm。

10.4.7 资源配置

1. I/O端口分配表(如表10-6所列)

2. 机内器件分配。

可根据编程需要选择适当数量的定时器、计数器和内部通用继电器等内部"软器件"。

表 10-6 I/O 分配表

输入			输出		
X0			Y0		横轴脉冲
X1			Y1		竖轴脉冲
X2			Y2		横轴方向 I/O
X3			Y3		竖轴方向 I/O
X4		货台回位限位	Y4		
X5		货台到位限位	Y5		
X6		货台是否有物	Y6		货台前升
X7		自动/手动(0/1)	Y7		货台退回
X20	十六进制输入	键盘值 1 位	Y20	显示部分	就绪
X21		键盘值 2 位	Y21		取
X22		键盘值 3 位	Y22		放
X23		键盘值 4 位	Y23		十位显示
X24		横轴右限位	Y24	BCD 码输出显示	BCD 码 1 位
X25		横轴左限位	Y25		BCD 码 2 位
X26		竖轴上限位	Y26		BCD 码 3 位
X27		竖轴下限位	Y27		BCD 码 4 位

注：X40～X4C 为 0 至 12 个仓库的微动开关。

10.4.8 控制程序

请读者自行编写控制程序并调试。

10.4.9 注意事项

1. 当 0# 仓库有货物时，只能有"放"的操作，0# 仓库上无货物时，只有"取"的操作。
2. 演示程序中，只编写了 1#～6# 仓库自动优化放物程序。
3. 取、送汽车模型应观察模型到位情况，应注意检测开关的动作情况。
4. 需用手取送模型时，应在断电状态下进行！
5. 仓库模型应水平放置，并观察 Y 轴与库体垂线重合情况。若重合不良，应在垫角下垫某一厚度垫片解决。

10.4.10 实训考核

参考表 10-1。

参考文献

[1] 汪晓光,等. 可编程控制器原理及应用:上册[M]. 北京:机械工业出版社,2001.
[2] 丁向荣,等. 电气控制与PLC应用技术[M]. 上海:上海交通大学出版社,2005.
[3] 陈其纯. 可编程控制器应用技术[M]. 北京:高等教育出版社,2000.
[4] 张桂香. 电气控制与PLC应用[M]. 北京:化学工业出版社,2003.
[5] 张进秋,等. 可编程控制器原理及应用实例[M]. 北京:机械工业出版社,2003.
[6] 周庆贵,等. 电气控制技术[M]. 北京:化学工业出版社,2001.
[7] 熊幸明,等. 工厂电气控制技术[M]. 北京:清华大学出版社,2005.
[8] 肖耀南,等. 电气运行与控制[M]. 北京:高等教育出版社,2004.
[9] 谭维瑜,等. 电机与电气控制[M]. 北京:机械工业出版社,2003.
[10] 赵秉衡,等. 工厂电气控制设备[M]. 北京:冶金工业出版社,2001.
[11] 何焕山,等. 工厂电气控制设备[M]. 北京:高等教育出版社,1992.
[12] 钱卫钧,等. 电机与控制[M]. 北京:化学工业出版社,2005.
[13] 刘子林,等. 电机与电气控制[M]. 北京:电子工业出版社,2003.
[14] 张运波,等. 工厂电气控制技术[M]. 北京:高等教育出版社,2001.
[15] 王兆明,等. 电气控制与PLC技术[M]. 北京:清华大学出版社,2005.